シンクロニシティ

科学と非科学の間に

ポール・ハルパーン 著
権田敦司 訳

あさ出版

Dedicated in honor of my father, Stanley Halpern,

and to the memory of my mother, Bernice Halpern

推薦の言葉

「因果的な現象をはじめ、偶然の一致、奇妙な〝量子もつれ〟まで、宇宙の様々な結びつきを辿るポール・ハルパーンの巧みな表現に、読み手は惹きつけられるだろう。『シンクロニシティ』を読み終えたならば、すべてのものには原因があるとの言葉を聞いても、きっと額面通りには受け取れないはずだ」

――スティーヴン・ストロガッツ　アメリカの数学者、『インフィニティ・パワー～宇宙の謎を解き明かす微積分～』（丸善出版）著者

「ハルパーンは物理学における最大の謎の一つに焦点を当てた。不思議なことに力学的な作用がなくても相関を示す見事な現象である。そして、パウリとユングの親交を通じて、背景に潜む人間ドラマを浮き彫りにする――それは科学史において唯一無二の例と言ってよいだろう」

――ジョージ・マッサー　科学ジャーナリスト、『宇宙の果てまで離れていても、つながっている～量子の非局所性から「空間のない最新宇宙像」へ～』（インターシフト）著者

「物理学はシンクロニシティの定義を見直し、かつてアインシュタインが『幽霊のような遠隔作用』と呼んだ現象を研究するに至った。ハルパーンは、みずみずしくも丁寧な筆致で、その全貌を鮮やかに描いている」

——ジーノ・セグレ　ペンシルベニア大学物理学&天文学教授、『The Pope of Physics（物理学の巨匠）』著者

「この一世紀で物理学の基礎が構築される様子を、ハルパーンは巧みに記し、世で最も驚異的ともされる量子力学の現象に光を当てた。宇宙の成り立ちにおいて、『因果関係』は本質的な原理ではないかもしれないのである」

——マーカス・チャウン　サイエンスライター、『マーカス・チャウンの太陽系図鑑』（オライリージャパン）著者

「古代から現在に至る人間の宇宙観の変遷が、物理学を通して見事に、そして美しく描写されている。

科学の進展とそれを成し得た人類の歩みが当書のなかでいみじくも融合を果たした。

まさに、一読、巻《かん》を措《お》く能《あた》わず！」


――イアン・スチュアート　数学者、ウォーリック大学名誉教授、

『不確実性を飼いならす～予測不能な世界を読み解く科学～』（白揚社）著者

「『シンクロニシティ』は、読むべき書であり、考えさせられる書でもある。

原因と結果の連なりで世界が成り立つと、人間は太古の昔から日々の営みを通じて学んできた。だがこの一世紀で、従来の概念を超越する量子世界の粒子の挙動が露わになり、より包括的な見地が求められるようになった。ポール・ハルパーンは驚くほど丹念に、その真相に迫る。とてもわかりやすく、そして魅力的に」


――デヴィッド・C・キャシディ『不確定性～ハイゼンベルクの科学と生涯～』（白揚社）著者

「優れた科学の語り部、ポール・ハルパーンのおかげで、読者は知的刺激を堪能できるだろう。さらには古代の哲学者を含め、物理学者たちの築いた宇宙観も理解できるはずだ。数々の自然界のつながり——とりわけ、シンクロニシティを通じて」

——ケネス・W・フォード　理論物理学者、元カリフォルニア大学アーバイン校物理学科長、『Building the H Bomb（水素爆弾の開発へ）』著者

「目の離せない流れるような記述のなかで、ポール・ハルパーンは、物理学者として、現代の宇宙理論を極めて幅広く解説すると共に、そこに至るまでの埋もれた系譜を明らかにし、自らの書き手としての才能を実証した。

自然の真理をわかりやすく華麗に描く『シンクロニシティ』は、森羅万象の神髄に迫る刺激的な知的探究へと、読者を一気に誘《いざな》うだろう。知性に訴える秀逸な一冊」

——ジュリアン・ムソリーノ　認知科学者、ラトガース大学准教授『The Soul Fallacy（魂の真の行方）』著者

「2000年以上に及ぶ哲学者や物理学者たちの格闘を、ものの見事に集約した当書は、読む者の知的好奇心をかきたてる。そして、世の不思議な現象を「原因と結果」によって説明しようとする者に、矛盾を突き付けるだろう。それはある意味、20世紀の偉大な物理学者たちの頭脳をもってしても、解決に至らなかった問題である。

ただし、量子世界の不確かさに対する私たちの苦悩は、ポール・ハルパーンの見事な手腕によって、好奇心へと昇華する。読み進めるうちに、様々な思考が刺激され、謎めいた量子世界への興味が深まるはずだ」

——イーサン・シーゲル　天体物理学者、
『Beyond the Galaxy（銀河の彼方へ）』著者

「『シンクロニシティ』には、因果関係をめぐる人類の考察があまねく収められている。古代ギリシアの思想から現代物理学に至るまでの主要な知見が、すばらしい筆力で紡がれているのに加え、鋭い人物描写や多様な逸話が盛り込まれており、読む者を飽きさせない。

人間の思考の変遷に対する興味に十分応える秀作である」

——ジョン・コウニオス　ドレクセル大学心理学教授、
『The Eureka Factor（発見の要素）』著者

「科学的知識の獲得はしばしば高速道路にたとえられる――この世を理解するいちばんの早道として。しかし、現実は決してそうではない。科学の道は、あっちに行ったりこっちに行ったりと、曲がりくねるのだ。ましてや、行き先を完全に見失うことも多い。いざ『シンクロニシティ』を開けば、そのような真の科学の道に導かれ、興奮を味わえるだろう。ポール・ハルパーンという極めて優秀なガイドと共に」

――ジム・バゴット　サイエンスライター、『Quantum Reality（量子世界の真実）』著者

「宇宙の基本的な仕組みは、どのように織り込まれているのだろうか？　何をもってして縦糸と横糸が決まるのだろうか？　当書は読みやすい語り口ながらも科学的に正確な記述に徹している。その上で、パウリとユングの親交という非常に興味深い点に着目し、因果関係をめぐる謎に迫るのだ。予期せぬ出来事や独創的なアイデアによって科学が発展したことをいみじくも表し、都合のよい仕組みを求める人間の業によって偉人でさえも道を誤ることを丹念に描く、ポール・ハルパーンの大作だ」

――アマンダ・ゲフター　サイエンスライター、『Trespassing on Einstein's Lawn（アインシュタインの庭に不法侵入）』著者

量子論の発展に寄せて

福岡伸一（生物学者）

このところ毎年10月、ノーベル賞の発表シーズンになると、私は新聞社の依頼で解説記事を書くことになっている。

2022年ノーベル物理学賞が発表となるその日、私はモニターの前で、会場に入ってきた選考委員たちの発言を固唾《かたず》をのんで見守っていた。並み居る報道陣を前に、委員長がおもむろに口を開いた。

今年のノーベル物理学賞は、フランスのパリ・サクレー大学のアラン・アスペ教授、アメリカのクラウザー研究所のジョン・クラウザー博士、オーストリアのウィーン大学のアントン・ツァイリンガー教授の三名に与える、と。

同時に、ノーベル賞のサイトには三名の受賞理由が掲載された、

「量子もつれの実験、ベル不等式の破れの確立、量子情報科学の先駆的研究に対してノーベル賞を与える」

私は天を仰いだ。完全にお手上げである。

量子論において彼らの業績が画期的であることは知っていたが、それがいったいどのようなものなのか、わかりやすく説明する自信が全くなかったからだ。私は生物学者であり、生命科学や生化学が専門分野である。物理学についても、一応は勉強してきたものの専門外であり、その中でも量子論はもっとも遠い存在であった。量子論は、普通の日常感覚が全く通用しない世界である。何か簡単なたとえ話に置き換えることもできない。どれも完全に現実離れしていて、あえて言えば、オカルトとスピリチュアルに近い、超常現象の世界なのだ。

ちなみに、この前日に発表されたノーベル生理学・医学賞の受賞者は、スバンテ・ペーボ博士。彼は、ネアンデルタール人の化石骨から微量のDNAを取り出し、これを解読する古代ゲノム学を確立した。このことによって、ネアンデルタール人と、私たち現生人類（ホモ・サピエンス）は、別種類のヒトであることがわかった（それ以前の学説では、ネアンデルタール人は、ホモ・サピエンスの祖先であるとされていた）。しかし、一方で、現生人類のゲノム中には、ネアンデルタール人のＤＮＡの痕跡が数パーセントほど残存していることがわかった。つまり、2つの人種は、異なる進化の道を進みつつも、一部、交配が行われていた証拠がゲノム中に記録されていたというわけだ。

このような話であれば解説しやすい。骨も古代人もＤＮＡも、みな現実のマテリアルとして存在しており、絶滅してしまったとはいえ、ネアンデルタール人に思いを馳せることができる。もし、ほんの少しでもネアンデルタール人が生存していて、ホモ・サピエンスと共存していれば、本当の人種問題となりえた（黒人、白人、黄色人種というのは、ホモ・サピエンス内のわずかな個体差であり、互いに交配できるから、人種という種は存在しない）。なので、私は健筆を揮《ふる》って解説記事を書いた。

ノーベル自然科学3賞（生理学・医学賞、物理学賞、化学賞）のもう一つ、化学賞は、クリックケミストリー（click chemistry）という新しい化学反応を開発して、薬品の合成などに画期的な方法を開いた化学者たちに与えられた。中でも、シャープレス博士は二度目の受賞となった。

こちらも、ミクロの世界とはいえ、物質や反応、成果物など、すべて現実の基盤があるので、解説を書くことはそれほど困難ではなかった。

しかし、物理学賞の量子論においては、そうは問屋が卸さなかった。そこで私は、速報の解説記事を書くのは辞退させていただき、この機会に量子論の発展についてしっかり勉強し直すことにした。そんな折に出会ったのが本書である。量子論の歴史と知られざる科学者たちの逸話を列伝として描いた本書は、実に画期的な科学の入門書である。にわか勉強しただけの私が、本書に対して十分な解説記事が書けるか自信はないが、本書に興味を持つであろう、理系好きの一般読者の代表として、ブックガイドのようなものが書ければ幸いだと思ってお引き受けすることとした。

さて、〝もつれ〟るのは、釣り糸や男女の痴情ばかりだと思っていたら、量子ももつれる、という。〝もつれ〟は英語では、entanglement と表現される。これをもう少し科学の言葉で表現すると、離れて存在している2つの物体が、互いに他のことを認識しあっている、ということである。私たちは、距離が離れて住んでいても、互いに他人の様子を認識することができる。特に現在は、インターネットの発達によって、SNSでもオンライン通話でも、リアルタイムで誰かとつながることができる。しかし、それはあくまで、ケーブルや光ファイバーや空中を電気パルスや光信号や電波が飛び交うことによって、情報がやりとりされるがゆえのことである。つまり、いくらリアルタイムとはいえ、わずかな情報伝達のためのタイムラグが生じている。

ところが、である。

量子の世界では、そのような情報がやりとりされなくても、瞬時に、まったくのタイムラグなく、相手の状態が認識できている。ここでいう量子とは、もともと同じ原子核の周りを回っていた2つの電子が叩き出されて、違う方向に飛んでいったペアであるとか、ある物質にレーザーを当てた時、飛び出てきた一対の光子（フォトン）といったミクロの粒子のことを指す。これらミクロの粒子のペアは、どんなに距離を隔てられようとも、互いに相手の状態がわかっている。ミクロの粒子のペアは「スピン」という一定の状態を持つ。これはたとえて言うなら、自転軸の方向のようなもので、一方が上向きなら、他方は必ず下向きのスピンを保つ。スピンの方向は、粒子の周囲に磁場を与えると変えることができる。また、一方の粒子のスピンの向きを逆転してやると、他方の粒子のスピンの向きもそれに応じて反転する。これは2つの粒子がどんなに遠くに離れていても起きる。

アインシュタインの相対性理論によれば、この世に光の速度より速く動くものは存在しない。だから2つの離れた場所にある粒子が、互いに相手のスピン状態に反応して変化するためには、なんらかの情報伝達が必要であり、その伝達の速度は光の速度を超えることはない。ところが、粒子のスピン状態の変換は瞬時に起きる。光の伝達速度より速く生じるのである。

もう一つ重要なこと（かつ奇妙なこと）は、粒子のどちらがどちらのスピン状態であるかは、観測してみるまでは、全くわからないということである。それは、あらかじめ決まっているスピン状態が、観測するまで見えない、ということではなく、観測するまでは、どちらでもありえるような状態が重なり合っているというのだ。

これが、〝量子もつれ〟である。

アインシュタインは、これをどうしても受け入れることができなかった。本書にあるとおり、そんな「不気味（spooky）な遠隔作用」など起こるわけがない、と言って、量子スピンの変化が瞬時に起きるように見えるのは、あくまで見かけ上のことで、そこには実験上の不備や抜け穴、あるいは、まだ未解明のロジックがあるに違いないと、「量子もつれの共時性（シンクロニシティ）」を、１９５５年に亡くなるまで決して認めなかった。

彼の死後も論争は続いた。この膠着《こうちゃく》状態に風穴を開けたのが、「ベルの不等式」だった。

ベルは画期的な思考実験を考案し、スピンの状態があらかじめ決まっていて（事前決定）、それを観測によって確認することと、スピンの状態は全くの混沌状態で、観測した時はじめてスピンの状態が決定される（事後決定）のとでは、観測結果のデータ分布が異なるはずだということを示した。これがベルの不等式であり、事前決定が本当なら不等式の値はある予想値より小さくなり、もし事後決定（つまり、量子もつれが起こっているなら）が正しければ、不等式の値は大きくなると予言した（1964年）。

ベルの不等式を確かめる実験を実際に行って、〝量子もつれ〟の実在性を証明したのが、今回、ノーベル賞に輝いた三名の科学者だった。もしベルが生きていれば、今回のノーベル賞の第一の受賞対象者となったはずである（彼は1990年に亡くなった）。

実証実験はなかなか困難なものだった。いくつもの不備や抜け穴が存在し、クラウザーが先駆的な実験を行ったのが1972年、アスペが改良型の実験を実施して注目されたのが1982年、本書にも登場するツァイリンガーが実証実験をほぼ完成したのが80年代後半だった。

これによって、〝量子もつれ〟、つまり不気味な遠隔作用が、実際、存在していることが確定した。

ただし、これはあくまで、量子という極小の粒子のミクロ世界の現象である。これが、私たちの住む現実のマクロ世界にすぐに影響を及ぼすということはない。現実世界の物質は、道具にせよ、建材にせよ、砲弾にせよ、量子の世界からすればあまりにも巨大なため、量子の振る舞いはすっかりかき消され、ほとんどの運動や荷重の計算は、ニュートンの古典力学で事足りる。不気味な遠隔作用の出る幕はない。

では、ミクロな原子や分子や電子の運動を基盤にしている、私たち自身の生命現象はどうだろうか。あるいは、脳内の精神活動を司るニューロンのネットワークは？　さらにいえば、ミクロな電子状態を制御することによって成り立っている半導体のような電脳世界では？　実は、これらの世界では、量子論的なアプローチによって、新しいパラダイムを開こうとする動きがすでに進行している。

これに関して、たいへん興味深いのは、本書後半の白眉でもある、量子力学の創始者パウリと、精神分析学の泰斗《たいと》ユングの交流の逸話である。二人は、量子論的な重なり合いと、人間の精神活動に見られるある種のシンクロニシティについて、同じ構造を見て取っていた。

パウリは、ユングの患者でもあった。当時の最先端科学者の多くは、天才的な理論的展開や数学的解析を達成する一方で、精神の不調に苦しみ、女性問題に翻弄された。最後は病や隠遁《いんとん》や自殺など悲惨な結末を辿った科学者も多い。パウリがユングのもとで長期間に渡って夢分析を受け、無意識の抑圧を探っていたという話はとても興味深い。

私たちの身体は、たった一個の受精卵が2、4、8、16、32と分裂してできた、およそ37兆個もの細胞の集合体である。細胞が分裂する際、DNAは半保存的複製というしくみで倍加する。DNAの二重らせん構造のうち、一本はもとの細胞由来の鎖であり、他の一本はその写し鏡として新たに合成されたものである。つまり、これはもともとワンペアのスピンが、二つに分配されたものに等しい。もし、分裂して二つの細胞に分配されたDNAのペアの電子の状態に、量子論的なもつれが保存されているとしたら、二つに別れた細胞は、たとえ離れ離れになったとしても、なんらかの遠隔作用によって関係性――ある種のシンクロニシティ――を保ち得るかもしれない。

身体のうち、もっとも複雑な細胞のネットワークは、ニューロン（神経細胞）の網目によって構成される脳である。一義的には、ニューロン同士はシナプスという連結構造によって互いに物理的に接続されていて、この接続された回路に電気信号が流れることによって、脳の活動が生じるとされる。しかし、脳全体を見てみると、脳は、脳波という同調運動を常に行っており、離れた部位にあるニューロンも同調して活動することで、複雑な精神活動や身体活動が実現されている。脳内には、遠隔的な〝シンクロニシティ〟が常に生じているということだ。

このことを、〝量子もつれ〟によるものではないか、というビジョンを最初に具体的な形で出したのは、ロジャー・ペンローズだった。彼は『皇帝の新しい心』（みすず書房）という大著の中で、ニューロン内部のタンパク質（微小管・マイクロチューブル）の量子的な振る舞いが、ニューロン間の同調運動に関わっていて、それが意識を作り出しているのではないか、という仮説を提示した。発表当時、この説は、根拠のない妄想だとして、多くの脳科学者や分子生物学者から一笑に付されたのだが、量子論の近年の進展からすると、もう一度、検討の余地がある重要な予言かもしれない。ニューロンもまた、受精卵に由来する斉一的な細胞分裂の産物である以上、そこに量子的な結びつきがあったとして何の不思議もないはずだ（ちなみに、ペンローズは、この予言とは全く違う業績〈ブラックホールの形成理論〉によって、２０２０年のノーベル物理学賞を受賞した）。

異なる生物学的現象にも、量子論的な解析が進められている。ジム・アル・カリーリ&ジョンジョー・マクファデンによる書『量子力学で生命の謎を解く』（ＳＢクリエイティブ）によれば、ある種の渡り鳥は脳内に量子コンパスと呼ばれるしくみを有している。これはまだ実証に時間がかかる仮説だが、量子コンパスとは、量子もつれの状態にあるスピンの対をつかって、地磁気の流れを感知するしくみだ。渡り鳥の群れは、これを使って闇夜でも嵐の夜でも方向を失うことなく、目的に向かって飛ぶことができる。

これを読んで私が思い出したことは、ムクドリの群れの華麗な動きである。ムクドリは数千羽、数万羽という群れを作って大空を群舞する。その動きは自由自在に離合集散を繰り返しつつ、一糸乱れぬフォーメーションで、ある秩序を保ちながら、急旋回、方向転換、降下上昇の舞を行う。それはまるで、群れ全体として一つの集合的な意識をもった生命体のような動きである。

まさに〝シンクロニシティ〟である。

いったいどのようにしてこのような同調運動が実現されているのか。Ｂｏｉｄのようなコンピュータによるアルゴリズムが群れの動きをある程度、シミュレートすることに成功しているが、ムクドリのような急激な斉一運動を完全に模倣することはできない。ここには何か別の原理が潜んでいる。それはひょっとすると、量子コンパスのようなしくみを使った、〝量子論的なシンクロニシティ〟かもしれない。

このように量子論による世界解釈の展開はまさに今、大発展を遂げようとしている。

量子論は、物理学だけでなく、生物学にも、化学にも、あるいは宇宙論にも、画期的なパラダイム・シフトをもたらすことは間違いない。紙幅の関係と筆者の力不足で、量子論のもっとも急速な応用例としての量子コンピュータの展開については触れることができなかったが、〝量子もつれ〟は、多義的な未決定が重なり合ったまま同時存在している状態なので、これを使えば、いちいち計算していた問題も瞬時に解くことができる、というものである。

たとえば、桁数の多い数が素数かどうかを判定するには、小さい素数で順に割れるかどうかを逐次的に調べていかねばならず、そのためには従来の計算機では膨大な計算時間を要するが、量子コンピュータを使えば、同時計算によって大幅に計算時間を短縮できる。そうなれば、容易には解けなかった素数の積による暗号なども解読されてしまうことになり、暗号資産やブロックチェーンといった情報セキュリティも脅かされることになる。

いずれにしても、量子論は世界の見方を一変することになる。その入門書の好著として、本書をここに推薦するものである。

CONTENTS

CONTENTS

序章

自然界のつながりを描く

それ（量子力学）をまじめに信ずることができないのです。

なぜなら、その理論は、物理学は時間と空間における現実を幽霊のような遠隔作用を考慮せずに表現すべきだ、という原理と矛盾するからです。

（訳注：『アインシュタイン・ボルン往復書簡集』（西義之、井上修一、横谷文孝訳、三修社、1976年）276頁から引用）

——アルベルト・アインシュタイン

（1947年3月3日、マックス・ボルンに宛てた手紙にて）

SYNCHRONICITY

宇宙の真理への旅は、光と共に始まる。空間の最短経路を疾走する光。真空中のスピードは、とてつもない速さだ。

たとえば、地球と月を隔てる広大な空間でさえ、光をもってすれば1秒半かからずに走破する。一方、1969年に有人月面着陸に成功したアポロ11号は、地球に帰還するのに3日近くを要した。つまり光は、人類の歴史的な宇宙飛行よりも約20万倍速いのである。宇宙飛行よりも、望遠鏡などの機器を使って光を観察するほうが、壮大な宇宙を知るのに有意義だと言えよう。

とはいっても、アポロ11号は科学の進展に大きく貢献した。月面に降り立ったニール・アームストロングとバズ・オルドリンによって、月レーザー測距実験の基幹装置である特別仕様の反射器が月面上に設置されたからだ。現在知られている光の速さは、非常に精度が高い。レーザー光をくだんの反射器（もしくは月面にある他の反射器）に放射すれば、地球と月の距離が驚くほど正確に求められるのだ。もちろんその測定は、紛れもない事実の上に成り立っている。真空中の光速は極めて速いが瞬間的ではない、という事実だ。光速はあくまで有限であり、不変なのである。

だが人類は、何千年もの間、光速が有限であることに確証を得られなかった。

古代ギリシアの時代には、光は空間を伝播するのに時間を要するか否かについて諸説論じられている。太陽の光は時間を経て地球に届くとし、光速の有限論を説いたのは、哲学者のエンペドクレスである。その論拠に対してアリストテレスは、もし時間を要するならば、光が地球に到達するまでの途中経過が見られるはず、と反論した。むしろ、太陽光は瞬間的に地球へ移動すると提言したのである。光速は無限である、と。

科学者たちが光速が有限である事実をはっきりと突き止めたのは、19世紀半ばになってからだった。フランスの学者アルマン・イッポリート・フィゾーとジャン・ベルナール・レオン・フーコーがそれぞれ独自の測定法を編み出し、その後アメリカの物理学者アルバート・マイケルソンが、より精度の高い測定値を導出。時を同じくして、スコットランドの物理学者ジェームズ・クラーク・マクスウェルが、光は電磁波（電気力と磁気力が相互に織りなす波動現象）であり、真空中の進行速度は不変であると体系的に示した。

人類が手中に収めた光速の意義は、非常に大きかった。1905年発表の「特殊相対性理論」でアルベルト・アインシュタインが明示したように、一般空間で因果律（すべての事象は、必ずある原因によって起こり、原因なしには何ごとも起こらないという原理のこと）の伝わる速さは光速が上限である。つまり、ある原因による結果は、原因からの作用が光速で伝達こそすれ、それより早く発現することはないのだ。地球発の光が月に着くよりも早く、人間が地球にいながらにして月面の石を揺らすことは土台無理なのである。

物体やエネルギーに関わる作用は一般に、真空を走る光よりも速く伝播することはない。どれほどミクロの素粒子であっても質量のあるものはすべて、光速より速く移動することは不可能だ。質量を持つ粒子の運動速度を光速まで加速させるには無限のエネルギーが必要となるため、光速を突破することは、実質、夢物語なのである。

事実、物体の移動や情報伝達の速さに上限があることは、数々の実験によって裏打ちされている。だが、人間の直観にはそぐわない。なぜ、自然界に存在する作用に、絶対的な制限があるのだろうか？　スポーツでは記録は破られるためにある。宇宙飛行に関しても、我々はさらなる飛行速度の更新を視野に入れる。銀行であれば、優良顧客に対して与信限度額を引き上げるのが定石だろう。本音はさておき、いくらでもお借りください、とおもねるはずだ。人間は誰しも束縛を望まない。壁があれば乗り越えようとするのが人の性《さが》というものだ。それでも、特殊相対性理論は、宇宙空間における普遍的な速度制限を標榜する。まるで、しがない街の観光課が、見向きもせず通り過ぎる人たちを引き留めるかのように――。

では、なぜ〝光速〟という特定の値なのだろうか？

宇宙誕生の過程で上限速度が光の速さに落ち着いたのだろうか、それとも、はじめから不文律だったのか？

はたして、光の速さが全く異なる別の宇宙（もしくは、我々の宇宙から分岐した並行宇宙）

は存在するのだろうか？

この世に速度制限のない領域は存在するのだろうか？

なるほど、特殊相対性理論は真空中の光速が不変かつ有限であることを前提にしているが、その理由については詳《つまび》らかにしていない。

権威ある科学誌『Nature』に「超光速の粒子発見」〔1〕との鮮烈な見出しと共に新たな研究結果が発表され、科学界を揺るがしたのは2011年のこと。だが当時の物理学者の多くはそのニュースに懐疑的だった。光速を上限とする前提も踏まえ、特殊相対性理論の基本原理はすでに十分過ぎるほど裏付けられていたからである。

超高速とされた粒子は、質量の極めて小さなニュートリノだった。量子力学の大家ヴォルフガング・パウリによってはじめて存在が提唱されたニュートリノは、質量がないに等しく（だが、完全にゼロではない）、電荷（訳注：粒子や物体が持つ電気の量）を帯びない中性の粒子である。その特性から、ニュートリノは他の粒子と反応することがほとんどない。相互作用を示すのは、ほぼ、「弱い力」と呼ばれる力に対してのみである。弱い力とは自然界に存在する力の1つで、ある種の放射性崩壊（訳注：ある原子核が放射線を出して別の原子核に変化する現象のこと）の源となる力のことだ。

実のところ、ニュートリノは、巷《ちまた》に溢れている。太陽中心部の核反応によって間断なく放出されているのだ。今この瞬間も、宇宙空間を疾走し地球に降り注いでいる。だが、相互作用をめったに示さないため、そのほとんどは地球を突き抜けてしまうのが実情である。したがって、ニュートリノの速度を測定するのは至難の業だ。光子（光の粒子）を月面の反射器に反射させて光速を測定するのとは勝手が違い、反射させることすらできない。

そこでＯＰＥＲＡ《オペラ》（Oscillation Project with Emulsion-tracking Apparatus：写真乳剤飛跡検出装置によるニュートリノ振動検証プロジェクト）の研究チームは、スイスにあるＬＨＣ（Large Hadron Collider：大型ハドロン衝突型加速器）で発生させたニュートリノを、イタリアのグランサッソ研究所に向けて飛ばし、その到達時間の測定を試みた。グランサッソ研究所は、他の粒子による干渉を防ぐため、高速道路のトンネル内に設けられた特殊な施設である。

測定を終えた研究チームは、ニュートリノが光速より約60ナノ秒（ナノ秒は10億分の1秒）早く到達したと発表した。考え得る測定誤差を可能な限り検証した上で、である。だがその後、他の研究チームにより超光速が再現されることはなかった。結局、新発見と思われた超光速の測定結果は、単に測定システムの不具合によるものだと判明。超光速ニュートリノは幻に終わったのである。

なるほど、ＯＰＥＲＡの発表のように、観測結果が誤りの場合もあるだろう。すべての科学理論が未来永劫、絶対的だとは限らない。

アインシュタインの特殊相対性理論は、今日では、まるで聖典のように位置付けられているが、将来光速の壁が瓦解《がかい》する日が来るかもしれない。現に、特殊相対性理論の10年後に、同じくアインシュタインによって発表された一般相対性理論には、その貴重な余地が残されている。物体やエネルギーによってその周りの時空が大きく湾曲すると、時空に抜け道のような構造が現れ、遠く離れた2点間において超光速での移動が可能になるかもしれないのだ。

この考えは、アインシュタインとイスラエルの物理学者ネイサン・ローゼンによって体系化され、1936年に報告された。そして抜け道のような構造はのちに、物理学者のジョン・ホイーラーによって「ワームホール」と命名された。現在のところ、ワームホールの存在は、あくまで理論上の話に過ぎず、ワームホールによって因果律が破られるのか、また、たとえ破られたとして、物理理論によってその非因果性を回避できるのかもわかっていない。しかし、一般相対性理論における方程式の解として存在するワームホールは、自然界の相関について重要な問題を提起していることは確かだろう。

宇宙の構造に対する私たちの直観的認識は、必ずしも正しいとは限らない。常識的な感覚に基づき広く受け入れられた定説であっても、歴史の中で幾度となく覆《くつがえ》されてきた。地球を宇宙の中心に据えた天動説然《しか》り、空間を不変と捉えた絶対空間然り。宇宙の真理にしかと達したかと思えば、1920年代に宇宙の膨張が発見されたように、全く予期せぬ宇宙像が露わになる。

そのたびに人間は、鼻をへし折られてきたのだ。

物理学の世界観とは反するような怪しげな原理からなる量子力学。おそらく量子力学をおいて、常識のもろさを如実に語る存在はないかもしれない。量子力学によれば、素粒子同士は媒《ばい》質《しつ》（力や波動などの物理的作用を他へ伝える仲介物となるもの）を介することなく遠隔地において相関を示すことができる。そのような「もつれ」の証拠を人間の知覚を通じて押さえるべく、1920～30年代に「もつれの概念」が生まれてこのかた、実験に力が注がれてきた。

量子もつれは、相互作用ではなく、粒子間の相関である。そのため、因果律に厳格に則った伝播《でんぱ》（一連の相互作用が光速以下で連鎖する伝わり方）より速く結果を伝えることができる。つまりそれは、自然界に2種類の「伝達ルート」があることを意味する。光速を最高速度とする伝達経路と、人間の観察と同時に相関を示す量子相関という経路だ。

実質、2つの間に齟齬《そご》は生じない。物理学は両者の共存できる道を選んだのだ。量子物理学者のチャスラフ・ブルクネルは話す。

「量子もつれの概念は決して一般相対性理論と矛盾しない。量子力学と相対性理論の融合した、場《ば》の量子論は、見事に体系化された理論なんだ」〔2〕

いずれにせよ、相対性理論も量子力学も司るような統一的な理論によって、自然界――顕微鏡で見るミクロの世界から、宇宙規模のマクロの世界まで――の摂理を一義的に記述しようと、多くの科学者たちが歳月をかけ知恵を出し合ってきた。その中で産声を上げた統一場理論は、一般相対性理論の枠組みの中に量子力学を落とし込むのではなく、数学理論というシンプルな糸によって全体像を編み込む形でスタートした。やがてその取り組みは、重力を重力以外のすべての相互作用や相関と共に、量子力学のもとで捉えようとする動きへ収斂《しゅうれん》する。

その論拠の1つに、古典力学の世界の局所性（ある物体の物理的特性は、その近傍《きんぼう》の条件によって決まるという性質）や因果性を1つの現象としてみなす考え方がある。統一場理論の基礎をなす量子力学の世界の非局所性や非因果性と棲み分けをしつつ、どちらの世界の現象も共通の理論をもとにした必然的な現象、と見るわけだ。

点描画家が作品をつくる様子を思い描いてほしい。描いている最中は、周りの人たちには、画家が脈絡なく点を配置しているかのように映る。だが、図柄やモチーフがキャンバス全体に現れたときには、巧妙に描かれた大作として驚嘆するだろう。とすれば、局所的な対象同士が因果的な相互作用で織りなす一般相対性理論などの世界を、非局所的で非因果的な世界をもとに描けたとしても不思議ではない。

反面、量子力学における奇妙な現象は幻影に過ぎず、人間が真相を解明できずにいるだけ、との指摘もある。あくまで古典力学の原理が世の理《ことわり》であって、人間には測定できない作用因子があると仮定すれば、〝量子もつれ〟を古典力学の枠組みで記述できるとの見方だ。たとえるなら、脆弱《ぜいじゃく》に見える摩天楼を支えるのは、外側からは見えない高強度の鉄筋、との推論である。

ともあれ、〝量子もつれ〟に関する数々の実験結果に反することなく、未知の作用因子を表す「隠れた変数」によって統一的な理論を構築することはほぼ不可能に近いことが判明した。研究する学者は現在、一部に限られている。

因果律のもと、理論統一を図る試みは、アインシュタインに端を発する。

彼は量子力学を不完全な理論とみなし、その考え方に不満を抱いていた。量子もつれを「幽霊のような遠隔作用」として認めず、自然界のすべての現象は因果律に従うと疑わなかった。ある物理量が別の物理量と関係を持つならば、両者を結ぶ関係は原因と結果の連鎖によって表現できるはずだ、と信じていたのである。

その背景には、誰もが持つ経験則が存在する。ある海沿いの家から何百キロメートルも離れた島の火山が噴火したとしよう。自宅のキッチンで揺れを感じたら、噴火による地震波が島の火山から自宅のある海岸まで伝わったと推測するはずだ。たとえ近くで行われている建設工事の振動が実の原因だったとしても、因果関係による結果であることには変わりない。

つまり、どんな結果も、ある原因からの一連の作用によって生じると経験則は語るのである。

アインシュタインはさらに、あらゆる物理量は（完璧な測定装置があると仮定して）特定の値をとり、その値は近傍《きんぼう》の条件によってのみ決まるとも主張した。いわゆる「局所実在論」と呼ばれる考えである。風見鶏が風向きを定めるように、的確に測定さえすれば、物体の位置や運動の速度、運動の原因となる周りの条件は一義的に定まるというわけだ。しかしながら、特定値のない量子もつれが事実であり、量子力学における現象が局所実在性を超越することが数々の実験によって示されている。いわんや、アインシュタインという希代の物理学者の直観が誤っていたことも。彼の支持した常識的な見方だけでは、万物を統《す》べる理について説明するに至らないのである。さりとて、局所実在性に関する問題を重大な哲学的難題として、決して看過すべきではないと断じたアインシュタインの見立ては正しかったと言える。

物事の関連性について、人間の直観は真理を突くことが多い。だがその一方で、全くあてが外れる場合もある――物理学だけではなく日常生活においても、だ。なるほど知性が真理を導くのであれば、かけがえのない能力だと言えよう。たしかに、認識力は人間の驚異的な武器である。未来像を描くこと――蓄積した情報をもとに、行動結果をイメージすること――は、人類特有の行為だ。しかし、時に錯覚を見るように、私たちは自らの感覚器に惑わされることもある。18世紀のスコットランドの哲学者デイヴィッド・ヒュームが強く主張したように、因果関係は人間の印象から生じるもので、頼りにならないこともあるのだ。したがって、世の森羅万象を物理学で記述するには、相対性理論や量子力学の直観に反する原理を採用しつつも、現実と幻――真の規則性と無意味な偶然――を区別する術を確実に担保する必要がある。とはいえ、それは決して容易なことではない。

歴史を繙《ひもと》いても多くの偉人たちが、実証可能で確かな科学的事実と疑似科学的解釈を混同している。

ピタゴラス学派は、数学において重要な知見（直角三角形の三辺の関係を示す、かの有名な三平方の定理など）をもたらしたが、あわせて根拠の乏しい数秘術（特定の数を重視する占い）も生み出した。ドイツの数学者ヨハネス・ケプラーは、自身の誤りを悟る以前に、直観に基づき天体運動を単純な幾何学運動として記述した。彼は、収入を得るために占星術を行っていたのだが、最終的には、天体の観測データを統計的に分析し、真理へと迫った。また、高名なイギリスの生物学者アルフレッド・ラッセル・ウォレスは、ダーウィンとは別に、自然選択による進化の仕組みを発見する一方で、霊媒者の霊能力や交霊会（訳注：霊媒者を介して死者と交信を図る会合。19世紀半ば、欧米で広く行われるようになった）の妥当性を信じ、疑似科学を受け入れた。他にも、自然界の営みについて、その正体と仮面をないまぜにした人物は枚挙に暇《いとま》がない。科学者でさえ、実と虚を画す境界線の見極めに苦しんできたのである。

シンクロニシティ――。

1930年にスイスの心理学者カール・ユングが唱えた言葉である。「非因果的連関の原理」という概念を表した言葉だ。アインシュタインとの夕食時に、就寝中の夢や日常における偶然の一致、文化の共通点に関する自らの考えや相対性理論などについて意見を交わしていた際に浮かんだという。だが、実際にその概念が浸透するのは、古典力学の決定論（あらゆる出来事は、その出来事に先行する出来事のみによって決まる、とする哲学的な立場のこと）と一線を画す量子力学の先進的側面について、パウリ（312頁）と議論するようになってからだ。今にして思えば、科学における非因果的原理の必要性を見抜いたユングの洞察力は、非凡で先見性に長けている。だが残念なことに、意味のある偶然の一致、との言葉を鵜呑《うの》みにした姿勢は、彼の業績において大きな汚点と言ってよい。統計分析を用いることなく、いかがわしい相関も研究成果に含めたのだ。自らの直観を頼りに、相関の有無を判断したのである。時に、偽りの関連性をつくりあげる人間の心理を鑑《かんが》みれば、自らの直観に頼るだけでは真の科学とは言えないだろう。

しかし、もし非因果的な遠隔作用を完全に否定するならば、〝もつれ〟の状態にある2点間の粒子は、いかにして観測者が測定しようとする物理量を予想するのだろうか？

これはアインシュタインとボリス・ポドルスキー、そしてローゼンが連名で1935年に発表した著名な論文（通称、「EPR論文」）の中の問題提起である。

〝もつれ〟の相関にある2つの粒子は、たとえば一方の運動量が測定されると、もう一方の運動量が瞬時に決まる。遠隔作用を認めないならば、どのようにして2つ目の粒子は1つ目に応じた運動量を即時に現すのだろう？　1つ目を観察する人間の「心を読み取る」のだろうか？

アインシュタインの答えは、もちろん「ノー」だ。物理量は観測前から——たとえ測定器の性能の限界によって観測できないにしても——客観的に実存すると唱え、その考え方のもとで量子力学より完全な理論の構築を目指した。

アインシュタインが〝量子もつれ〟の一般的な解釈を「心を読み取る」意味に近いとし、科学の客観性と相容れないと否定した頃、植物学者ジョゼフ・バンクス・ラインが、時宜《じぎ》を図ったかのように、超能力とされる読心術を科学的に検証すべきだと声を上げた。生来「超能力」を持つ人間は、普通の人間より高い確率で、カードを見なくても、その図柄を言い当てられるのだろうか？　そのような疑問の検証を通じ、ラインは、超心理学という研究分野を築こうとしたのである。

パウリやその友人のパスクアル・ヨルダンなど、一部の量子力学者は、ラインの研究に関心を持った。パウリは超心理学に対する自らの興味を公に語ろうとはしなかった。だが実際は、見えない相関への興味を次第に強めていく。自然界をあまねく記述する統一的理論の構築に関して、アインシュタインの手法を批判したように、物理学の多くの領域において、パウリの姿勢は一貫して懐疑的だった。にもかかわらず超心理学に関しては、驚くほど素直に受け入れ、その妥当性を信じようとした。少なくとも、そのような時期が存在したのは確かである。そして精神分析を受けるために紹介されたスイスの精神科医ユングと共にシンクロニシティの研究を始め、非因果的連関の原理の実証を目指すようになる。

決定論と因果律にとらわれない科学の必要性をしかと指摘する一方で、ユングとパウリは、自然界における非因果性の実例を探す研究にのめりこんだ。予知夢や共通文化（ユングは「元型」と呼び、「集合的無意識」が生み出すと唱えた）などの日常における偶然の一致と、〝量子もつれ〟の間に類似点を見出すべく力を注いだのである。しかし残念ながら、真に科学的説明の難しい現象――確率の要素を含みつつ、因果性と非因果性が同居する自然界の姿――と、検証不可能な疑似科学の幻影を混同してしまう。たとえ実績のある科学者であっても、実存する相関と空想上の相関の色分けに手を焼いたのだ。もっとも、実証された2点間の相互作用と、あくまで可能性に留まる事象間の関連性は、まったく別物である。いくつもの研究チームによって裏打ちされた再現可能な結果こそが、科学的成果として認められるべきだろう。つまり、直観だけでは不十分なのである。

量子力学は直観に反する面を備えるが、決して厳密性に欠ける曖昧な理論ではない。それどころか、確率や相関、連続性などが奇しくも融合した枠組みによって、自然界を極めて正確に記述する理論である。医療機関で毎日使われるＭＲＩ（磁気共鳴画像）や、とてつもないスピードで浮上走行する日本で開発中の超電導リニアモーターカー（超電導磁気浮上方式鉄道）などは、量子力学の応用例だ。

先駆的な物理学者アントン・ツァイリンガー率いるオーストリア・ウィーンの研究グループ

は、近年、量子テレポーテーションや量子暗号の分野で革新的な成果を上げている。特筆すべきは、〝量子もつれ〟の現象を利用して、途方もない遠隔地へと光子の量子状態を転送した点だ。現在は中国の衛星「墨子（Micius）」へ量子状態を送り、解読不能とも言われる量子もつれを活用した量子暗号システムの構築に取り組んでいる。一連の研究が言わんとするところは、量子もつれなどの非因果的相関の重要性と実用性の高さである。

量子力学の計算の表す意味について理論屋が首をひねるのを尻目に、実験屋は期待通りの結果に快哉《かいさい》を叫ぶ。その現状を鑑みると、宇宙の森羅万象を解明するためには、相対性理論の揺るぎない論拠と、量子力学の柔軟性と耐性に富んだ論拠が調和しなければならないだろう。1つの世界において因果性と非因果性が同居する例は少なくないのである。

太陽を考えてみてほしい。

太陽の光と熱は、量子力学に基づく核反応のメカニズムによって生成される。しかし、いざ放射されて宇宙空間を伝わる段になれば、追従するのは因果律だ。そう、光速上限の掟である。哲学者たちは何千年もの間、太陽の発するエネルギーの正体について考察を重ねてきた。そしてようやくこの100年で、科学者たちによってふさわしい答えが導き出されたのである。様々な性質が同居する答えが、だ。

第1章

天空へ挑む

古代の人々が描いた天界像

これらの真ん中に場を占めた太陽神《たいようしん》は、万物《ばんぶつ》を見おろすあの目で、あたりの異様な様子におびえている若者を見やった。

「どうしてここへやって来たのか？」と神はいう。

（訳注：オウィディウス（紀元前43～紀元後17年）は古代ローマの詩人。創意に富んだ恋愛詩『愛の歌』や、変身をモチーフにした『変身物語』などで知られる。上記訳は『変身物語』（中村善也訳、岩波書店）52頁から引用）

——オウィディウス『変身物語』

人類は太古の昔から、宇宙の真理へと続く道を切り拓いてきた。幾重にも重なる天体の軌道――地球から見える太陽や月、満天の星の動き――は人間社会に暦をもたらし、翻《ひるがえ》せば、私たちの日常をあまねく統《す》べる。それらの天体同士の振る舞いに潜む相互作用を解明すべく、人間は古代からずっと力を尽くしてきたのだ――はじめは推測によって、やがては科学の力を駆使して。

そのような相互作用の本質を理解するためには、作用の伝わる速さを知る必要がある。時間経過を伴う相互作用と、瞬間的に起こる相互作用は、根本的に別物だ。

広大な宇宙に対する研究が始まり幾星霜《いくせいそう》、速さが多岐にわたる相互作用を見極めることは、最も重要な課題として位置付けられるようになった。ただ基本的には、相互作用に要する時間は空間的な隔たりに相関する。速さが一定だと仮定した場合、短い距離間において少しでも時間差が生じれば、隔たりが大きくなればなるほど、その差が顕著になる。

よしんば、都市機能をモデル化するためには、その都市の交通網や情報通信網を把握しなければならない。歩行者しか通行が認められていない街と、複数車線の高速道路が縫うように走る街とでは、地域事情は全く異なるだろう。とりわけ商品の配送にかかる時間となると、大きな差が出るのは明らかである。また、携帯電話の所持が禁止されていたり、使用が制限されていたりする街と、1人ひとりが片時も離さず携帯電話を持ち歩くような街とでは、生活ペースに違いがあるはずだ。

同じように、力などの相互作用が複雑に絡み合う宇宙の構造を繙《ひもと》くためには、作用の及ぶ速さを正確に把握する必要がある。現在、一般的な空間における2点間の相互作用の速さについては、因果律が破られない限り、真空を走る光の速さが上限であることがわかっている。因果律とは、原因（たとえば、ものを引っ張るという行為）があって結果（ものが引っ張られる現象）が生まれるように、ある時点の状態によって次の状態が決まるという考え方だ。

光が極めて重要な存在であることは、古代ギリシアの時代から認識されていた。古代ギリシアの多くの哲学者は演繹法《えんえきほう》（ある前提から必然性をもって，段階的に結論を導く思考法）を厳格に適用することで、明るさや暖かさといった感覚的表現の他に、愛や善などの抽象的対象にも結びつけて光の重要性を表現した。その上で光速が有限か否かについて論じ、光がいかに伝わるのかという問題に臨んでいる。だが、近代的な装置や技術のない当時において、くだんの問いに答えを見出すのは不可能だった。

なるほど、光は非常に速い。古代ギリシアの時代から約2000年が経ったルネサンス期のガリレオ・ガリレイに代表される科学者たちでさえも、光速の計測には手を焼いた。ガリレオは2人の観測者をそれぞれ数キロメートル離れた場所に配置して、一方の放つランタンの光が見えたら、もう一方が自身のランタンの光を相手に放つことで、両者の距離による光の往復時間の変化を確かめようとした。優れたアイデアではあったが、光の届き方が瞬間的なのか、それともごくわずかに時間がかかっているのか（実際には1秒よりはるかに短い時間）を正確に測定するには無理があった。しかし、その後、19世紀にアルバート・マイケルソンなどの科学者たちが画期的な手法を考案したのに加え、科学技術や測定法が着実に進歩したおかげで、今や光速はかなりの精度で求められるようになった。

光の速さの重要性は、なにも天文学に限った話ではない。

現代の物理理論が示す通り、力が働く仕組みの中で決定的な役割を担っている。自然界に存在する力を理解するにあたり、まず求められるのは力の伝達方法の体系化である。ここで、力は決して接触ありきではない点に留意したい。事実、自然界に存在する4つの基本的な力（重力、電磁気力、強い力、弱い力）のうち、電磁気力と重力の2つは、2点間がはるかに離れていても作用する。電磁気力という相互作用については、光の交換によって伝播《でんぱ》することがわかっている。また、重力に関しても、伝わり方こそ違えど、伝わるスピードは電磁気力と同じだ。つまり、光の速さがわかっているからこそ、自然界の相互作用に関する研究が成り立っているのである。

もっとも、光速が有限である事実を突き止めたことにより、情報伝達手段や因果律について難解な問題が浮上した。そもそも多くの人にとって、速さに上限が存在する事実は直観的に馴染まないだろう。

たとえば、警察官のストライキのため速度違反の取り締まりが行われていない日に、まっすぐ延びるガラガラの高速道路を急いで運転している状況を思い浮かべてほしい。法定速度を順守しようとする自制心よりも、スピードを上げたいとの誘惑が勝るのではないだろうか。

従来の考え通り、光速を最高速度とする世界に限って因果律が担保されるのならば、もし最高速度が何らかの形で破られたとしたら、一体何が起こるだろうか？　状態が逆行するなんてことはあり得るのだろうか？

量子力学には状態の重ね合わせという概念があり、因果律に背いて超光速で遠隔地に影響が伝わり得るが、量子力学において現れる量子もつれのような遠隔作用は、いかにして光速を上限とする世界と相容れるのだろうか？

要するに、光の速さが有限だと判明したことで、様々な科学的問題が連鎖反応のごとく生まれたのである。そして、今なお生まれ続けている。はたして、それらの問題から新たな英知を導くには、哲学的思考だけでは不十分だった。丹念に洞察し、少しでも真理を悟るためには、然るべき科学の発展が欠かせなかったのである。

太陽への信仰

古代の人々を照らしたであろう燦燦《さんさん》たる陽光と、今日私たちに降り注ぐまばゆい陽光は、同じ実体に源を発する。一方、途方もない距離を認識した上で現代人が天空を仰ぐのとはいとも対照的に、太古の人たちはその実体をはるかに身近な存在として捉えていたようだ。たとえば、古代ギリシア時代には、太陽などの天体にまつわる具体性に富んだ神話がつくられ、天界の動きは地上の出来事そっくりに描かれている。

ギリシア世界の一部では、当時、太陽は太陽神へーリオスとして崇められていた。太陽神へーリオスは、ティタン神の女神テイア（神々しい女）と、同じくティタン神のヒュペリオン（高きを行く者）の間に生まれた子である。古代ギリシアの叙事詩人ヘシオドスの著した『神統記《しんとうき》（テオゴニアー）』によると、へーリオスにはセレネ（月の女神）とエオス（曙の女神）という姉妹が存在する。兄妹3人が遊び場を駆け回るように、不死なる神々が代わるがわる天空を司るというわけだ。

『ホメーロス風讃歌』では、太陽神へーリオスに対する人々の信仰心をより深く窺《うかが》い知ることができる。『ホメーロス風讃歌』は作者不詳の讃歌33篇から成る詩集で、いずれも詩人ホメーロス風の文体で綴られており、最も古い作品は紀元前7世紀に遡る。

そのうちの一篇で、太陽神へーリオスは、黄金の兜《かぶと》をかぶりクアドリガ（4頭の馬が引く戦闘用馬車）で天空を馳せる誉れ高き騎手として讃えられている（次頁参照）。

太陽を擬人化したことで、太陽の実体に関する研究は大幅な出遅れを余儀なくされた。なる

ヘーリオスは馬どもを御し、
人間たちと不死なる神々とを照らしたもう。
戴《いただ》ける黄金の兜の下からその眼恐ろしく輝かせたまい、
燦《さん》として輝く光御身よりきらめき出でて、
眩《まぶ》しき（兜の）耳当て顳顬《こめかみ》おおいて頭《こうべ》より垂れ、
遥けき方まで照り映える美しき顔《かんばせ》にかかる。
そよそよと吹きわたる風受けて、
美しき薄ものの裳は御肌の上に煌《きらら》に光る。
御足の下に繋がれたるは悍馬ども。
さて、ヘーリオスはここで黄金の轅《ながえ》もつ車と馬とを留め、
そこにて、天の頂で憩いたもう。
やがて神々しい姿で天空をオーケアノスへと馳せ向かう。

（訳注：『ホメーロスの諸神讃歌』（沓掛良彦訳、平凡社）
368〜371頁から引用。一部、加筆）

ほど、意図的であれ衝動的であれ、自ら人間社会と交わるような意志を持つ太陽神が存在すれば神の象徴する実体、つまり、しかと実存するエネルギーの源について調べようとする者は現れないだろう。実際、神通力の本質がほとんど暴かれぬまま時は過ぎた。科学的考察への道は、光の伝わる仕組みの解明も含め、太陽信仰を拭い去ることから始まったのである。

太陽とその輝きに関する研究は、紀元前5世紀、アクラガスを舞台に動き出す。アクラガスは、イタリア・シチリア島の海岸沿いに築かれた街で、当時、文化の中心地だった。歴史家によると、クアドリガを駆る太陽神ヘーリオスのイメージはまだ各地で残っていたものの――肖像が金貨に刻まれている――、太陽信仰はもはや一般的ではなかったとのこと。たしかに、アクラガスには、ゼウスやヘラクレスなどの神を祀《まつ》る立派な神殿が見られる一方で、ヘーリオスを崇拝するための神殿はなかった。

ギリシア人の支配する領地において太陽神ヘーリオスの観念は希薄となり、かわって数多くの神格を持つアポローンが信仰されるようになった。アポローンの神格は、光明から音楽や芸術、予言まで多岐にわたる。だが不思議なことに、デルフォイなどの他の主要都市とは違い、アクラガスの街にはアポローンを祀《まつ》る神殿も存在しなかった。［1］

アクラガス出身の哲学者エンペドクレスにとって、太陽は、崇拝の対象というよりも哲学的考察の対象だった。エンペドクレスは哲学を通じて世界の成り立ちを理解しようとしていた。炎々と燃える太陽は、彼にとって、その答えを握るカギだったのかもしれない。

神殿の谷の夜明け

神殿の円柱にきらめきを宿らせ、参道にまばゆさを授けながら、煌々《こうこう》と延びる暁の陽光がアクラガスの街に1日の始まりを告げる。

オリンポス山から遠く離れ、まだ古代ギリシアの植民都市だった地に、太陽は繰り返し姿を現し日々を刻んだことだろう。象徴的なドーリア式の柱がそびえる聖域には、日差しと共に古《いにしえ》の日常が刻まれている。顧みれば、神々の覇気と叡智を映したはずの神殿の輝きから、超高温下の核融合炉で生成された光子の反射を想像した者はいなかった。真空中を1億キロメートル以上駆け抜け、地上の建造物にたどり着く光子の姿を、である。現実は往々にして、神話より神秘的なのだ。

アクラガス中心部の「神殿の谷」は、尾根と丘陵に抱かれた高台に位置する。敵の侵入を防ぐために選ばれた土地だ。古代ギリシアの時代に建造された神殿のほとんどは、春分や秋分などの信仰上重要な意味を持つ時期に、日の出を正面に見られるようにつくられた。儀式を行う際に、太陽の光を最大限浴びるためである。

しかし、アクラガスの場合、事情が少し異なった。地形に沿って碁盤の目状に整備された道が物語るように、機能性に重きを置いて築かれたのが、アクラガスという街である。すべての神殿が儀式の日程を鑑みて建てられたわけではなく、少なくとも一部の神殿では機能性が優先された。太陽の軌道ではなく、街の区画を基準として設計されたのである。[2]

この事実を見ても、当時、すでに太陽信仰が薄れていた事実が窺える。崇拝対象としての意義の低下は、信仰とは切り離して太陽の特性を考える機会を大幅に増やし、エンペドクレスの斬新な思想へとつながった。

エンペドクレスは、紀元前492年頃、建都100年になろうとしていたアクラガスにおいて、非常に裕福な家庭に生まれた。他の貴族階級の若者と同様、数えきれないほど多くの召使いに尽くされ、何不自由ない生活を送った。そして、派手な衣装を好んだ。紫の衣をまとい、頭には月桂冠を戴き、履物は青銅製のサンダル。瀟洒《しょうしゃ》ないでたちで威厳を保ち、神聖な雰囲気を醸《かも》しだしていた。

市井の一員として見られるのを嫌い、自らを神に通ずる人間と称し、神霊治療を行った。だからといって庶民に対して高圧的に接するわけではなかった。むしろ寛容だった。自由と平等を尊重する政治思想の持ち主だったのである（あくまで自分自身を頂点とする、女性蔑視の階層社会を前提としての話だが）。自由民（訳注：古代社会において奴隷身分以外の者を指す）に対する平等を保障する法施行にも尽力した。崇高な聖人のように振る舞いながらも平等を標榜する人物などエンペドクレスをおいて他にいないかもしれない。

アメリカの詩人ウォルト・ホイットマンの言葉を借りれば、エンペドクレスという人物の中の自己矛盾は、彼自身が「色々な面を抱えていた」証である。

またエンペドクレスは、若くして詩や哲学に強い関心を持ち、その時代の名著を読んで知識を吸収した。思想や行動について大きな影響を受けた古代ギリシアの哲学者パルメニデスが著した哲学詩『自然について』や哲学者アナクサゴラスの自然に関する考察、ピタゴラス学派の思想などである。はたして書籍から得た知識をもとに、独自の世界観を描くようになった。

宇宙の構成要素

現在知られているエンペドクレスの思想は、ソクラテス以前の多くの哲学者と同じく、本人による著書の断片や他者の文献などに由来する。自著『自然について』の中で、エンペドクレスは、師のパルメニデスの唱えた一元論（1つの原理であらゆるものを説明しようとする考え方）に直接言及し、明確に反論している。

一元論の世界観は、哲学者ピタゴラスの弟子たちで構成するピタゴラス学派の数秘術的な観念とも明らかに一線を画している。宇宙全体を唯一の実体と捉え、1つの不朽の実体が様々な姿を見せるも根源的な実体は変わらない、との趣旨が、パルメニデスの唱えた一元論である。つまり、変化はただの幻に過ぎないというわけだ。対して、宇宙は相互作用する複数の元素で構成されるとの見地がエンペドクレスの世界観だった。

数と図形や立体こそが宇宙の構成要素であると唱えたのは、ピタゴラス学派である。ピタゴラスは10という数が完全な数であり、聖なる自然界の秩序を支えると提唱した。また、数字の「1」を、単位という意の「モナド」とし、数字の「2」を分裂の象徴とした。ピタゴラス学派の教義では、男性らしさを表す奇数が調和をもたらすのに対し、偶数は女性らしさを含意し軋轢《あつれき》を生む対象とされた。だが「10」に限っては「デカド」と呼び、1から4までを足した合計であることから、全体や完全のシンボルとして位置付けた。

彼らが最も神聖視した対象の1つが、テトラクテュスだった。テトラクテュスとは、10個の点を正三角形の形に配置した図で、上から順に一列目に1つ、二列目に2つ、三列目に3つ、そして四列目に4つの点が並ぶ。1から4までの相関を見事に表すテトラクテュスにおいて、点の総数10が宇宙全体の縮図であり、各点が様々な自然の構成要素を表現する。

ピタゴラス学派は、1から4までの数の比で、ハーモニーを奏でる音階の仕組みを説明し、単純な比で表される音程ほど美しく響くと主張した。宇宙の惑星の動きは、美しく調和した音程に対応し、「天球の音楽」を奏でるとしたのである。

各惑星は、「中心火」（太陽ではなく、通称「ガード」と呼ばれた架空の動力源。「ガード」は最高神ゼウスの物見やぐらの意）を同心とするそれぞれの球面上を運動するとしている。

完全な宇宙は10でできていると考えるため、太陽、月、水星、金星、火星、木星、土星、恒星球の8つの天球に加え、地球を9つ目の球体に「対地星」と称した架空の天体を10番目に据え、聖なるデカドを完成させた。なお、対地星は中心火を挟んで地球の反対側を運動するため、地球からは永遠に見えないと想定した。

数学が自然を記述する言葉であることは論を俟《ま》たない。しかし、ピタゴラス学派は、「万物は数なり」との考えのもと、単純な整数や図形を自然の構成要素としたことで、抽象的で非現実的な世界観にとらわれてしまったとも言える。数学によって宇宙像を描写するのではなく、限定してしまったのだ——もちろん理論は進展をみなかった。たとえば当学派は、非現実的な特性が教義に反するとし、πや$\sqrt{2}$といった無理数の存在を認めなかった。だが科学は、すべての数を——宇宙の構成要素ではなく、描写する道具として——受け入れることではじめて成り立つのである。

エンペドクレスは、ピタゴラス学派の数秘術や音楽理論とは距離を置き、世界はより現実的な要素で構成されると説いた。

彼の世界観には、次の4つの基本元素が存在する。土、空気、火、そして水だ。彼は、それらを「根《リゾーマタ》」と呼んだ。相反する2つの主な力、「愛」と「憎」が4つの根に働くことで、自然界の営みが生まれるとした。

エンペドクレスによれば、愛は万物を結合させる普遍的な力である。元素を引き寄せ、異なるもの同士を結合させる。ただし、愛に支配されてしまうと、導かれるのは究極の画一性だ。土、空気、火、水が均一に結合した無味乾燥の混合物である。見事な融合は美しいものの、変化を伴わないため、生命が育まれることはない。

だが、憎の働きが都合よく、愛とは反対の作用を及ぼす。結合した元素を切り離すのだ。憎によって徐々に引き離される諸元素は、やがてはっきり他と区別され、それぞれ独立した存在となる。そのまま憎が勢力を広げると、待ち受けるのは完全なる分離の世界だ。愛の支配する世界と対極に位置する世界でもまた、生命は生まれない。しかし、ひとたび憎の勢力が極限に達すると、今度は愛が割り入り勢力図は反転に向かう。「愛」と「憎」という異なる2つの力の駆け引きにより、各元素が様々な形に結合もしくは分離し、世に循環が生まれるというのである。

エンペドクレスは、芸術家の使うパレットを引き合いに出し、自らの考えを説明した。芸術家が原色を混ぜて新しい色をつくり花瓶を彩るように、愛という根源的な力が元素を組み合わせ神秘的な自然現象を生む、と。序章でお話しした点描画家の比喩に置き換えるならば、物質の構成要素は小さな点にたとえられる。画家によって次々と絶妙に配置される小さな点は、やがて想定外の絵柄を映し出すだろう。だが実際は、小さな点、つまり、構成要素の集まりに過ぎない、というわけだ。

周期が繰り返されるとの概念を取り入れ、その移ろいの中で様々な変化が生じると考えた点で、エンペドクレスの宇宙観は非常に柔軟性に富んでいた。幅広い相互作用を示す反応豊かな構成要素を想定したことで、人類の宇宙観を発展させたのである。彼の提唱した元素や力の姿は今の科学が示すそれとは全く異なるが、前段のような分類の視点は、当時では画期的で意義が大きかった。穿《うが》った見方をすれば、物質の基本的構成要素であるクォークとレプトン、自然界の4つの力である重力、電磁気力、強い力、弱い力といった現在の物理概念のおぼろげな姿が、エンペドクレスの理論の中に見てとれるかもしれない。

また彼の研究は、物象のモデル化だけに留まらなかった。生物の仕組みにも関心を示し、物象との接点を見出しながら、感覚器について自説を立てた。火（光）は火を引きつけるとの考えから、視覚の成り立ちを説明。己の目の内なる火と対象物の中の火が融合することで、視覚が生じるとした。

その考えは、一般に「外送理論」と呼ばれる。目から放たれた光が対象物に当たることで対象物が照らされ、人間が視認できるようになるとの趣旨だ。それとは全く対照的に、ピタゴラス学派などの古代ギリシアの哲学者たちは「内送理論」を唱えた。この考えによると、対象物から放たれた光を人間の目が受け取ることで視覚が成立する。だが実験検証のできない当時は、どちらの側にも自らの説を立証する術はなかった。したがって両理論を巡る哲学的論争は、決着を見ぬまま長く続くことになる。

ところで、内送理論の1つに、ソクラテス以前の哲学者デモクリトス（紀元前460年生誕）

が唱えた説がある。万物は「エイドラ」と呼ばれる自らの複製を際限なくつくり続け、空間を伝播したエイドラが人間の脳や目などの器官に入る、というものだ。目に入ると、エイドラは視覚的な像を形成する。脳に直接入ると、夢を喚起し、将来起こる事象の前兆と化す。つまり、現実の風景と夢で見る映像の違いは、単純に人間のエイドラの受け取り方の違いだと、デモクリトスは論じたのだ。

「原子論」(訳注：それ以上分割できない最小単位としての原子から成り立つとする理論・仮説)の創始者の1人でもあるデモクリトスは、万物は形と大きさの異なる小さな原子で構成され、簡単に自らを複製して放出すると信じていた。エイドラは、世界のあらゆるものから生成され、私たちに認知されるのを待ちながら周りを漂っている、と。しかし、過去、現在、未来の順がでたらめにならずに、きっちりと時間の流れに沿ってエイドラが人間に届く理由については触れていない。

古代の哲学者たちが自説の論拠としたのは、論理上の整合性と美しさだった。火は水によって消えるといった明白な例を除いては、実験とおぼしきものは見当たらない。換言すれば、エンペドクレスやその時代の賢者たちが頼ったのは、実験結果ではなく直観だった。そして史実は、人間の勘がよく外れることを物語っている。

ところで、エンペドクレスは紀元前433年、60歳の頃に自害している。一部の記述では[3]、火が火を誘った実例と目されている。情熱的な人格が、焼身の最期を導いたとの解釈だ。イギリスの詩人マシュー・アーノルドが自らの詩集『エトナ山上のエンペドクレス　その他』の中で劇的に描いているように、エンペドクレスは、シチリアにあるヨーロッパ一標高の高い火山エトナ山の山頂で最期を遂げたと語り継がれている。エンペドクレスは火口の縁に立った途端、自らを炎の海に投じたという。まるで究極の勇敢さと転生への望みを示すかのように、だ。おそらく己の魂が永遠であることを顕示しようとしたのだろう。情熱溢れる精神と地獄のごときマグマを1つにする致死的な作用がいずれ周期を隔て、それぞれを再生すると考えたのだろうか？　いずれにしても、その思いとは裏腹に偉大な哲学者の死の真相と手段こそが衆目の的かもしれない。

アーノルドは、エンペドクレスの最期の叫びを次のように記している。

だがだめだ、この心はもはや燃えることはない、

エンペドクレス、お前はもう生きてはいない！

思考のどん欲な炎に過ぎないのだ――

永遠に安らぐことのないあらわな精神なのだ！

万物はその出自である

四大へ帰る――
肉体は大地へ、
血は水へ、
情熱は火へ、
吐息は大気へ、
それらは見事に生まれ、見事に葬られるだろう――［4］

（訳注：『エトナ山上のエンペドクレス　その他』（マシュー・アーノルド著、西原洋子訳、国文社、1983年）75頁より引用）

肉体的な結末はともかく、エンペドクレスは、学問において不朽の実績を残した。彼の著書や思想は、ピタゴラス学派や他の原子論者の考察と並び、後世の多くの哲学者の拠り所となり、以降の科学理論の構築に長く影響を及ぼした。したがって、当該時代は科学の黎明《れいめい》を告げる重要な役目を演じ、その功績は2000年以上もの時を経た現代において、物質の構成要素と、基本的力を介した作用の解明へと結実するのである。

ところで、古代に提唱された「万物の理論」のうち最高傑作と評される1つは、プラトンによるものである。名高い哲学者であり教育者でもあったプラトンは、紀元前429年に生まれ、紀元前347年に没した。生前アテネに学園アカデメイアを開設し、かつての哲学思考の統合に積極的に取り組んだ。そして、見事に自らの思考に活かし、独自の宇宙論を展開した。『ティマイオス』などの著作の中で、その概念を示している。

プラトンはピタゴラス主義を継承し、完全性を追求した天界像を理想とした。人間の見る世界は明らかに不完全であり、調和した不変の世界の仮象に過ぎないと主張。実世界を分析して理解を図るよりも、仮象の裏に潜む本質を捉え、その崇高な原型を考察することに意義があると唱えた。崇高な原型とは、彼の言うところの「イデア」である。

イデアとは、世界に実存する無常な対象の理想的模型のことである。たとえば、雑音を発したり軋《きし》んだりすることなく正確に時を刻む、非の打ちどころのない古時計を想像してほしい。立派な古時計は振り子を美しく行き来させながら悠久の時を刻んでいる。毎日のように調整を必要とする、安売り店に並ぶ安価な腕時計と比べて、くだんの古時計は、はるかに正確な時間を示すだろう。だがその正確さを凌《しの》ぐのが、全くズレを生まない完全無欠を地で行く時計の原型だ。つまり、「時」のイデアである。イデアをもとに精巧に仕立てられたのが立派な時計、逆に、稚拙につくられたのが安手の腕時計というわけだ。同様に、対称性と華麗さの織りなす古時計の気高い装飾は「美」のイデアから、古時計の正確なメカニズムは「知」のイデアから生まれる。

プラトンの考えでは、世界に実存するものや付随する性質に関して、その実像はすべて理想的な原型に由来する。たとえば、大きくて立派な桜の木から次々と美しい花びらが舞い落ちるように、崇高で理想的な魂から、人間1人ひとりの精神が生成されるといった具合だ。舞い落ちた花びらは土にまみれ、色褪せるかもしれない。しかし、大地で異彩を放つ花弁の美しさの面影から、もともとの気高い姿が見てとれるはずだ。

理想的な模型から実像が表出するという見方は、現代からすれば、因果律の厳密性に欠けるだろう。イデアの世界と実世界とをつなぐ太く頑丈な連鎖など存在しないからだ。プラトンの想定したつながりはむしろ、不純物を取り込みながら汚れた現世へと辿り着く無形の流れのようなものである。山嶺《さんれい》の清らかな湧き水が、人目につかない岩肌を流れ、山深い集落を抜け、傍らに並ぶ松の木の針葉を集め、水面に陰をつくりながら、麓《ふもと》の俗世間に流れ込む。そうした流れを考えるのであれば、怪しげなつながりが許されるのも当然だ。非因果的な相関然り、数秘術や対称性などの数学原理と関連付けた現象然り。他にも、あらゆる神秘的作用が該当する。プラトンの死後何世紀にも及び、不合理で怪奇的な解釈を数多く呼んだのは無理もなかった。

現世がイデア界のつくる幻影に過ぎないことを示すため、プラトンは、「洞窟の比喩」と呼ばれる有名な思考実験を行った。洞窟内の壁に鎖でつながれた囚人を思い描いてほしい。囚人は、入口からさほど遠くない洞窟内に拘束されている。向かいの壁に、外を行き交う人たちの影が映る――武器を携行する軍人や、売り物を運ぶ商人などのシルエットだ。もし囚人が外の世界を知らなければ（もしくは何らかの理由で忘れていたとしたら）、壁に映る影が真実だと勘違いするかもしれない。とすれば、私たちの見る世界は、洞窟の壁面に踊る影とも言えるだろう。真実の投影の一部に過ぎないのである。

ピタゴラス学派と同じく、プラトンは幾何学的美しさに魅了された1人だった。そのため、惑星の軌道は、太陽や月、その他の星の軌道も含めて、少なくとも理想的な世界では円軌道に違いないと考えた。そして、実際の天体運動に理想との開きが認められるのは、汚れた鏡が対象をぼかして映すように、理想像を不適切に反映しているからだと解釈した。ピタゴラス学派の天界像との大きな違いは、天動説の立場を取った点だ。中心火ではなく、地球の周りを天体が巡るとプラトンは説いている。

また、著書『ティマイオス』の中で、プラトンは、エンペドクレスの四元素説を基礎に、幾何学的に趣向を凝らしたピタゴラスのような論説を披露している。元素を正多面体（すべての面が正三角形や正方形などの同一の正多角形で構成される立体）と結びつけて考えたのだ。その上で正多面体ならではの特徴から、元素はエンペドクレスの説明とは異なる振る舞いを現すとした。

二次元の図形である正多角形と、三次元の立体である正多面体の間には、数学的に興味深い違いが存在する。正多角形は無限に存在するのに対し、正多面体は5種類しかない。正四面体

（4つの正三角形からなるピラミッドのような立体）、正六面体、正八面体、正十二面体、そして正二十面体だ。つまり、同一の正多角形で構成される立体は、世に5種類しか存在しないということである。これは、ソクラテスの弟子でもあったギリシアの数学者テアイテトスとユークリッド（エウクレイデス）が、その著書『原本』に著した事実だが、ピタゴラス学派も当時すでに発見していたとされている。いずれにせよ、プラトンが着想を得たことから、5種類の正多面体は「プラトン立体」と呼ばれるようになった。

自然界の隠された光

プラトンの死後何世紀にもわたって、アテネの学園アカデメイアは教育機関として機能し続けた。それは、ローマ帝国が勢力を拡大する時代にまで及び、プラトンの哲学は、その後も長く継承された。時代を超え、多くの著名な哲学者に影響を及ぼしたのである。実世界ではなくイデアに着目したプラトンの思想は、ピタゴラス学派の数秘術に関する教義と並んで、自然界には隠された法則があり、現世を超越した完全性を有すると示唆していた。したがって、プラトン主義の学徒たちは、それぞれの学派において、その隠された法則を見出すために力を注いだ。

ローマ帝政時代の学者兼歴史家プルタルコスは、45～47年頃、中央ギリシアに生まれ、プラトンの残した著作を体系的にまとめる仕事に取り組んだ。プラトンの諸々の思想を整理して、宇宙の仕組みを完璧に表すことが目的だった。彼は、プラトンの思想を正しく理解したいと考え、地中海地域の各地へ赴き、諸文明と接することで見聞を広めた。

プルタルコスが特に頭を悩ませたのが、物質的な世界がイデアの世界と邂逅《かいこう》する過程だった。雑然と振る舞う無生物に、理想的な抽象世界の原型がいかに注入されるのか疑問に感じたのである。悩んだ末、数に意味を見出すピタゴラス学派の思想を、プラトン主義に取り込むことで解決を試みた。また、兄弟とその妻たちを巡る神話、オシリスとイシスの伝説に代表される古代エジプトの象徴主義も盛り込んだ。

体系化した思想を数々の書物にしたため、古代ギリシアの諸々の世界観を後世に広く伝える役目を果たした。多くの著作の中でも『対比列伝』はのちに、伝記集の中で最高傑作の1つと評されるようになる。

プルタルコスは、多くの考察の中で、いわゆる科学的思考に分類されるものと、神秘主義的思考に分類されるものとを同一視している。たとえば、月に関する著書『月球の表面』では、月の特性を種々雑多な表現で記述している。表面に凹凸のない画一的な球体といった形容から、地球と同じく山や谷などの地形的特徴を持つ（のちにガリレオ・ガリレイによって正しいことが証明される）といった説明まで見られる。その上で、エンペドクレスの四元素論を「火の玉で包まれた、雹《ひょう》のように凍結した空気」と紹介し、地球に対する月の大きさや、地球から月までの距離を求めた古代ギリシアの天文学者アリスタルコスの計算方法を詳説し（詳細82頁）、月光は太陽の光の反射光なのか、なぜ月食が日食よりも頻繁に起こるのか、といった問題を慎重に考察している。そして最後に、月は死者の魂が地上で再生したり来世に転生したりする途中で、束の間の休息を取る場所だと神秘的に結ぶ。つまり『月球の表面』は、確かな観察結果と空想的描写を交えながら、古代と現代の宇宙像の共通点を示しているのである。

プルタルコスをはじめ、プラトン主義を継承するその時代の哲学者たちをまとめて、歴史家はよく「中期プラトン主義者」と呼ぶ。そう呼ぶことで、アカデメイアでプラトンから直接学んだ学徒などのそれ以前のプラトン主義者たちと区別している。プラトンの学風から派生した多くの神秘主義的思想との違いを明確にする目的もある。

プラトン主義の流れを汲む神秘主義的思想は紀元後数世紀のうちに生まれた。グノーシス主義やヘルメス主義、マニ教、新プラトン主義などがその代表例だ（詳細68頁）。カバラ（詳細69頁）。やスーフィズムといった中世に生まれた神秘主義も該当する。

〈参考　プラトン主義の流れを汲む神秘主義〉

概説すると、キリスト教と非キリスト教の双方に由来するグノーシス主義は、紀元後数世紀の間に形成され、従来の教典や慣習にとらわれずに真の神について認識しようとする思想である。プラトンのイデアを軸とした世界観を受けて、人間の住む限られた幻影の世界の向こう側に、普遍的真実の純粋な領域が存在するとした。

グノーシス主義では、2つの世界はそれぞれ異なる神によって創造されたと考える。至高神によって充溢《じゅういつ》の世界が、劣悪な神によって不完全な人間の住む物質の世界がつくられた、と。教義によると、古代ヘブライ人は、心眼を開いて高次に座する崇高な神を信仰すべきところを、誤って劣悪な神を崇拝してしまったとのこと。なお、キリスト教グノーシス主義では、キリストが上位世界の知を伝える使者とされるが、宗派によって使者は異なる。

複数の冊子からなる「ナグ・ハマディ写本」は、最も有名なグノーシス主義文書の1つである。

1945年12月、エジプトの山岳地帯、ジャバル・アッターリフの斜面の麓《ふもと》で肥沃《ひよく》な土壌を掘り起こしていた農夫数人によって、壺に入れられた羊皮紙装丁の同文書が発見された。写本がつくられた時期は4世紀と推定されている。伝える内容は、一般的なキリスト教の教義とは大幅に異なる。なお、写本のはじめの1冊は、のちに「ユング・コーデックス」として広く知られるようになる。闇取引によってエジプト国外へ流出しベルギーの古物商の手にわたっていたが、スイスの精神科医カール・ユングの設立したユング研究所が1952年に入手したからだ。その後、翻訳書が出版され、写本はエジプトに返却された。現在、カイロのコプト博物館に所蔵されている。

グノーシス主義と非常に近い関係にあるヘルメス主義は、伝説上の神格ヘルメス・トリスメギストス（「三倍偉大なヘルメス」の意）の教えに帰する思想だ。ヘルメス・トリスメギストスは、ギリシア神話のヘルメス神とエジプト神話のトート神が習合した秘術的知識の預言者である。ヘルメス主義は一般に、非キリスト教神秘主義を表す。

また、マニ教は二元論（物質対精神など背反要素を基礎にした世界観）に基づく教義を有する。開祖はイランの敬虔《けいけん》な聖人マニである。マニは、ユダヤ系キリスト教グノーシス派の両親の間に生まれたが、独自に宗教を興した。

新プラトン主義は、プロティノスやポルピュリオスをはじめ、プラトン創設の学園アカデメイアの終焉期の思想継承者たちによって築かれた哲学思想の一連の潮流を指す。物質世界は不純で、精神世界は純粋だとするグノーシス主義を否定し、２つの世界の間に、より複雑な関係性を求めた。

「モナド」と呼ばれる一者を頂点とする世界観を描き、その一者から段階を経て世界が流出し、物質に魂が宿ると提唱。数が万物の根源だとするピタゴラス学派の思想を発展させ、一者が万物をつくる複雑な過程を難解な言葉で説明した。また、混濁に満ちた世界から逆を辿れば、魂は一者のもとに帰還できるともしている。

新プラトン主義の哲学体系の源は、ユダヤ教やキリスト教の教義よりもギリシア神話に由来する。なお、新プラトン主義者の中でも特にキリスト教を強く批判したのがポルピュリオスだった。ギリシア神話の理にかなったあらすじに比べ、ポルピュリオスは聖書の内容に矛盾を感じ、その教義に疑念を抱いたのである。

カバラはユダヤ教を、スーフィズムはイスラム教を、従来とは異なる形で神秘主義の立場から解釈した思想で、何世代にもわたる超越論的考察を通じて形成された。各教典の言葉の裏に潜む真の意味を解読するため、プラトンやピタゴラスの思考を取り入れている。

たとえばカバラでは、神聖4文字という意で神の呼び名であるテトラグラマトン（訳注：ヘブライ語で神は4文字で表され、神という言葉を直截《ちょくせつ》言うのを避けるため、テトラグラマトンという語が使われた）と、ピタゴラス学派のシンボルで、四列に配した点で正三角形を表すテトラクテュスとの間に共通点を見出している。また他にも、四季や四元素説に関連性を求めた。神秘主義の信仰者にとって、そのような数的一致は、超越論的に重要な意味を持っていた。

＊＊＊

神秘主義の信仰体系を背景に、光の役割を考えると滋味深い。

光という存在は、単に物理量を持つだけではないことがわかる。諸神の愛や気高さを代弁し、現世の制約を超越する道筋をも灯すのだ。

グノーシス主義では光を、純粋な精神世界に対する真の認識と結びつけ、マニ教では、物質世界の闇に対して、光は真理の世界の象徴としている。なお、マニ自身は「光の使者」として知られる。同様にカバラは、光を神の力と関連付けた。『ゾーハル（ヘブライ語で「光」「光輝」の意）』などのカバラの主要文献では神の特性について、信じられないほどの輝きと共に光を放出する、と書かれている。

バアル・シェム・トーブの名で活動した18世紀のユダヤ教神秘主義者イスラエル・ベン・エリエゼルはかつて、『ゾーハル』とユダヤ教の聖典『トーラー』の関係について次のように表現した。

「天と地の創造から6日後に神のつくった光によって、人間は世界を隅々まで見られるようになった。

だが神は、将来の正しい人のために光を隠した。隠した場所は？『トーラー』の中である。つまり、『ゾーハル』を開けば、全世界は光で満たされるのだ」[5]

このように神秘主義思想では、神のつくる光は特定の速さを示すことなく、瞬間的に、自由自在に振る舞う。絶対的な力を持つ主として、神が意のままに輝きを操るのだ。それとは裏腹に、神が自らを律して光の調節を試みる描写も存在する。

カバラの一部の文献には、神の光を運ぶ特別な箱舟について記されている。下界の人間が神の力に圧倒されないように、光を調節する天地間の航路がつくられ、その航路を箱舟が渡るという。とすれば、水のように流れる光は、流速という有限の速さを持つとも考えられる。だが残念なことに、箱舟は光の運搬に耐えきれずこっぱみじんに砕けてしまう。そして、世に無秩序が訪れる、と文献は伝えるのだ。これに対し、一部の賢者は、他人を救う慈善行為などの敬虔な振る舞いが、神の試みの修復を導くと説いている。

一般に、プラトン主義の流れを汲む諸々の思想には共通の主題がある。

神の無限の力と現世の相互作用の限界とを二極化する世界観に対し、どのように考察するか、という問題だ。グノーシス主義やマニ教などの一部の宗派は、双方を隔てる壁を取り除こうとし、新プラトン主義やカバラは、直通経路を創造することで両世界を結びつけようとした。いずれにせよ、そのような経路は、永遠の世界と現実とをつなぐ隠された相互作用を意味するだろう。そして、その隠された相互作用は、いつ何時も信仰を保つ敬虔《けいけん》な心と、神の叡智《えいち》を求める探究心とをあわせもつ、究極に正しい人間にしか見えないのかもしれない。

遅々として進まない太陽の光

プラトンの遺産は、何も神秘主義の興隆だけに留まらなかった。

プラトンの最も有名な弟子であるアリストテレスの著書などを通じ、西ヨーロッパと中央ヨーロッパの賢者たちは、世紀をまたいでプラトンの思想を学び続けた。紀元前384年に生まれ、紀元前322年に没した弟子のアリストテレスは、傑出した（そして、実践的な）哲学者だった。多岐にわたる領域で――推論と基本的観察に重きを置きながら――独自の理論を構築し、後世に大きな影響を与えた。運動の様々な原因について研究し、自然の仕組みを体系的に考察。現世とイデア界に関するプラトンの抽象的概念から離れ、より現実的な視点で運動のメカニズムについて説明した。

現実に根ざした点で、アリストテレスは師のプラトンとは異なっていた。アリストテレスの宇宙像は、エンペドクレスの四元素説を基礎にしている。エンペドクレスと同じように、地球に存在する万物は、「土、空気、火、水」からなるとアリストテレスも考えたからだ。だがアリストテレスは、その四元素に5つ目の元素を加えた。太陽や月、惑星、その他の星々など、天体を構成する第五元素、「アイテール」である。

彼は、「アイテール」を最も軽い元素とし、5つの元素を次のように位置付けた。

重い順に、土、水、空気、火、アイテール。重い元素でつくられる物体ほど地面に留まり、上昇するよりも下降する傾向が強い。一方、軽いアイテールで構成される天体は地球に落下することはない。よって円運動を続ける。こうして太陽などの天体は、静止する地球を同心にそれぞれの円を描くとアリストテレスは唱えた。

彼は自らの宇宙観を紀元前350年頃、自著『天体論』にまとめている。

アリストテレスの物体の運動に関する当時の概念は、時代に先んじていたものの、ニュートンの理論（およそ2000年後に築かれる）と比べるとはるかに原始的だった。アリストテレスはまず、物体の運動を2種類に分類した。自然運動と強制運動である。自然運動には、静止、上昇（火や空気など軽い元素の特性）、落下（土や水などの重い元素の特性）がある。軽い元素ほど速く上昇し、重い元素ほど速く落下する性質を持つため、物質を構成する元素の割合によって、物質が上昇したり落下したりする速さに違いが生じる。慣性という概念はなく、いかなる運動も接触による作用を必要とすることから、アリストテレスは、静止という運動にも、押す、もしくは引くといった作用が継続的に働いていると考えた。

『自然学』と『形而上学』の2冊の著作の中で、アリストテレスは「因果関係」について述べている。あらゆる現象に原因を求めようとした彼の姿勢は、その後の科学構築への礎《いしずえ》となった。しかし、彼が定義した因果関係には瞬間的作用が含まれ、過去に影響を及ぼす作用も存在した。さらに、未来にも作用が及ぶ。したがって、現代でいう因果関係と、同一視することはできない。なにしろ現代の因果関係は、超光速の伝達を許容していないからだ。

ともかくアリストテレスは、因果関係の原因を次の4つに分け（四原因という）、それぞれ別個の仕組みがあるとした。

質料因（物体を構成する要素）、形相因（物体の形）、作用因（物体のつくられた意図）、目的因（物体の最終的な目的）である。

最後の目的因は、過去の状態よりも将来の目的を主眼としており、我々の描く因果関係とはかけ離れたイメージだろう。だが近年、多くの物理学者が、原因が過去に向かって影響を及ぼす「逆因果律」の概念を研究していることを付記しておく。

アリストテレスは多くの場合、エンペドクレス（50頁参照）などの先人たちの考察を発展させ、自らの理論を築いた。よって、エンペドクレスの思想についても、その多くを支持していたが、いくつかの分野では舌鋒《ぜっぽう》鋭く批判している。

たとえば、視覚に関しては、昼夜の見え方の違いが説明できないとし、エンペドクレスの外送理論を否定。人間の目が内なる光を放つのであれば、真っ暗闇でもものが見えるはずだ、と反論した。最終的にアリストテレスは、目が光を放つのではなく、光を感知することで視覚が成立すると結論付けている。

また、太陽の特性についても、エンペドクレスの説に異論を唱えた。エンペドクレスは太陽までの途方もない距離や膨大なエネルギーを生む機序に答えを出したわけではないが、その光が地球へ到達する過程に関して慧眼《けいがん》を発揮。太陽の光は時間をかけて宇宙空間を進み、地上に注ぐと唱えた。その考えに、アリストテレスは反駁《はんばく》したのである。もしそうならば、移動の経過が見られるはずだ、と。だが、その論点については、エンペドクレスではなくアリストテレスが誤りであることが歴史によって証明される。アリストテレスは著作『感覚と感覚されるものについて』でこう記している。

エムペドクレスもまた太陽からの光が視覚にか地上にか達するまえに、まず中間に達すると主張するように。してこのような事が起こることは根拠があるように思われる。というのは動くものは或る場所から或る場所へと動く、したがってまたその間において必然に一方から他方へ動く時間というものもまたなければならぬ。ところですべての時間は可分割的である。したがって光線はそれが見られないときでも、なおその中間の所を動いている時（間）があったのである。［6］

（訳注：『アリストテレス全集　第6巻』（山本光雄編、岩波書店、1968年）212頁より引用）

光は空間を移動するとしながらも、その途中経過を視認できないとの考えは、視覚のメカニズムに関して初歩的概念しかないアリストテレスにとって、理解に苦しむ筋立てだった。もし1つの地点から放たれた光が別の地点へ到達するならば、当然光は中間にあるいくつもの地点を経過するはずである。それではなぜ、太陽の光は、炎から立ちのぼる煙のように、その軌跡をはっきりと披露しないのか？　アリストテレスは、そう頭を悩ませたのだ。

しかし、その論点は意外である。なぜなら、地上の光（炎の光や稲光など）が軌道を見せることなく人間に届くのだから、太陽の光もまた同じであって然るべき、としても不思議はないからだ。もしかしたら、大気中に霧や靄《もや》が発生して、光の軌跡を映しだす場面がアリストテレスの頭にはあったのかもしれない。だとしても、日の出や日没時の太陽が、まるでプリズムのように陽光を様々な色に分けながら、その軌跡を披露することもあるだろう。

たしかに、地上では「靄《もや》」が光の通り道を示すにしても、はるか彼方の宇宙空間で太陽の光が投影されるとは考えづらい。しいていえば、太陽風の放射圧を表す観測画像が該当するかもしれない。太陽風とは、太陽の放つ電気を帯びた粒子の流れである。だが当然ながら、古代の人々がその現象を知る由はなかった。

アリストテレスがエンペドクレスに異を唱えた事実は、傑出した哲学者たちの間にも考えの相違があることを示唆している。アリストテレスは、エンペドクレスの外送理論の誤謬《ごびゅう》を正しく指摘した。だが、興味深いことに、光の移動についてはエンペドクレスが正しかった。エンペドクレスは、奇しくも自説を覆して、光が時間をかけて移動すると結論付けたとも言われている。いずれにせよ、エンペドクレスは、太陽の放つ光が有限の速さを持つとの結論に至った。その結論の価値がどれほど大きいのかを知らずに、である。

アリストテレスによる因果関係の多面的な定義は、結果を現す原因が4つあるとした上で、陽光の瞬間的な移動を許容した。太陽のまばゆい光が地上にいる私たちの目に入るまでの、宇宙空間を移動する時間――ご存知の通り、実際は約8分――は、存在しなくても構わなかった。もし光という存在の最終的な目的、つまり、アリストテレスの言う目的因が人間に見られることだとしたら、太陽の発する光は、その「原因」によって、人に見られると言う結果を生むのである。さすれば、光の移動にかかる時間を無視しても何ら問題はない。だが、幸いなことに、後世の賢者たちはエンペドクレスに追従し、光速が有限である可能性を求め、測定法の開発に励むのである。

運動の世界観

戦闘用馬車を駆る神としての神話的対象から、光を発する天体としての天文学的地位への推移は、太陽研究において飛躍的な進展と言えた。一方で、エンペドクレスとアリストテレスが進展させた太陽論は、極めて具体性に乏しかったのも事実である。当時、太陽の大きさや構成要素、エネルギー生成の仕組みを知る哲学者は1人もいなかった（既述の通り、太陽のメカニズムが解明されるのは、核時代と呼ばれる20世紀半ばになってからである）。

アリストテレスの地球を中心とする宇宙論は、地球の周りを太陽や星、そして当時知られていた惑星（地球の他に5つ）が完璧な円を描いて回るというものだった。この宇宙論は当時、大半の人たちから支持を得た。円を理想的図形とするプラトンの思想に通底し、美しさという観点からも説得力があったためだ。だがその一方で、実際に夜空を観測すると、いくつかの主要な点において食い違いが認められた。中でも、惑星の「見かけの逆行」が説明できなかった。天文学でいう「見かけの逆行」とは、地球から見た天体の動きが奇妙にも一時的に逆行するように見える現象を指す。

惑星の見かけの逆行は、古代においても広く知られていたが、天体自身の意志によるものだとされていた。惑星という意の「planet」は、「惑う人」を意味するギリシア語の「planetes」に由来する。つまり、水星をはじめ、金星や火星、木星、土星は、いつも通り天空を散策しながらも、時折休憩を挟んでは逆方向へ彷徨《さまよ》うきらいがあると解釈されていた。しかし、アリストテレスは、運動は直接的な作用によって起こると考えていた。惑星を擬人化することで表層的な満足を得るよりも、現実的な説明によって妥当性を得る方を良しとしたのである。

だが、その考えからすると、太陽系の惑星は地球を中心に円運動するとした彼の宇宙論もまた、完璧とは言えなかった。加えて、惑星が周期的に明るくなったり暗くなったりする現象も、アリストテレスの理論では説明できなかった。その現象は、惑星が地球に近づいたり離れたりすることを示唆していたからだ。

惑星は決まった円周上を運動しているはずなのに、なぜ明るさを変えながら天空を巡るのか？

その問いの答えを求めるべく、そして、アリストテレスの宇宙論を修正するために、「偉大な幾何学者」として知られるギリシアの哲学者ペルガのアポロニウスは、紀元前3世紀、「周転《しゅうてん》円《えん》」と組み合わせた「離心円《りしんえん》」のモデルを提唱した。

「離心円」とは、地球から少し離れた位置を中心とする円軌道を指し、その離心円の中心のことを「離心」と呼ぶ。アポロニウスは、天体の円軌道の中心を地球からわずかにずらすことで、地上で惑星の軌道が変化するように見える理由を示し、ひいては時期によって惑星の明るさが変わることも説明した。

「周転円」とは、基準となる円（従円《じゅうえん》と呼ばれる）の円周上に中心を持つ円のことだ。観覧車のゴンドラが、円形フレームとの接合部を中心に自らも円運動するようなものである。アポロニウスの天体論では、惑星の軌道は、基準となる「従円」の円周上に中心を持つ周転円の動きに相当する。観覧車の場合、自らも円運動するゴンドラは、フレームの中心部から見れば、フレームの回転方向とは逆に移動して見える場合もあるだろう。同様に、大きな従円と小さな周転円を考えることで、惑星が一定周期で天空を逆行する理由を説明したのである。

また、古代ギリシアの天文学者ヒッパルコスは、紀元前2世紀、ロードス島での丹念な天体観測を通じて詳細な「星表《せいひょう》」（「ヒッパルコス星表」とも言う）を作成すると共に、数々の星座を決定した。彼はアポロニウスと同じく離心円と周転円を採用し、完全な円軌道としたアリストテレスの天動説を修正。観測データとの誤差を低減した。秀逸だったのは、太陽の軌道に離心円を採用した点である。そうすることで、太陽が一定速度で運動しながらも、現実と同じく季節の長さ——太陽が分点から至点まで、もしくは至点から分点まで通過する時間（訳注：分点には春分点と秋分点が、至点には夏至点と冬至点がある。太陽が春分点を通過する瞬間を春分という）——を変化させることができた。太陽の円軌道の中心が地球からわずかにズレているため、地上から見ると太陽の速さは周期的に変化するとヒッパルコスは考えたのだ。ヒッパルコスの宇宙論は、太陽などの天体の動きをある程度正確に予測することができた。

2世紀に活躍したアレクサンドリアの学者クラウディウス・プトレマイオス（通称トレミー）は、ヒッパルコスの天体データや古代バビロニアの天文観測記録、また、自身による観測などをもとに、その時代で最も正確な天体運動モデルを構築した。プトレマイオスもアリストテレスの地球中心の宇宙像を土台に、離心円と周転円を組み合わせて天体運動を表したのだが、エカントと呼ばれる新たな概念を付け足したことで、観測データとの差をより小さくした。エカントとは、離心を挟んで地球とは対称に位置する点のこと。離心円を従円として、従円の円周上を中心とする小さな周転円は、その中心がエカントから見て角速度が一定になるように動く。非常に複雑な仕組みだが、観測データとうまく合致した。また、時期によって太陽や惑星の動きが変化し、時に逆行するように見える理由も説明できた。円軌道という神聖な概念を残しつつ、である。

実際の観測結果と正確に合致するように微調整を加え、プトレマイオスは自らの宇宙論を大作『アルマゲスト』として著した。『アルマゲスト』はその後、何世紀にもわたって天文学の聖典とされたほか、実際に観測される天体の動きと非常に正確に一致するため、彼のモデルは（周転円を歯車で代用するなどして）星空を投影するプラネタリウムの装置としても使われた。

複雑で難解な内容にもかかわらず、『アルマゲスト』に記された宇宙論は、前段の通り、数百年経っても、まるで神の教えであるかのような位置付けだった。キリスト教がヨーロッパに広まるにつれ、プトレマイオスの宇宙像も（一般に他の天動説も含めて）、多くの聖職者たちに歓迎されるようになった。地球が主役を演じる宇宙論は、太陽が突然立ち止まったり（ヨシュア記10：13、ハバクク書3：11）、引き返したりする（列王記下20：11）旧約聖書の記述を、裏付けるように思われたからである。同様の理由で、初期のイスラム世界もプトレマイオスなどが唱えた「天動説」を受け入れた。地球は宇宙の中心に静止していて、太陽・月・惑星などすべての天体は、地球の周りを回っていると信じたのである。その後、ヨーロッパをはじめ、中東や北アフリカでは、中世を通じて「天動説」が天文学の主流となった。

だからといって、すべての惑星が太陽の周りを回っているとする「地動説」が意図的に封じ込められたというわけではない。中世において、太陽を中心とする宇宙論を支持する者たちが聖職者によって迫害されたという言い伝えがあるが、単に俗説に過ぎない。地動説を著した文献が少なく、アリストテレスの著作や『アルマゲスト』の人気に押され、衆目を集めるに至らなかったというのが実際のところである。

古代では、サモスの天文学者・数学者アリスタルコス（紀元前310～前230年頃）が太陽中心の宇宙像の提唱者として知られる。太陽を「中心火」とし、地球などの各惑星がそれぞれ独自の円を描くとの主張だった。しかし、初歩的な考察に終始し、根拠に乏しかった（観測データとの照合が示されず、また、天体の軌道を実際の楕円《だえん》ではなく円と誤って想定していた）こともあり、大勢を占める天動説の後塵を拝したのである。はたして、理論のはじき出す値と（当時までに）蓄積された天文データとの整合性という点において、プトレマイオスを凌駕する賢者はルネサンス期まで現れなかった。

好敵手の満を持しての登場は、プトレマイオスの宇宙像に対する反証でもあった。複雑な構図や、地球を宇宙の中心近くに据えた明らかな錯誤に加え、天体が所与の軌道を描く理由についてそもそも言及されなかった点など、明らかにプトレマイオスの理論には弱みがあった。

ピタゴラス学派はかつて「天球の音楽」と謳い、天体の運動は音程に基づくとした。相対する愛と憎によって運動が現れるとしたのはエンペドクレスである。アリストテレスは、天体を構成する第五元素アイテールの軽さこそが、惑星をはるか上空の存在たらしめる理由だと主張した。ところがプトレマイオスは、観測結果との整合性の高さは別として、従円と周転円を形成するメカニズムについては一切触れなかった。

ドイツの数学者レギオモンタヌス（ヨハネス・ミュラー・フォン・ケーニヒスベルク）は、1496年に、プトレマイオスの宇宙論を要約した傑作『アルマゲストの要約』を著し、その中で理論体系が過度に複雑である点を指摘し、円ではなく球体を用いた簡潔な軌道モデルを提案した。

ポーランドの著名な天文学者ニコラウス・コペルニクスは、『アルマゲストの要約』で得た知識をもとに太陽中心の宇宙像を築き、その内容を1543年、名著『天球の回転について』で発表した。同じく太陽を中心とした、かつてのアリスタルコスの宇宙像よりも高度な内容で（コペルニクスは太陽中心の宇宙論を独自に考案したとされる）、地球の自転という画期的な概念も採用していた。日中に太陽が、夜には星々が宇宙を移動するように見えるのは、地球が自ら回転しているためではないか。コペルニクスは、そう発想したのである。また惑星（当時、地球の他に五つの惑星が確認されていた）は太陽の周りを巡り、月だけは地球を回るともした。

このように、コペルニクスの理論は革新的であった。ところが、一度、神の教えとまでされたプトレマイオスを支持する声は絶えることがなかった。ただし、疑念の声も広がっていった。

各天体間の距離が明示されていない点も、プトレマイオスの理論の欠陥といえた。距離の算出に試行錯誤したものの、太陽と各惑星、そして星々が、地球とどれほど離れているか、結局プトレマイオスは正確に示すに至らなかった。天体の位置関係という点では、正当性に乏しかったのである。天文学の発展には、地球からはるかに離れた星々との距離をはじめ、太陽系の基本的な配置図を把握することが必要だった。

古代において、ある程度正確に（誤差が20パーセント以内で）把握されていた天体同士の距離は、地球から月までの距離だけだった。月までの距離をそれなりに推定できたのは、ある好都合な条件のおかげともいえた。地球から見ると、太陽と月の大きさはほぼ同じになる。そのため、地球の様々な地点において、太陽全体が月に隠れる皆既日食が定期的に起こるのだ。

紀元前190年3月14日に起きたとされる日食を利用して、ヒッパルコスは自らの幾何学の知識と「視差《しさ》」と呼ばれる視覚的現象の原理をもとに、月までの距離を計算した。視差とは、ある1つの対象を別々の地点から見ると、異なる方向に位置して見える現象をいう。対象までの距離に応じて、方向のズレが変わるため（2つの観測地点を固定した場合、対象が近ければ近いほど2人の見る方向に開きが出る）、地球周辺にある天体に関して、その距離をある程度正確に導くことができる。

自らの目と指を使った簡単な実験が、視差の仕組みをいみじくも表す。まず鼻から約10センチメートルの位置で指を1本立ててほしい。片目を閉じて、もう片方の

左からアリストテレス、プトレマイオス、コペルニクス。『天文対話』（ガリレオ著）口絵から。提供＝アメリカ物理学協会エミリオセグレビジュアルアーカイブ

目でその指を見る。その際、指の後ろにある風景を覚えておく。屋内であれば壁に飾られた絵を基準にしてもいいし、屋外であれば樹木を目印にしてもいい。

次に、今見ていた目を閉じて、つむっていた目を開く。すると同じ風景を背に、指の位置が移動するはずだ。目を交互に開けたり閉じたりすれば、同一の背景の中で指の位置がはっきりと移動するのがわかるだろう。では、指を鼻から30センチメートルほどの位置まで遠ざけて、同じことを試すとどうなるか。片目ずつ開けて見比べてみると、背景に対する指の移動が前回より小さくなっているはずだ。そこで最後に、鼻から適当な位置に指を置いてみる。この時、背景に対する指の移動幅を過去2回の移動幅と幾何学的に比較すれば、鼻から指までの距離がおおよそ見当できるのだ。実際にメジャーで計測して、視差による推測の確かさを確認してみるのもいいだろう。

遠方にある対象物までの距離を視差によって求めるには、一方の観測地から相当離れた場所にもう一方の観測地を設けなくてはならない。日食を利用した計測時、ヒッパルコスが設定した2つの観測地の間の距離は約1600キロメートルだった。観測地の1つは、エーゲ海とマルマラ海とを結ぶ海峡ヘレスポントス（現トルコのダーダネルズ海峡）。ヘレスポントスでは、当日、皆既日食が起こり、太陽は完全に月に隠れた。一方、もう1つの観測地、エジプトのアレクサンドリア（当時はギリシア人の領土）では部分日食だった。ヒッパルコスの記述によると、太陽が最も欠けた瞬間で、5分の4ほどが月に隠れたという。地上から見た太陽の直径は、角度に直すと約2分の1度になるので、アレクサンドリアで見えていた5分の1の太陽の幅は約10分の1度ということになる。つまり、完全に姿を隠したヘレスポントスと比較して、その10分の1度が月を対象とする視差というわけだ。ヒッパルコスは、その視差を使って月までの距離を計算。地球の半径を1として、地球の中心から月までの距離を71とした。実際の距離は、およそ60である。正確な値ではなかったものの、まずまずの数字と言えた。

ところで、ヒッパルコスをはじめとする、その時代の天文学者たちは、なぜ同様の手法で太陽や他の星々までの距離を計算しなかったのだろうか？

その答えはいたってシンプルだ。太陽に関しては、視差計算に必要な基準点が日中、その後方にないためである。他の星の場合は、たしかにプロキシマ・ケンタウリ（「ケンタウルス座」の方向約4・24光年先にある赤色矮星）などの近い恒星に限っては視差計算の対象となり得るが、それは太陽を中心とする地球の公転軌道の両端に2つの観測地を設定すればの話。2回目の観測を何カ月も待つ忍耐強さがなければ、そのような恒星の視差をはっきり認めることはできない（のちに天動説派が、恒星の視差をはっきり確認できないことをコペルニクスの地動説が誤っている証拠とした）。

もちろん、光速の値についても、かつての賢人たちには知る由もなかった。有限であるか、それとも無限であるか。その問いにさえ、明確な答えを出せずにいた。光速は有限であると唱えたエンペドクレスと、瞬間移動するとしたアリストテレスの両者に対して、はっきりと軍配を上げる有効な手立てが存在しなかったのである。

だがやがて、その問題は解決を見る。そして、新たな難題へと収斂《しゅうれん》する。

力などの相互作用は遠隔地にも伝わるのだろうか？

もしそうであれば、その相互作用に時間はかかるのだろうか？

太陽が惑星を動かす道理を説くために、彼方の天体同士を奇しくも結ぶ重力という普遍的な概念を科学はまず受け入れる必要があった。


ギリシアの古き時代からおよそ２０００年の時を経て、３人の才人、ティコ・ブラーエ、ヨハネス・ケプラー、ガリレオ・ガリレイが世に現れる。その３人の功績はニュートンへと引き継がれ、重力の概念を含め、天体運動が数学的に記述される。ティコの収集した天文データをもとに、惑星の軌道を楕円とするシンプルな宇宙モデルをケプラーが発表。時を同じくしてガリレオが天体望遠鏡を発明し、天文学に真の黎明期がもたらされ、月のような衛星を持つ地球と似た星々の姿を露わにする。その数十年後には、ニュートンが微分積分学を確立し、先人の培った理論を発展させ、見事に運動の三原則と重力の法則を導く。

しかしながら、それらの偉大な賢人たちでさえ、天体間に働く相互作用の速さを見出すには至らなかった。太陽からの光や各惑星からの反射光、安定した天体運動を実現する重力などが伝わる速さは謎のままだったのである。ガリレオをはじめ、光速の測定を試みる野心的な学者はいたものの、その望みをかなえるに足る技術を時代が持ち合わせていなかった。ガリレオの発見した木星衛星の観測データからデンマークの天文学者オーレ・レーマーがはじめて光速の概算値を算出したが、正確な値とはまだ言えなかった。それでも16世紀から17世紀にかけて培われた科学の功績が人類を新境地へと導いたことで、今こうして私たちは光や重力などを介した物体間の作用を理解している。もちろん、苦労の末に辿り着いた正確な光速値も含めてだ。ただし、いかなる状況においても作用の伝達速度の上限が光速になるとは、いまだに明言できずにいる。現在、高エネルギーを持つ粒子や極めて強い重力場に代表される、極限状態の研究が進められている。

はたして、そのような状況下では、光速という速度制限から逃れられるのだろうか？

実のところ、古代ギリシアの人々を悩ませた光のジレンマは、今なお、続いているのである。

第2章

木星からの光が遅れる

自然は、峻厳《しゅんげん》で不易であり、自分に課せられたおきての限界を超えることは決してせず、その隠された道理と作用の方法が人間の理解力に達そうと達しまいと一向に頓着しないものであるからであります。
（訳注：『世界の思想家6 ガリレオ』（青木靖三編、平凡社、1976年）209頁より引用）

——ガリレオ・ガリレイ
（クリスティーナ大公妃に宛てた手紙にて）

私が思うに、科学は人間の能力の1つに過ぎない。また宗教と神秘主義は科学と何ら関係なく、似非科学ともみなされるべきではない。それぞれ独立した思考である。

——フリーマン・ダイソン
（「似非科学」について著者に語った言葉）[1]

空間を進む光のように、自然界で見られる作用の伝播は本質的に瞬間的なのか、それとも極めて速いだけで瞬間的ではないのか――。

この世の真理を導くために、科学に課せられた命題である。

古代の哲学者が答えを出せなかった理由は、いたって単純だ。

まず、人間の目でその速さを追うことができない。加えて、測定に必要な高度な手法や装置もなかったためだ。

光の速さを感覚的に把握できる人間は1人もいないだろう。太陽の光やカメラのフラッシュを浴びた時、頭で何が起きたのかを理解する前に体は反応する。真空や大気中を光が駆け抜けている様子を見ることは決してできない。目から送られた情報を人間の脳が解析する間に、光は数千キロメートルの彼方に達する。したがって、光速が瞬間的なのか、極めて速いだけなのかを、人間が見定めようとしてもムダなのである。

しかし、科学の進歩のためには、どうしても光の実体を突き止めなければならなかった。恒星の放つ光が地球に届く過程が闇の中では、広大な宇宙のスケールを測る術がないからである。

光の速さが謎に包まれていた古《いにしえ》の時代は、宇宙のスケールについても推測の域を出なかった。もちろん、輝く星々との真の距離を知らずして、太陽に匹敵する、もしくは上回る、それらの星の巨大さを知る由もなかった。よしんば多くの恒星が地球から近ければ、夜空という大天幕をきらめく宝石のごとく鮮やかに彩っていたことだろう。だが実際のところ、太陽を除けば、地球と最も近い恒星でも、その光が地球に届くまで数年かかるほど遠い。

富と知

科学の実験手法が大きく進歩したのはルネサンス期だ。

舞台は、かつてエンペドクレスが光を考察した場所からはるか北に移動した、イタリア半島の一画である。当時、豊かな財力を誇っていたメディチ家が様々な芸術を支援したことで、科学分野における知的活動が興隆を見せた。一方で純粋な科学的考察と、錬金術や占星術などの似非科学的思想が混同されたのも、また事実だった。産声を上げたばかりの（現在で言う）「科学界」は、1回きりの疑わしき結果や実証不可能な予知、そして怪しげな相関と、再現可能な真実とを見極める力を持ち合わせていなかったのである。それゆえ錬金術と化学、また占星術と天文学の境目はないに等しかった。とはいっても、すばらしい技術や装置も生まれ、現代のような科学の枠組みができつつあった。

メディチ家の支配のもとで現トスカーナ州フィレンツェを中心に広がったルネサンスは、多くの点でギリシア文明に源を発する。ルネサンス期には、メディチ家をパトロンとする絵画や彫刻の天才たちによって、見事な芸術作品が残されている。代表的な才人は、サンドロ・ボッティチェッリやドナート・ディ・ニッコロ・ディ・ベット・バルディ（通称ドナテッロ）、ミケランジェロ・ブオナローティ、レオナルド・ダ・ヴィンチ（出生地はトスカーナだが、後年はそのほとんどを別の土地で暮らした）などだ。

　中世における単調で禁欲的な絵画は、その多くが教会のために描かれ、宗教的世界観の表現に留まる。対してルネサンス期の作品は、表現に格段と豊かさが増し、自然や人体のありのままの描写が特徴だ。その写実主義の萌芽に伴い、科学的観察に対する関心が再び高まった。人体の構造をありありと描いた人体図で知られるダ・ヴィンチの作品が典例だろう。


　芸術表現と自然研究において生まれた新たな創造性は、古代ギリシアとさらに深く関わる。古代ギリシアの豊かな哲学思想に再び注目が集まったのだ。

　アリストテレスなどによるギリシア哲学と、聖書の教義との融合に重きの置かれた中世のキリスト教主義とは異なり、ルネサンスではギリシア思想の神秘主義的解釈も再び盛んになった。中には主要な一神教の教義と照らして、ピタゴラス学派やプラトン主義などの神秘主義的側面を曲解する動きも見受けられた。

　保守的なキリスト教指導者たちは、ルネサンスが広がるにつれ、そのような異端信仰の再興に恐れを抱くようになる。１４４０年代には、ヨハネス・グーテンベルクが活版印刷技術を発明し、異端な見方も含め、様々な思想が広く浸透する社会に変化した。加えて16世紀には、マルティン・ルターやフルドリッヒ・ツヴィングリ、ジャン・カルヴァンなどの指導のもと宗教改革が起こり、教会はますます態度を硬化させた。その間、異端審問所（中世以降のカトリック教会において正統信仰に反する教えを持つ「異端である」という疑いを受けた者を裁判するために設けられた場所）などの機関によって、異端性のある著作や思想はあらゆる形で取り締まりの対象となった。処罰には追放や破門、投獄などがあり、稀ではあるが死刑（１６００年、哲学者ジョルダーノ・ブルーノの処刑（１２１頁）など）も執行された。しかし結局、ギリシア自然哲学再興の流れに歯止めはかからなかった。その流れはのちに、数々の科学的発見へと結びついていく。

　巨大な財力と権力をあわせ持つメディチ家は、幽玄な知の世界に関心を寄せ、宗教とは離れた神秘的世界観に憑《と》りつかれるようになり、グノーシス主義やヘルメス主義、新プラトン主義、カバラなど、プラトン哲学から派生したあらゆる神秘主義的思想に傾倒した。一族の神秘主義に対する関心や資金援助は、さもなくば広く認知されなかったであろう古代の記述や曖昧な論考に光を当てた。メディチ家は、超越的な世界観を支援するだけでなく、（実験室で行われる）科学的実験や（のちに望遠鏡で行われる）天体観測にも価値を見出した。知的探究の対象は神なる光にも、芸術的な光にも、また天文学上の光にも及んだのである。そして、あらゆる角度から真理を求めるその情熱が、科学史において驚異的な時代をつくり上げる。

　アテネを中心とするギリシア文明がかつてそうだったように、ルネサンスによる文化の興隆は、政界にも通じる裕福な知識階級が陰の立役者だった。社会の中心が商業となり、貴族を頂点とする厳格な階級社会との決別が実現。貿易が盛んに行われ、（特に毛織物市場において）商取引の機会が増えたことで、商売の機微に聡い人間が社会の実権を握るようになった。新たに財を成した者が、一般市民を感化する権利と動機を手にしたのである。

ジョヴァンニ・ディ・ビッチ・デ・メディチ（1360〜1429年）は、まさにその代表ともいえる人物だった。1397年、叔父と従弟から譲り受けた金融機関をフィレンツェに移し、メディチ銀行を創設。優れた経営手腕を発揮し、イタリアの主要銀行にまで成長させる。（1417年のマルティヌス5世即位によるローマ教皇統一から本格的に）ローマ教皇庁の財務管理を担うなど、顧客には多くの有力者が名を連ねた。彼は自ら築いた富をもとに、一族の代名詞ともいえるパトロン活動を始める。自宅の壁にフラスコ画（訳注：壁に漆喰を塗り、漆喰の乾かないうちに顔料で描く壁画）を取り入れるなど、風変わりな嗜好もあった。また、銀行の同業者組合で役員を務めながら社会活動にも積極的に参加し、民主主義を標榜した。財を成したジョヴァンニだったが、謙虚で気前もよく、多くの人々から支持を集めた――その結果、フィレンツェ文化の後援者としてのメディチ家の地位が確立される。

のちに「コジモ老公」と呼ばれるジョヴァンニの長男コジモ・デ・メディチは（次男のロレンツォと共に）、銀行業を承継すると、父にも増して絵画や彫刻、建築などの芸術の支援に力を入れた。金融事業をさらに拡大させながら、先代よりも積極的にフィレンツェ社会との交流を図った。まるで鷹のような眼力で機を捉え、市井の問題に首をつっこんでは自らの知性と権力を誇示していった。コジモの影響力があまりに大きかったため、ライバルの名家アルビッツィ家が1433年にコジモをフィレンツェから追放し、メディチ家失脚を画策したほどである。しかし、その試みはムダに終わった。1年後、コジモはフィレンツェに戻り、事実上の支配者として再び君臨した。父親のジョヴァンニと同じく平等主義を掲げながらも、水面下では金にものを言わせて自身の政治的影響力を維持したのである。

翻って数百年前、大シスマと呼ばれる西欧のカトリック教会が東と西に分裂した事件（1378〜1417年）により、教会組織は東と西——東方正教会（キリスト教会三大教派の一つ。ビザンチン帝国のキリスト教会（コンスタンティノープル教会）を起源とする教会の総称）とローマカトリック教会——に分裂し、それぞれコンスタンティノープルとローマを拠点とした。指導者たちは教会の再統一のため、厳密な宗教的解釈を巡る双方の開きを幾度となく埋めようとした。その間、西のカトリック教会自体がさらに分裂したが、マルティヌス5世のもとで分裂が解消され、東西教会の再統一の機運が高まった。

1439年1月、再統一への話し合いが行われていた公会議は、疫病の流行もあってコジモの力が大きく働き、フェラーラからフィレンツェに開催場所を移した。一連の動向にキリスト教信者が注目する中、この統一教皇選出の舞台変更が実現したのである。再統一への話し合いは当初、順調に進んでいるように見えた。教皇の役目や、聖霊の性質、聖体となるパンなどを巡る主な争点において双方が譲歩し、東西教会の統一に向け仮合意するまでに至る。しかし、仮合意はまもなく解消され、教会の東西分裂はその後も続いた。

当時、東側の代表団を率いたのは、代々続いた東ローマ帝国の最後の皇帝の1人、ヨハネス8世パレオロゴスだった。彼は、ビザンティン哲学者ゲオルギオス・ゲミストス・プレトンを随員として公会議に列席させる。プレトンは元来キリスト教信者だったが、新プラトン主義の思想にかなり傾倒していた。そして、プラトンやプロティノス（68頁）などがギリシア語で残した原著に精通するプレトンは、公会議の場で、それらの作品をラテン語に翻訳して西教会の教会図書館で所蔵すべきだと主張した。

プレトンが公会議に携えた自著『プラトンとアリストテレスの相違について』の記述は、特にアリストテレスだけを学んで育った出席者にとって、極めて新鮮な内容だった。ラテン語を母国語とする地域でギリシア思想を原文で学んだ人たちは、プラトンを、独立した哲学者というよりも、単にアリストテレスの師とみなしていた。つまり、アリストテレスと同じような哲学思想の持ち主だと考えていたのだ。もちろん、プラトン亡き後のアカデメイアの変遷についてもほとんど知られていなかった。そんな人々の価値観をプレトンは見事に覆し、プラトンの真の姿を伝えたのである。

中でもコジモは、プレトンの言葉に触発され、プラトンのアカデメイアの復活とその理念の継承を夢見るようになった。それは彼にとって理想でもあり、またチャンスでもあった。もしフィレンツェがかつてのアテネのごとく栄えるならば、自身の先鋭的な指導者像がより輝かしいものになると考えたからだ。コジモは自らの構想を、パトロンとして教育を支援していた若き哲学者マルシリオ・フィチーノに伝えた。

フィチーノは内気で背が低く、運動が苦手で、全体的におとなしい印象の人物だった。本の世界にどっぷり浸かったり、人生の目的について考えを巡らせたりしながら時間を過ごすのが常だった。占星術で出生時の星位図を読んだ彼は、自身の陰鬱な性格は土星の影響だと考えていた。しかしフィチーノは、古代ローマの弁論家キケロの著作ではじめてプラトンを知り[2]、プラトンの著作で神聖なる愛などについて学ぶうち、読書に生きる喜びを見出していく。彼は絶望から立ち直った要因を占星術に求め、自身が母親から出生する決定的瞬間にてんびん座の中に金星が、かに座の中に木星が位置したからだと考えた。やがて1人きりで部屋にこもって研究するだけではなく、他人と会話を楽しむようになる。

1453年、コンスタンティノープルがオスマン帝国の手に落ち、東ローマ帝国は終焉を迎えた。ギリシアの名高い哲学者ジョン・アルギロプロスは、公会議に参加した経験を持ち、フィレンツェの状況に通じていた。アルギロプロスは君主交代がフィレンツェ市民を啓蒙する良い機会になると捉え、1456年に当地に移住し、ギリシア語とギリシア哲学の教師として、フィレンツェ市民に新しい思想を教えた。

コンスタンティノープル陥落という災いの中に希望があったとすれば、西側の学者たちが貴重な学びの機会を得たことだろう。アルギロプロスなどの著名な専門家からギリシア哲学について学んだり、廃止された東教会図書館の修道士たちが追放の憂き目に遭い、多くの書物を西側に持ち込んだため、それらの文献を収集したりすることもできた。

フィチーノにとって、それは、星位図の示す自らの定めを探究するチャンスとなった。さっそく彼はアルギロプロスに師事して、でき得る限りの教えを請う。やがて古代ギリシア語を難なく操るようになり、ギリシア哲学を知悉《ちしつ》し、イタリアで最も優れた学者の1人となった。

その後、コジモはフィレンツェでプラトン・アカデミーの創設を果たし、その筆頭者に躊躇《ちゅうちょ》なくフィチーノを指名した。アカデミー筆頭者となったフィチーノは、古代ギリシアや新プラトン主義、古代アレクサンドリアにまつわる幅広い文献の収集に奔走し、ラテン語への翻訳に力を注いだ。コンスタンティノープル陥落が奏効し、多くの文献を収集するに至った。

信仰心の厚いフィチーノは、様々な書籍の深淵な思想に触れることが教会への脅威になるとは考えておらず、むしろ、キリスト教信仰がより豊かになると信じていた。彼にとって占星術や錬金術、神秘主義、正統な宗教はいずれも、崇高な真理を求める手段だった。また彼は、邪悪な精神を払って清らかな心身を保つために、魔除けを好んで使うようにもなった。つまりは、真理への道筋が多いほど、神を探究する道程にも輝きが生まれ、より人々は神に近づけるというこことかもしれない。

ともかくフィチーノは、コジモと共にそのような仕事に情熱を傾けた。一方のコジモは錬金術に関心をもち、金属を使った薬の開発に取り組んだ。どんな病にも効く万能な解熱剤を目指し、硝酸水銀と硝酸銀を配合した薬を編み出した。感染症の防止が狙いだったと考えられている。また、金貨の外観を変えずに比重を高める方法も開発した。いずれにせよ、一連の研究が自らの地位を高めるためだったか否かは定かではない。［3］

メディチ家の力を背景とする、錬金術や神秘主義と自然哲学との混同は、女傑《じょけつ》、ミラノ公カテリーナ・スフォルツァが3度目の結婚でコジモの甥ジョヴァンニ・デ・メディチ・イル・ポポラーノと一緒になったことで、より顕著になる。2人はカテリーナが妊娠したため1497年9月、秘密裡に結婚。翌年4月、1人息子のジョヴァンニ・デッレ・バンデ・ネーレ（元の名はロドヴィコ）が誕生した。だが、その年の終わりに夫ポポラーノが亡くなり、カテリーナはチェーザレ・ボルジア率いる軍勢の侵攻から1人で子どもたち（父親の異なる子どもも含めて）を守らなければならなくなった。チェーザレ・ボルジアは、スペイン出身の教皇アレクサンデル6世の息子で、親子は勢力を拡大するフランス国王ルイ12世と協力関係にあった。カテリーナがその難局を生き残れたのは幸運というより他なかった。彼女の強運はメディチ家に新たな権力の基盤をもたらし、その後何世紀にもわたって、フィレンツェを中心とするトスカーナ大公国は栄華を見るのである。

カテリーナは意志の強い女性で、機転に優れ、また教養もあった。そんな彼女が関心を寄せたのは錬金術と薬草学だった。コジモの残した技術を活かして様々なものを開発する。保湿剤、美容クリーム、髪染め、妊娠促進剤、媚薬など。彼女のつくったものはその効用も含めて多岐にわたった。とにかく精力的な女性で、家族や自らを守るためならば、容赦なく振る舞う一面があった。そのため、のちに歴史家から「ルネサンス期の女傑」や「雌トラ」などの異名が付された。歴史上の様々な君主（チェーザレなど）の戦略をまとめた『君主論』で有名なニッコロ・マキャヴェッリは、１４９９年７月にカテリーナと会った際、彼女の薬草づくりの闇を目撃している。マキャヴェッリたちによると、つくられた薬の中には毒薬も含まれていたとのこと。カテリーナは教皇宛ての手紙に毒薬を含ませたとも言われている。

彼女のひ孫にあたるフランチェスコ１世は、一族の住む宮殿の１つ、ヴェッキオ宮殿に「ストゥディオーロ」という自身の個人研究所を設け、そこで日々何時間も錬金術の実験に没頭した。様々な化学物質を調合して、金属製品やガラス製品をつくったり、磁器や花火の製法について研究したりした。現在でいう材料工学への入れ込みようは有名で、何人かの画家が、複数の工房に出入りする彼の姿を描いている。ジョヴァンニ・マリア・ブッテリの『自らのガラス作品を見に訪れるフランチェスコ1世』や、ヨハンネス・ストラダヌスの『錬金術師の実験室』などがそうだ。

天文学の復活

フランチェスコ1世に限っては研究者として大成したわけではなかったが、他の識者たちによってその時代に多くの科学的功績が残されたことは確かである。プトレマイオスの宇宙論以降で最も秀逸と評される、コペルニクスの地動説が1543年に発表され、数十年後の天文観察人気の火付け役となった。コペルニクスの地動説を印刷した書物には、理論を真に受けずに手軽な計算手法として捉えるべき、との注釈が無著名で記載されていた（のちにルター派の牧師アンドレアス・オシアンダーが加えたと判明）。それでも、コペルニクスによる革命的な発見は、社会に広く受け入れられたのである。

またデンマークでは、ティコ・ブラーエ（88頁）が驚くほど詳細に天文データを記録し、プトレマイオスの時代からさほど重きを置かれてこなかった天文観察の重要性に再び光を当てた。

ティコ（名字ではなく名前で呼ぶことが多い）はコペンハーゲン大学や他のヨーロッパの大学で天文学を学ぶうち、古代からほとんど進歩していないことを知り失望したという。当時、プトレマイオスの観察記録がなお絶対的な教典で、誤差の調整に必要だと思われる時だけ新たに天体観察が行われていた。その状況に疑問を抱いたティコは天文学を改革しようと誓い、強い意志と自尊心をもって実際にやってのけたのである。

〈参考　ティコ・ブラーエと天文学の歩み〉

当時ティコと会った人間は誰しも、人とは違う特徴的な顔を忘れなかっただろう。若い頃、数学の学力を巡って決闘した経験がティコにはあった。その時、容赦ない相手によって鼻梁《びりょう》を削られてしまったのだ。ティコは金属製の人工装具（真ちゅうのようなもの［4］）で失われた鼻梁を補った。しかし、装具は不安定で、光が当たるとティコの鼻は輝くのだった。

26歳で大学の課程を修了したティコは、それから数年後の1572年に、自身初となる発見をする。それまで観測されなかった新星を見つけたのだ。その恒星の新発見によりティコは研究者として高く評価されるようになった。特に母国では、デンマーク王フレゼリク2世によってヴェン島（スウェーデン領の島）にティコ専用の観測所が設けられた。ティコはそこで長年観測に励み、独自の観測機器をつくるなどして、惑星と他の星々との相関図をこと細かに記録した。一方で、観測の間に供された贅沢な食事や酒を通じて、彼の粗野な素行が明るみに出る。観測所の使用人やヴェン島の島民に対する高圧的な態度や、飲酒による横暴な振る舞いが日増しにひどくなり、ついには地元住民から見放され、島を去ることになった。

幸いにもティコは、国こそ違えど、新たに皇族内の役職に就くことができた。神聖ローマ帝国ルドルフ2世に帝室付の数学者として招かれ、プラハのベナテク城で働くことになったのである。そこで改めて観測機器の開発と天体観測を再開し、惑星に関する膨大な記録を数多くの冊子に残した。ティコはまた、プトレマイオスの著書『アルマゲスト』にとってかわる、より正確な宇宙論の構築にも取り組んだ。『アルマゲスト』に記述されたプトレマイオスの軌道モデルがあまりに複雑だったからである。

コペルニクスの太陽中心の体系は簡潔に宇宙を表していたが、地球を「図体《ずうたい》が大きくて怠惰な天体」と表現するティコにとって、地球が空間を物理的に運動するという考えも受け入れがたい構想だった。[5] しかし、ティコの試みは失敗に終わった。自らの見事な観測データを読みとくだけの数学技術に欠けていたのである。結果、地球を中心として太陽と月が回り、太陽の周りをさらに他の惑星が回るとの体系を描くに留まった。

＊＊＊

その間、イタリアでも、天文学が再び脚光を浴びていた。

1587年にフランチェスコ1世が亡くなると、弟のフェルディナンド1世がトスカーナ大公国の大公に即位。彼がメディチ家の血を引くフランス王族の妃クリスティーナ・ディ・ロレーナと結婚して2年後のことだった。妻クリスティーナはフランス王妃カトリーヌ・ド・メディシスの孫娘で、著明な医師であり占星術師でもあるノストラダムスのパトロンだった。

夫妻の残した最大の功績の1つは、1590年に生まれた長男のコジモ2世に自然哲学に関してすばらしい学習環境を提供したことである。クリスティーナは息子に極めて有能な家庭教師をつけた。芸術にも秀でた天才科学者ガリレオ・ガリレイである。ガリレオはコジモ2世に3年間、自然哲学を教えた。自身の発見した振り子の等時性も含め、自然のあり方について手ほどきしたのである。その後もガリレオは天文学において数々の輝かしい実績を残した。1609年に発明した天体望遠鏡もその1つ。そして、コジモ2世とガリレオの出会いが運命の綾となり、科学の発展が加速する。


ティコの独自の装置を使った肉眼での膨大な惑星データの収集と、ガリレオによる天体望遠鏡という画期的な機器の発明の間に、興味深い出来事がある。

ティコによる輝かしい観察記録は当時はまだ、徹底的な分析を見ぬままだった。そこに全く偶然にも、オーストリア・グラーツで働いていたドイツの若き数学者ヨハネス・ケプラーが勇躍、ティコの協力者として名乗りを上げた。

ケプラーの主な動機は、ティコの観察記録を参照し、自説を実証することにあった。彼は5つのプラトン立体（正多面体）、つまり正四面体、正六面体、正八面体、正十二面体、正二十面体が、惑星軌道と深く関わっているのではないかと睨んでいた。その仮説の真偽を確かめるには、広範に及ぶティコの観察データがどうしても必要だったのである。しかしティコは、観察資料を簡単には他人に見せようとはしなかった。そのためケプラーは、ティコと直接面会できる機会を窺《うかが》っていたのである。

ティコと異なり、ケプラーはコペルニクスの地動説を支持しており、惑星は地球を中心に円を描いて運動すると信じていた。テュービンゲン大学の有能な教授ミヒャエル・メストリンからそう教えられたのである。だが、そのコペルニクスの宇宙体系には、ある主要な部分で説明が不足しているとも感じていた。まず、(当時知られていた) 6つの惑星しか存在しない理由が過不足なく説明されていなかった。また、惑星が太陽から一定距離を隔てて運動する原理についても言及されていなかった。

なぜ土星や木星は、まるで競争馬が競馬場のトラックを走るかのように、決められた円形のコースを進むのだろうか?

ケプラーの日誌に記録された日付によると、1595年7月19日のこと。ある発想が美しい旋律を奏でるようにケプラーの頭に浮かんだ。それは、惑星の合《ごう》(訳注:観測地から見て2つの天体がほぼ同じ位置にある状態)の講義の中で、木星と土星が重なって見える周期について教えていた時だった。三角形などの正多角形と、円軌道とを組み合わせた面白い構図がひらめいたのである。

具体的には、ある正多角形に内接する（正多角形の内側に接する）円と、外接する（外側に接する）円を描く——内接円より外接円のほうが大きくなる——ような構図だ。すると、2つの円の直径の比は正多角形の種類によって決まる。自動車のタイヤホイールを想像してほしい。ホイール中央の丸いハブキャップを外から接する形で正三角形がデザインされ、その正三角形の各頂点がタイヤ内側の丸い円と接する。それこそ、まさにケプラーの発想した構図だった。そして、木星と土星の円軌道の大きさの比も、そのように決められているに違いないと考えたのである。

それ以降、ケプラーは憑りつかれたように幾何学のパズルに没頭し、太陽系の正確な惑星軌道モデルの構築を目指した。5つのプラトン立体を使って、それぞれの立体に内接する球体と外接する球体で、各惑星の軌道を表そうとしたのである。ロシアのマトリョーシカ人形（訳注：1体の人形から次々と小さな人形が出てくるロシアの民芸人形）のように、ある1つの正多面体に内接する球体が、別の正多面体に外接し、その正多面体に内接する球体が、また別の正多面体に外接する、といった具合である。それぞれの球体が各惑星の軌道を表し、最も小さな球体が水星の軌道、最も大きな球体が土星の軌道となるわけだ。

すると、5つのプラトン立体の内外に接する球体の数が、当時知られていた惑星の数とぴったり一致する。自らの宇宙論の構築に並々ならぬ情熱を傾けていたケプラーは、その数秘術的

有名な天文学者・数学者のヨハネス・ケプラー（1571～1630年）の肖像（データ提供＝アメリカ物理学協会エミリオセグレビジュアルアーカイブ）

な合致に快哉《かいさい》を叫んだ。決して偶然ではないと受け取ったのである。新プラトン主義の熱心な信奉者だった彼は、その一致を神の業として捉えた。神のつくった深淵な真理に近づいた、と。

ケプラーの天文学には、その時代を象徴するように、占星術の要素がふんだんに含まれている。事実、彼は収入を得るために占星術を行い、天体運動と日常生活の間に深い結びつきがあると考えていた。そしてヘルメス文書や、新プラトン主義の哲学者プロクロスによる『太陽の讃歌』の超越的な世界観に心酔した。[6]

彼の神秘主義への傾倒は親譲りだった。母親が魔術の信奉者で、薬草を使って治療を行っていたが、魔女として告発されている。彼にとっては目に見えない効果もまた、視認できる結果同様、現実の現象だった。したがって、幾何学と天空の間に潜むつながりが、真理を表す完璧な記述になり得たのである。

その後もケプラーは、くだんの惑星軌道モデルの確立に情熱を注いだ。5つの正多面体の模型を実際につくり、それらを重ね合わせて、かつてコペルニクスがそうしたようにプトレマイオスの観測記録と照合した。ところが、彼の美しい仮説はプトレマイオスの残した天体運動の記録と一致しなかった。それでもケプラーは1596年、著書『宇宙の神秘』の中で「多面体仮説」を発表し、図を交えながら持論を説いた。なお、『宇宙の神秘』は奇しくも、コペルニクスの地動説を支持する最初の文献の1つとなった。初期の原稿においては、聖書との共通点を見出す試みが窺《うかが》える。

聖書にある三位一体を表すため、ケプラーは自説の3つの対象に、それぞれ位格を付与している。まず中心点を父なる神とみなした。そして、すべての球面を総じて、子なる神と位置付け、残りの空間を聖霊なる神とした。このようにして唯一神と、3つの異なる位格を同時に表現したのである。

自らの宇宙体系に対する意見を求め、ケプラーはティコに自著を送った。多面体仮説を実証するために、ティコの観察資料をひと目見たいと願いながら、である。著作を受け取ったティコは当初、ケプラーの理論に批判的だった。しかし最終的には、ケプラーをベナテク城の観測所に招待した。

ティコと直接会えることになったケプラーは舞い上がり、すぐにケプラーのいるプラハ行きの準備を始めた。天体観測において世界で最も優れた研究者と一緒に仕事できるかもしれないのである。彼は日誌にこう記している。

「ブラーエ（ティコのこと）のもとには最も優れた観測資料がある。それは、いわば新たな宇宙体系を確立する材料だ。それに研究助手も含め、すべての環境が整っている。唯一欠けているとすれば、それらすべてを活用してブラーエの理想を構築する建築家だろう」[7]

ケプラーが急いだのには、もう1つ理由があった。宗教改革を受け16世紀半ばに興った新教に対し旧教側が反発。その対抗宗教改革の動きは世紀をまたいで続くことになるが、当時反発側の勢いが最高潮に達していたのだ。ルター派（ケプラーは自身をルター派と称したが、宗教的解釈の違いからルター派の活動には加わらなかった）などのプロテスタントを標的とした宗教的弾圧が、現オーストリアの区域も含め、中央ヨーロッパの広い地域に拡大。そのため、プラハのほうがケプラーには安全だったのである。

ところがベナテク城での日々は、ケプラーにとってそれほど喜ばしい時間にはならなかった。ケプラーとティコは水と油のようにそりが合わなかったのである。ケプラーが謙虚で真面目であるのに対し、ティコは高圧的で横柄だった。また城内の騒々しさも、悪条件だった。静かに考えを巡らせていると、突如雑音が耳に響くような環境だった。とりわけ、観測データの一部しか閲覧を許されなかった点は、彼の情熱を削いだ。悪用して不正に理論をつくるのではないかとティコが勘ぐったのである。１６０１年8月にケプラーが最上位の助手になっても、２人の関係はさほど改善しなかった。

だが皮肉なことに、ほどなくしてティコがこの世を去った。その年の10月、膀胱破裂によって急逝したのだ。当時のローマ皇帝のルドルフ2世はケプラーをティコの後継者として指名した。厳重に管理されていた天体資料がようやくケプラーの手にわたったのである（ティコの死後、数十年にわたり遺族が資料の所有権を主張したが、ケプラーは閲覧が許された）。

火星の位置に関する記録が、残された資料の中で最も価値があるとケプラーはひと目見てわかった。それはティコと、彼の助手であったデンマークの天文学者クリスチャン・ロンゴモンタヌスが忍耐強く記録したデータだった。火星の軌道の不規則性や逆行の周期に関しては、プトレマイオスやコペルニクス、そしてティコ自らの宇宙論から得られる予測値と実測値に開きがあり、また他の惑星と比べてその誤差が顕著だったため、とりわけ細かく観測が行われていた。その火星の難解な運動をケプラーは、宇宙と人間の意地の張り合いと表現した。1609年に刊行された著書『新天文学』の中で、ルドルフ2世への献辞として次のように述べている。

彼（火星）こそ人間の創案を屈服させる、あの非常に強力な者なのです。彼は天文学者のあらゆる作戦を愚弄《ぐろう》し、その機器を粉砕し、敵対する軍勢を打ち倒して、何の不安も覚えず過去に遡《さかのぼ》る全ての世代にわたり守ってきた自らの帝国の秘密を所有していたのであり、束縛されず全く自由に絶えず自身の道を運行していたのです。そこで、あの自然の秘密の伝授者でラテンの著作家の中で最も有名なガイウス・プリニウスも、火星は観察しがたい星だ、と特別の嘆声をあげました。[8]

（訳注：『新天文学』（ヨハネス・ケプラー著、岸本良彦訳、工作舎、2013年）17頁より引用）

ケプラーは、根気強く丹念に観察記録を分析し、太陽から見た火星の位置の算定に努めたところ、驚いたことに、観測位置をつなげると完全な円ではなく楕円が現れたのである。何世紀も受け継がれてきたピタゴラスやプラトン、アリストテレスの遺産を差し置いて、目下のデータが語る言葉をケプラーは素直に受け取った。歴代の偉人たちによる誤った導きに屈しなかったのである。そして、楕円の2つの焦点のうちの1つに太陽を据え、火星の軌道モデルを詳細に記述した。すると従来の円軌道による惑星体系図と異なり、実測値と一致したのである。その軌道モデルは火星以外のすべての惑星についても観測値と符号した。のちに惑星軌道を楕円とする原理は「ケプラーの第一法則」と呼ばれるようになった。

ケプラーが結論を導いた過程は、科学的手法の初期の適用例といえるだろう。球体と多面体が交互に重なる数秘術的な幻想を、自らの手で放棄したのである。それは自然界を読みとく人間の直観の頼りなさを如実に表している。彼の清らかな心が生み出した自然界のつながりは、真理ではなく美しい幻想に過ぎなかった。だが幸いなことにケプラーは柔軟な視点で自らの考えを改め、自然の真の姿に到達できたのである。

『新天文学』で発表された画期的な法則は2つあった。

惑星の軌道を楕円とする有名な第一法則。そして、「ケプラーの第二法則」と呼ばれる、惑星の面積速度（惑星と太陽を結ぶ線分が単位時間あたりに描く面積）が一定になる原則だ。

ところで、各惑星がそれぞれ決められた軌道を描くのは、太陽の見えない働きによるものだ。ケプラーはニュートンの見出した重力の法則の原型ともいえる概念を表しながらも、その力の源や性質、特徴などについては考察しなかった。たしかに数学的に記述し、また予測しているのだが、なぜそうなるのかという域には及ばなかったのである（惑星から太陽までの距離と、公転周期に関するケプラーの第三法則は1619年、『宇宙の調和』の中で発表された）。

ケプラーは『新天文学』を著す頃、理論構築における自らの手法が従来の学者たちとは全く違うことをすでに認識していた。そのため自身の研究の経緯をすべて記録に残すことが科学者としての責務だと考える。当初の誤った発想に始まり、持論の否定を経て、革新的な結論を導くまでの全容を、である。『新天文学』の序論でこう記している。

「肝腎なのは、どのようにしたら、いちばん近道を通ってこれから語る事柄の理解へと読者を導くかということだけでなく、とりわけ著者の私が、どのような論拠や紆余曲折あるいは偶然の機会によって初めてここに言うような理解に至ったか、ということである。われわれは、クリストフォルス・コロンブスやマゼランやポルトガル人たちが、アメリカや太平洋、アフリカ周航路を発見するまでに犯した数々の過ちを物語るのを容認するだけでなく、読書の大きな楽しみがなくなるから、そういう話の省略さえ許そうとしない以上、私も読者の同様の関心に応えて本書で同じやり方をしても悪くはなかろう。」

（訳注：『新天文学』（ヨハネス・ケプラー著、岸本良彦訳、工作舎、2013年）63頁より引用）

ケプラーの科学的手法とは対照的に、他の学者たちは当時、神秘主義の思想に拘泥《こうでい》していた。たとえば、イギリスの医師であり哲学者のロバート・フラッドは、聖書を精読した上で、新プラトン主義の初期の思想とヘルメス思想を分析することが、宇宙の真理への近道だと主張している。そして、実際にそのような手法で、独自の太陽系図を構築。地球と太陽をそれぞれの領域の中心とし、そこへ神に相当するもう1つの中心を加え、3つの中心が太陽系を成すと唱えた。またピタゴラスの思想を取り入れ、天球同士の距離は音程に基づくとした。

1617〜1621年に刊行されたフラッドの著書『両宇宙誌』には、その宇宙像を表現する数多くの版画が掲載されている。ケプラーはフラッドの宇宙像に対し、観測値との整合性に欠けると猛烈に批判した。

翻って、もし『新天文学』の欠点をあげるとすれば、ケプラーが論拠として参照したティコの観察記録が掲載されていない点だろう。『新天文学』の発刊当時、ティコの観察資料の版権はまだ遺族にあり、自由に使えるようになったのはそれから数十年後のことだった。ケプラーが自著を送ったにもかかわらず、独立心の強いイタリアの賢者ガリレオが円軌道という考え方を捨てきれなかったのは、おそらくそのせいかもしれない。

禁断の惑星

一方、トスカーナ大公国に目を向けると、1609年にフェルディナンド1世が亡くなったのを受け、コジモ2世が大公に即位し、ガリレオ・ガリレイが宮廷付数学者として任命された。コジモ2世がまだ若かったため、クリスティーナ大公妃が実権を握り、ガリレオなどの創造性豊かな学者を支援した。ガリレオは宮廷付数学者という立場を得たことで、講義などの仕事に煩わされることなく自らの研究に集中できるようになった。天体観測用の望遠鏡を開発するなど（その前年に、オランダの眼鏡職人ハンス・リッペルハイが実用的な望遠鏡を発明している）、再び宇宙の研究に力を注ぐ。

1564年にトスカーナ大公国領のピサで生まれたガリレオは当時40代半ばで、すでに天文観測の第一人者として名を成していた。基礎物理学において多くの実績を残し、重いものほど速く落ちるとしたアリストテレスの誤りも見抜いている。重力による物体の加速度は質量によらないことを発見していた（フランドル（訳注：現オランダ南部、ベルギー西部、フランス北部にかけての地域。日本ではフランダースと呼ばれることが多い）の数学者シモン・ステヴィンがガリレオより3年早くその事実を発見しているが、彼の業績はあまり知られていない）。

言い伝えによるとガリレオは、ピサの斜塔から落とした重さの異なる2つの物体が同時に地面に落下するのを発見したとされている（諸説ある）。いずれにしてもその発見は、質量を持つ物体に対して空中の何かが重力の作用を伝えていることを示唆していた。質量が大きかろうと小さかろうと関係なく、である。重力を伝える実体はのちに「重力場」と呼ばれるようになる。それこそケプラーの見落としたミッシングピースであり、惑星を所与の軌道につなぐ正体だった。

物理学の進展に大きく貢献したガリレオだったが、天文学において未知の領域を切り拓いた功績はそれをも上回る偉業といえた。ケプラーの示した宇宙像を補正しつつ、天文学史に刻んだ系譜は今なお輝きを放っている。久遠の昔にプルタルコス（64頁）などが想像を巡らせた月の地形については、月面上に山のあることを観測ではじめて確認して明答。また金星の満ち欠けを発見したことで、金星が太陽の周りを公転する事実を裏付け、コペルニクスの地動説を立証した。

天の川がガス状の星雲ではなく、お互いに距離を隔てた夥《おびただ》しい数の星で構成されていることが明らかにされたのも彼の実績の1つである。太陽の黒点や土星の環、木星の四大衛星も発見した。なお木星の四大衛星を、パトロンであるメディチ家に敬意を表して「メディチの星々」と名付けた。惑星を周回する天体に関してはケプラーがのちに「衛星」と命名した。

1615年、ガリレオはクリスティーナ大公妃宛ての手紙の中で、自らの研究の成果について詳しく説明している。強力な後ろ盾であるメディチ家に天文学上の画期的な発見を披露することで、自身の宇宙論に対する批判をかわす狙いがあった。諸々の発見を紹介しながら、コペルニクスの唱えた地動説の正当性を説き、地球は24時間に1回自転すると強く主張した。地球から他の星までの距離の遠さを考えると、地球以外の星が24時間に1回、地球を公転するとなると、その速さは考えられないほどのスピードになるからだ。なお、太陽が立ち止まり、逆行

コンパスを片手に読書に耽るガリレオ・ガリレイ（1564〜1642年）。偉大な科学者でもあり、天体望遠鏡の発明者でもある（データ提供＝アメリカ物理学協会エミリオセグレビジュアルアーカイブ）

するとの聖書の一節については、聖書の記述は人間に道徳的教訓を与えながらも、科学を断定するものではないと記した。加えて、自然もまた神の創造物で、望遠鏡などの機器を通してその記述を読むことができる、とも。したがって、科学的発見はありのまま認知され、聖書の新たな解釈のために使われるべきであり、聖書の既存の解釈を担保するために科学的発見を曲解すべきではない、と訴えたのである。科学的発見をそのまま受け止める意義を説いたガリレオのメッセージはやがて、数百年の時を経て教会が公の見解として採用するに至る。しかし、当時のキリスト教正統派にとっては、あまりにも早すぎる進言だった。

かつてプラトンは、相対する2人（実際の人物も架空の人物も含めて）の対話という、独特の修辞法で自らの新たな思想を表現した。ガリレオもプラトンの手法を取り入れ、著書『天文対話』（訳注：原著標題は『プトレマイオスとコペルニクスの二大世界体系についての対話』）を1632年に上梓。天文学上の発見を、より広い読者に伝えている。二大世界体系とは、アリストテレスやプトレマイオスの築いた天動説に立脚した宇宙像と、コペルニクスの唱えた地動説による宇宙像である（ティコの双方を組み合わせた宇宙観は支持者が少なかったため除外された）。ただし政治的な理由から、新たな宇宙像を明示するのではなく、架空の人物による偏りのない議論を書くに留めている。ローマの異端審問所などの教会当局の怒りを買わないように注意したのだ。序論において、あくまで架空の対話だと明確に謳っている。その甲斐あって、地元教区の教会の検閲を通り出版が認められた。さておき、『天文対話』に登場する人物は3人。良識家で中立的なサグレドと、かつてのアリストテレスやプトレマイオスを象徴する愚かなシンプリチオ、そして、コペルニクスを支持するガリレオ本人の代弁者、サルヴィアティだ。この3人が、ありとあらゆる見解を示す形で話が進行する。ガリレオはその『天文対話』を、1621年のコジモ2世の死後、トスカーナ大公を継いだコジモ2世の息子フェルディナンド2世に献上した。

ガリレオが慎重な姿勢を取るのももっともだった。ローマの異端審問所は当時、恐るべき権力を誇示していた。対抗宗教改革の奔流の中で、異端審問所は出版物を検閲し、正統な教義から逸脱した記述を禁じた。異端とされた著作者は大抵、糾弾され、監視下に置かれた。ましてや処罰され、処刑されることもあった。コペルニクスの著作『天球の回転について』の取り締まり以降、地動説は聖書の教えに反するとして、審問所は地動説を支持する思想に目を光らせていた。

その犠牲となったのが、イタリアの神学者ジョルダーノ・ブルーノである。1600年、ブルーノは異端審問所により異端と審判され、死刑判決が言い渡された後、ローマのカンポ・デ・フィオーリ広場で火刑に処された。なかでも冒涜《ぼうとく》とされた思想は、宇宙には無限の星があり、知性を有する存在を抱きながら、それぞれの軌道を描いて独自の世界を構成する、という彼の宇宙観だった。ピタゴラス学派に大きな影響を受け、コペルニクスを強く支持したブルーノは、太陽を中心とする太陽系図を根拠に地球を特別視しなかった。むしろ、それぞれ特徴の異なる多数の惑星の1つに過ぎないと認識していたのである。したがって、太陽系で見られる現象は単に太陽系に限られるのではなく、宇宙の至る所で繰り広げられると分析していた。だが、太陽系以外の惑星系の存在を認めるこの発想は、聖書の教えに背くとされ、断罪に至ったのである。ところでブルーノは、天文学的立場以外でも教会に批判の矛先を向けている。したがって、彼の天文学的思想が、死刑宣告という審判にどの程度重く響いたのか、現在も歴史家たちの間で意見が分かれる格好だ。

そして悲しいかな、周到なガリレオにも累が及んだ。彼が偏りなく描いたはずの『天文対話』の3人の会話内容が、教会当局の精査により、コペルニクスの視点が尊重され、他の見解が卑下されているとみなされたのだ。1633年2月、ローマの異端審問所に召喚されたガリレオは有罪と判決された。窮地に立たされた彼に残された道は、自らの非を認め、異端とされた罪状に酌量《しゃくりょう》を求めることだけだった。結局『天文対話』は禁書目録に入り、ガリレオはフィレンツェ郊外のアルチェトリの別荘に軟禁され、残りの人生を過ごす。

科学史家のアルベルト・マルティネスは、2人の処罰の違いをこう説明する。

ガリレオは、地球が動いていることを証明しようとして、異端審問所に逮捕された。その数十年前の1596年、同じく地球が動くと著書に記したジョルダーノ・ブルーノが厳しく非難されている。そしてブルーノは最終的に火炙りの刑となった。だがそれは、宇宙には世界が多数あると彼が主張したからでもある。惑星の周回する太陽のような天体が宇宙には無数にあると彼は唱えた。その思想こそ異端だった。審問所の規則とカトリック教会の教会法に照らして犯罪だったのである。著書でその思想を表したブルーノは尋問を受けたが、地球が動くとの意見を変えなかった。対照的にガリレオは審問所の裁判でその考えを否定した――嘘をついたのである。異端審問所はガリレオを「強い異端の疑いがある」として糾弾した。頑なに異端を貫く、とは断じなかったのである。[9]

またマルティネスは、因果関係を巡る2人の見解が教会との対立を招いたとも指摘する。

ローマの異端審問所は「神に必要性を課した」としてジョルダーノ・ブルーノとガリレオ・ガリレイの両者を非難している。2人は共に、原因があれば、原因による結果が必ず現れると考えていた。かつてガリレオは、海に波が現れるのは地球が動いているからだと唱えた。水の入った容器を揺すると水面が波立つように、である。だが教皇は断固認めなかった。たとえ波があるにせよ、神は地球が動くようには創造しない、と。

ガリレオは弾圧を招くのを恐れて、数年間、口を閉ざした。孤独を強いられ悲嘆に暮れる中、目が不自由になり始めるという悲劇も味わう。にもかかわらず、若い頃に築いた理論をはじめ、自らの主要な科学思想を世に発表できないことにもどかしさを覚えたガリレオは、3人の対話形式による新たな集大成の執筆に踏み切る。天文学ではなく物理学を主題とし、アリストテレスの運動論に対する反証などを表した。原稿に『新科学対話』と題し、無謀にもイタリアでの出版を試みるが、あえなく検閲によって取り締まりの対象とされた。そこで、オランダ・ライデンの出版社に原稿を送り、1638年に刊行される運びとなった。

『新科学対話』には、画期的な内容が多く記されている。特筆すべきは、光速に対する見地だ。光は新プラトン主義の唱える超常現象の一種ではなく、科学的考察の対象に十分値するとガリレオは考えていた。そのため、空間を移動する光は、空間を移動する他のものと同じように考察されるべきだと明記している。

光速が有限値か否かについて意見を交わす一節で、サグレドは尋ねる。

「ですが、この光の速さはどんな種類の、そして、どんな大きさのものとみなさねばならないでしょうか？　それは同時的または瞬間的なものでしょうか、それとも他の運動のように時間を要するのでしょうか？　実験でこれを決することはできませんか？」

アリストテレスを象徴するシンプリチオが答える。

「日々の実験は、光の伝播《でんぱ》が同時的であることを示しています。非常に遠方で大砲が発射されるのを見ますと、音響はかなりの時間が経った後でないと耳に入りませんが、閃光は分秒をも移さずに私たちの目に入りますからね」

それに対しサグレドは、もっともな意見を返す。

「いいや、シンプリチオ君、この終始見慣れている経験から推して言えることは、音は光よりもっと時間を要するということだけです。光の到達が同時的であるか、または非常に速いにしても、やはり時間を要するかについては全然教うるところがありません。この種の観察は『太陽が地平線に現れるや否や、その光は吾々の眼に達する』というような観察以上に何事も私たちに語ってはいないのです。この場合、太陽の光線は私たちの目に入るより以前には地平線に達していなかった、と誰が断言できましょう？」

最後に科学的立場を取るサルヴィアティ（ガリレオの個人的意見の代弁者）が登場し、遠く離れた2人が闇夜の中でお互いにランタンの光を送り合って確かめたらどうか、と優れた方法を提案する。相手の放ったランタンの光が届いたら、手元のランタンの覆いを外して光を送り返す。そうすることで、うまくタイミングを計れば、光速の値を求められるというわけだ。サルヴィアティは言う。


2人の人にめいめい、手を置けば光が相手に見えなくなり、手を離せば相手に見えるようにできているランタンを持たせます。次に2人を2～3キュービット（訳注：古代、西洋で使われた長さの単位。1キュービットは約45センチ）離れて向かい合って立たせ、相手の光を見た瞬間に自分の光の覆いが除かれるよう、その開閉に熟練するまで練習させます。2、3度試みればその光への応答は非常に速くなって、錯覚を起こすことなく一方の光の覆いが除かれるとすぐに他方の光の覆いが除かれ、それで1人が自分の光を爆ぜれば、それと同時に他方の光を見ることができるようになります。これを短距離で熟練してから、前のように仕度した2人の実験者を夜分4～5キロメートルも離れたところに立たせて、この同じ実験を行い、この光の曝露《ばくろ》と遮断が短距離と同じテンポで行われているかどうかをよく注意して見分けさせます。もし同じ速さであったら光の伝播は同時的であると決して差し支えないでしょう。またもし時間がかかるとしたら、5キロメートルの距離は、こちらの光が行って向こうのが帰って来ることを考えれば、実際には10キロメートルにあたるのですから、その遅れは容易に目につくはずです。もしこの実験をもっと遠い、たとえば14～15キロメートルの距離で行うと思えば、めいめいの観測者が夜分の実験所で度を正確に合わせておいて望遠鏡を使えば……［10］

（訳注：前段の会話内容は『新科学対話・上』（ガリレオ・ガリレイ著、今野武雄、日田節次共訳、岩波書店、1948年）72～74頁より引用、一部修正）

サルヴィアティは対話の中で、実際の実験における2つの観測地点の距離は1・6キロメートル足らずだったと語っている。それほどの近さでは、光の移動が本当に瞬間的なのか、はたまた時間を要するのかはわからなかったとも。おそらく、それがガリレオの答えだろう。しかしサルヴィアティは、稲妻が空を貫く時、わずかに時間がかかるように見えるとも話している。時間をかけて雷雲を広がるように見える稲妻の姿に言及することで、有限説に含みを持たせたのだ。

サルヴィアティという分身が語るように、偉大なガリレオでさえ、自然界のつながりが披露する速さには泣かされた。光の通過スピードが瞬間的か、それとも違うのかという問いは、非常に解決の難しい問題といえた。なるほど、彼の洞察は見事だったが、その時代の技術水準が彼の発想の域に達していなかった。2つのランタンで計測するという発想は極めて革新的である。ただ、人間の身体的反応が怠惰に見えてしまうほど、光の速さはとてつもなく速い。そのためガリレオの実験では測定が無理だったのである。

1642年にガリレオが亡くなった後も、彼の残した実績は科学の進展に大きな影響を及ぼし、よき指標となった。特に、聖典の解釈よりも実際の観察に重きが置かれるようになったのはガリレオの功績である。人間は神によって自然の偽りの姿を見せられている、としてきた敬《けい》虔《けん》な思想家たちも、宗派を問わずにその考えが誤りであることを認めるようになった。もしすべての天体が地球を中心に回っているとしたら、天の川に存在する無数の星はどう説明すればよいのだろうか？　肉眼では見られないほど果てしなく遠い距離に存在する無数の恒星を、である（訳注：恒星が非現実的な速さで地球を周回することになる）。したがって17世紀後半から18世紀にかけての啓蒙時代（訳注：聖書などの従来の権威を離れ理性によって世界を把握するという啓蒙思想が盛んになった時代）には、宇宙の画期的な新事実が明らかになるにつれ、聖書をより自由に解釈する動きが思想家の間で主流となった。

結局のところ、ガリレオは光速を特定できなかったが、光速値を導くきっかけとなったのは、見事にも、木星衛星の「天空の時計」としての価値を見抜いた彼の洞察力だった。巨大な木星を回る衛星の軌道は地球から見て正確な規則性を有する。そのため、時間ごとの衛星の位置を望遠鏡で観測して詳細に記録すべき、つまり、衛星の時刻表をつくるべきだとガリレオは提案したのである。そうすることで「天空の時計」ができ上がり、太陽の位置に基づく地上の時計と照合できる。そして2つの時計を比較すれば、その場所の経度が簡単に求められ、ナビゲーションとして活用できる可能性があった（訳注：携帯電話などのない当時において、遠隔地で同時にそれぞれの時刻を確認することは困難だった。そのため、2地点間の時間差がわからず、経度の測定が難航。大航海時代で覇権を争っていた欧州列国は、こぞって経度の測定に懸賞金をかけていた）。

時は1676年。

デンマークの天文学者オーレ・レーマーは勤めていたパリ天文台で、木星の四大衛星の1つ、イオの時刻表の作成に取り組んでいた。イオは、1610年にガリレオが発見した木星の4つの衛星の1つである。やがてレーマーは、ある問題の解明に貢献する。当時、パリ天文台の創設に関わり、実質的な台長でもあったジョヴァンニ・ドメニコ・カッシーニによって、イオの食（木星の背後に隠れて地球から見えなくなること）が起こるタイミングと、地球から木星までの距離との間に興味深い関係のあることが明らかにされていた。具体的には、木星が地球から遠ざかるにつれ、食の起こるタイミングが遅くなり、逆に近づくにつれ、食のタイミングが早まるのである。その謎に対しレーマーは、光速が有限の値を取るからではないか、と仮説を立てた。木星が遠ざかると光の進む距離も延びるので、その分、食のタイミングが遅くなるのではないかと睨んだのだ。レーマーは見事にイオの食が起こるタイミングを言い当てた。エンペドクレス対アリストテレスの積年の論争に決着がついた瞬間だった——光速は有限だったのである。

レーマーの推論を補正する形で、オランダの天文学者クリスティアーン・ホイヘンスは1690年、名著『光についての論考』を発刊した。その中で、レーマーの食の観測記録と地球の軌道半径の推定値をもとに光の速さの概算値を算出した。その概算値は、正確な値と比べ4分の1ほど遅い数字だったが（もちろんそれがわかるのは数世紀後のことである）、科学史に残る計算となった。ホイヘンスはまた、光が波であるとの概念を示し、光の持つ波の性質を使って反射や屈折（光が異なる媒質を通過するときに曲がる現象）などを説明した。

光はもはや抽象的存在——豊かな愛情を表す象徴や、真理へと導く灯——ではなくなったのである。なるほど、詩や哲学の世界では、天から注ぎ人々の心を満たすと描かれるかもしれない。しかし、そのような例えだけでは光の真の姿に迫ることはできないだろう。ガリレオやレーマー、ホイヘンスは光を科学的考察の対象として捉えたことで、偉大なる功績を我々に残したのだ。

そして科学はその後、理論と実験の双方においてさらなる進展を見せる——。

ニュートンが運動の法則を発見し、マクスウェルが電磁気学を確立し、フィゾーやフーコー、マイケルソン、モーリーなどが光速度測定装置を開発する。やがて光学の発展と相まって、光速をはじめとする光の様々な特性が詳らかにされ、人類は真の宇宙像へと近づいていくのだ。

第3章

輝きの源を辿る

ニュートンとマクスウェルによる補完

ああ！　賢者たるや
己の盲目を省みて
真理への道を
自然のなかに見出す。
真《まこと》は豊穣《ほうじょう》の大地より出で
麗しき花を随所に実らせ
いざ賢者の瞳に
悠久の理を映さんとす

——ジェームズ・クラーク・マクスウェルの詩
（『数式に真理を求める愚人が情熱を絶やした
11月に語りし言葉』の一節より）

ガリレオ・ガリレイがこの世を去った1642年のクリスマスにイギリスのリンカンシャーで生を享けたのが、最も偉大な科学者の1人、アイザック・ニュートンだった（今日使われている新暦では、1643年1月4日にあたる）。

科学者として輝かしい実績を残したニュートンだったが、人当たりは決してよくなかった。ロバート・フックやゴットフリート・ライプニッツなど、多くの名だたる科学者たちを相手に絶えず論争を巻き起こした。微分積分学の確立を巡る争い——ニュートンとライプニッツは、それぞれ別個に微分積分学を体系化した——がその最たる例かもしれない。ニュートンは、その微分積分学を使って、宇宙の仕組みを解き明かそうとした。古代ギリシアからルネサンス期に生きた幾多もの先人たちとは異なり、彼には確かな道具があったのである。

古代ギリシアの原子論やそれにまつわる思想には、ブロックのような小さな単位が集まって複雑な現象を生み出すとの考えが根底にある。原子や元素、数、記号など、単位の種類は数あれど、それらの単位がブロックのように積み重なって、巨視的な世界を築くというわけだ。裏を返せば、単位よりも小さなものは存在しないことになる。

古典力学というニュートンの描いた自然像も、原子論と（広い意味で）同じ見地を採用し、物体が実質的に点粒子、もしくは点粒子の集合として振る舞うことを前提とする。運動する2つの物体はぶつかりあうと反発、もしくは合体する。お互いの存在を帳消しにして消えるということは決してない。それが、古典力学の世界の掟《おきて》なのだ。

しかし海辺に行けば、古典力学の掟に反する世界が目に飛び込んでくる。2つのものがぶつかりあうことで、より小さなものが生まれたり、場合によっては存在が消えたりする世界だ。事実、反対方向から来た2つの波が重なると、お互いを打ち消しあうだろう。いわゆる破壊的干渉という現象である。類似の現象は、強く張ったロープでも認められる。ロープの両端をそれぞれ上下に大きく振って波をつくると、2方向からの波がお互いを打ち消しあって振動しない点が現れる。節《ふし》と呼ばれる箇所だ。この節において、ロープの振動が消失する現象も、破壊的干渉の一例である。

しかしながら、海辺の波もロープの振動も、結局のところは膨大な数の粒子（海の場合は水の分子、ロープの場合は素材となる繊維）が一体となって織りなす現象に他ならない。したがって微視的に見れば、古典力学の原理に従っている。人間には波という存在が消えるように見えても、決して粒子が消えるわけではない。単に粒子が振動せずに1点に留まっているだけなのだ。

では、光という波の場合はどうだろうか。

光を波とみなしたホイヘンスの波動論を適用すれば、波面を計算することで、反射や屈折といった光の性質の多くをうまく説明できる。そこで、池に落ちた小石から広がる波紋よろしく、1つの光源から伝播する光波の様子を観察するとしよう。その様子を観察者がスケッチするならば、波の振幅方向と垂直に交わる「光線」を描くかもしれない。光線が表現するものとは、特定方向における光波の総合的な動きである。観察中に、ある物質の中を進む光波が別の物質との境界面、たとえば、空中を通過していた光波が水面に達したとする。この時、境界面に達する前の波面に伴う光線は入射光を、境界面に達した後の波面に伴う光線は反射光、もしくは屈折光を表す。境界面に到達後、一部は反射光としてはね返り、一部は屈折光として入射角とは異なる角度で新たな物質中へと進むのだ。

このように、複数に分かれた光線をスクリーンに投影すると再び重なる様子が観察できる。つまり光の波動説は、光の干渉する性質を示唆していると言える。スクリーンの特定の部分では、光波の山同士が重なり（建設的干渉という）、波の振幅が大きくなるため明るさが増す。一方、光波の山と谷が重なる（破壊的干渉という）部分は暗くなる。その結果――トーマス・ヤングが１８００年に行った二重スリット実験が示す通り――、明暗の縞模様がスクリーン上に映し出されるのだ。

しかしニュートンは、粒子のほうが波よりも基本単位にふさわしいと考え、ホイヘンスの光の波動説を否定した。かわりに粒子説を唱え、光の正体はそれぞれ異なる単色光を持つ粒子だと主張した。彼は実際に、ガラス製プリズムを使った実験で、白色光を様々な単色光に分割し、それらを集めて再び白色光に戻してみせた。大雨の後に残る大気中の水滴によって日光が異なる色に分散し、虹をつくる原理である。

ホイヘンスの波動説が多くの現象をうまく説明する一方で、ニュートン側にも粒子説を裏付ける事実が存在した。音と光の違いを考えてみてほしい。明確に波として存在する音は、障害物を迂回して伝わり、屋内では壁にぶつかって反響する。対して光は、障害物に当たるとはっきりと影をつくるだろう。光を通すガラスなどの透明な物質は別として、可視光は何の変哲もない障壁に遮《さえぎ》られてしまう。そのため、ヤングの二重スリット実験の実施が自らの死後だったこともあり、ニュートンは光が波の一種であるとは信じなかった。光をはじめとする自然界のあらゆる現象は、形や大きさ、質量など様々な特性を有する物体が運動することで現れると一貫して考えたのである。古典力学の確たる原則に基づく物体の特性と、あわせて古典力学から導かれる加速度によって、自然界のすべての現象が記述できるとの見解だった。

そのニュートンの光の粒子説を補完するかのように、19世紀にはスコットランドの物理学者ジェームズ・クラーク・マクスウェルが光を波とする秀逸な理論を発表する。やがて、20世紀には量子力学が誕生し、粒子としての光と、波としての光との結びつきが明らかになる。しかしその時代に至るまで、粒子説と波動説は相対する理論だった――実際には、ニュートンの威光を借りて、粒子説支持が大勢を占めた。

さておき、光学はあくまで、ニュートンにとって研究対象のごく一部に過ぎなかった。正真正銘の博識家として彼が切り込んだのは、自然界の全貌だった。つまりニュートンは、世の真理の探究者だったのである。

遠隔作用

自然の探究へとニュートンを突き動かしたのは、1つにケプラーの法則が成り立つ理由を解明したいとの意欲だった。なぜ惑星は、よりによって楕円を等面積ずつ描いて太陽を（焦点の1つとして）回るのだろうか？ その複雑な振る舞いの裏には、純然たる真理が隠されているのだろうか？

逸話によると、ニュートンを正解へと導いたのは、木から落ちたリンゴだった。物体が地上へ落下する様子を見て、地球以外の物体も地球の重力のような引力を持つと考えれば、太陽を回る惑星の軌道や、惑星を回る（月などの）衛星の軌道の理由を説明できるのではないかと着想を得たのである。さらに、そのような普遍的な重力が、2つの物体それぞれの質量の積に比例し、物体間の距離に反比例することを見出した。

ところがニュートンは、太陽と土星のように極めて離れた2点間においても――果てしなく遠い恒星同士も含めて――重力が伝わるとしながら、その力が及ぶ速さについては説明を避けた。事実上、瞬間的に伝わるとみなしたのである。力を伝える媒質のような存在（現在でいう「重力場」）を一切想定しなかったため、ニュートンの重力はある意味、瞬間的に遠隔地に届く魔法のような相互作用といえた――マジシャンが魔法のタクトを振ると、アシスタントが舞台の端から端へと瞬間移動するようなものである。

ニュートン自身、「遠隔作用」という概念がおかしいことを認識していた。1693年、神学者リチャード・ベントレーに宛てた手紙で次のように記している。

生命のないただの物質が、物質以外の何かを介することなく、他の物質に直接作用し、その特性を変化させるという考え方は奇想天外である……。重力は物体がもともと備える根源的な力で、作用や力を別の場所へと伝える媒質がなくとも真空中で遠隔作用を発揮するという見方は、極めて不条理だ。哲学的考察に優れた人間ならば誰しもそう考えるだろう。［1］

重力の性質に加え、ケプラーの法則の背景を説明するには、物体の運動すべてに通じる基本原理を定める必要があった。ニュートンは、3つの法則によって、物体の運動と力の関係性を明確に記述した。重力の法則とあわせて、ケプラーの法則の根拠を鮮やかに示したのである――物理学を勉強する学生ならば簡単に理解できる比較的単純な数式によって。

ニュートンの運動の第一法則――慣性の法則――は、2つの場合に分けて記述している。その2つとは、物体が静止している場合と、運動している場合だ。

まず、物体が静止している時は、力を受けない限り静止し続けるとした。これは直観的に理解しやすいだろう。「カウチポテト族」と呼ばれる自堕落な人たちを見ればわかるように、心地よい環境に留まるのが世の常なのだ。

もう1つのケースは、直観に馴染まないかもしれない。一定速度で直線運動している物体は、力を受けない限り一定速度で運動し続けると主張するのである。等速直線運動の継続に新たな力は必要ないとの趣旨だ。すると、宇宙空間に放たれた野球ボールは、理論上、永遠にまっすぐ進むことになる（実際は、恒星や惑星の重力によっていつかは曲がる）。

第二法則は、物体に新たな力が作用した場合に関する記述だ。第二法則によると、物体に作用する新たな力は加速度を生み、その大きさは物体の質量に反比例する。つまり、力の大きさが同じ場合、物体が重いほど加速度は小さくなる。第二法則の内容は、「力＝質量×加速度」という簡単な方程式で表すことができる。

第三法則は、物体が相手に力を及ぼす時に相手から受ける反作用の力を定義する。ある力が物体に作用すると、必ず反作用の力が生じ、その大きさは作用する力と同じで反対方向に働くというものだ。

なぜ、等速直線運動を保つのに力は必要ないのだろうか？　なぜ、力は等速運動ではなく加速度運動を生むのだろうか？　一体なぜ、一方の物体だけに力が作用するのではなく、必ず他方にも反作用の力が生じるのだろうか？　ニュートンの運動の三法則には、自然界の原理に対する私たちの直観を裏切るような内容が含まれている。しかし、月の運動を含め、天体の基本的な動きは、ニュートンの運動法則を基礎としているのだ。

なるほど、月が地球を回り続けるのは、慣性と重力が見事に調和しているからである。重力なくして慣性のみだと、月は一直線に遠ざかってしまう。慣性なくして重力のみだと、月は地上に落下する運命だ。慣性と重力がうまく協調することで、月の周期的な軌道が成立する。太陽を公転する地球のように、他の恒星を回る惑星が安定した軌道を描くのも、同様の理由だ。

人間の日常生活から宇宙に至るまで、ニュートンの運動法則は幅広いスケールにおいて物体の運動を描写する。その古典力学の記述は、気持ちよいほどシンプルで、かつ舌を巻くほど的確だ。物体に加わる力と加速度とを結びつける単純な方程式——力は質量と加速度の積に等しいとする式——により、物体の運動と、その物体が他の物体に及ぼす作用は、原則、常に予測可能となる。物体の位置や速度、力を正確に特定できる完璧な測定機器さえあれば、様々なスケールにおいて物体の動きを寸分たがわず把握できる——スペースシャトルの月への飛行軌道の算出でさえも。

あらゆる物理量が一義的に決まると想定する古典力学には、基本的に確率論の入る余地はない。もちろん、複数の要因が絡む、大きくて複雑な対象を考えれば、確率的要素も浮上する。たとえば、カジノのルーレットがそうだろう。しかし、そのようなギャンブル機器でさえ、仕組みがわかってしまえば結果を確実に予想できる古典力学は、賭博師の道具になり得る。事実、1970年代には若手科学者で構成する「ユーダイモン」（アリストテレスが使用した幸福を意味するギリシア語にちなんだ呼称）と名乗る賭博グループが存在し、古典力学を活用したプログラム内蔵の小型コンピュータと、小型送信機を靴の中に忍ばせ、ルーレットでひと山当てようとカジノに出入りしていた。［2］

このように、見事に自然界の振る舞いを記述する古典力学だったが、哲学的考察に大きく欠ける点がいくつか存在した。その最たる例として、電気力や磁気力、重力といった特定の相互作用が、太陽と地球のように遠く離れた2点間を伝わる過程について説明していない点があげられる。その証拠にホイヘンスは、重力が遠隔作用のごとき伝わるとの考えを「不条理」と断じている。［3］「場」と呼ばれる仲介者を通じて、相互作用が一点から別の一点へと伝えられることを、カール・ガウスやマイケル・ファラデー、ジェームズ・クラーク・マクスウェルなどが示したのは、19世紀に入ってからだった。

また、加速度運動を定量化する基準として、絶対空間と絶対時間という固定の枠組みを要する点も、考察が不十分だった。絶対空間とは、架空の固定座標——ビルの鋼鉄製の骨組みのように、宇宙空間において絶対的基準となる座標——を意味し、その座標を背景に距離や速度、加速度が測定される。そして、絶対時間とは、一定のリズムで時を刻む普遍的な時計を指し、あらゆる物理的過程の速さを定める。この絶対空間と絶対時間なくして、古典力学では加速度運動と慣性運動（加速度の生じない運動）の区別ができないのである。
たとえば、１人の少女が乗るメリーゴーランドが動き出したとしよう。しかし、自分自身は回転（古典力学に照らせば加速度運動）していない、と少女は考える。少女からしてみれば、回転しているのは自分ではなくて、周りの世界なのだ（そのように考える子どもはいないかもしれないが、話の進行上、いたとする）。彼女がおもちゃを持っていたとして、回転中にそのおもちゃを手放すと、当然飛んでいってしまう。少女はおもちゃに力が働いたと思うかもしれないが、実際には力は作用しておらず、単に慣性の効果に過ぎない。ここで少女自身の錯覚とは無関係に、彼女が加速度運動して慣性を生み出していることを示すためには、固定座標――絶対空間――という尺度が必要となる。ただし、彼女とは異なる加速度運動で、地球もまた加速度運動している。したがって、メリーゴーランドに乗る場合など、日常的な状況においては、地上が静止しているとみなすのである。

絶対空間と絶対時間という概念は、その後、オーストリアの物理学者エルンスト・マッハによって、人工的産物に過ぎないと否定される。そしてマッハの考えにヒントを得たアルベルト・アインシュタインによって20世紀初頭、２つの尺度はついに舞台袖に追いやられる。そうはいっても古典力学の有用性は高く、架空の物差しと時計は今なお科学者たちの間で汎用的に使われている。古典力学の創設者は現在も、科学者たちから敬意を集めているのだ。ただしその人柄には、自らの理論同様、魅力と共に瑕《きず》もあった。

ラプラスの悪魔とスピノザの神

ニュートンは、「唯物論」(世界の本体は全て物質であり、精神の働きも物質により決まるとする考え)だけを支持していたわけではなく、敬虔なキリスト教徒でもあった。したがって運動の法則や重力の原理で、あらゆる力学的振る舞いを見事に表しながらも、自身の宇宙観については神の介入する余地をおおいに残した。また、人は自由意志を持ち、神の像であるとの信仰に厚かった。ニュートンにとって絶対的な神は、無限の意志を有し、善のために必要とあればいつでも物理的原則を凌駕できる存在だった。イエスの奇跡が、神による介入の典例である。宇宙が人間に都合よくつくられているのは、神の善意による采配に違いないと考えていた。

その証拠に、太陽系の一部の特徴は、叡智によって創造されたと唱えた。たとえば、彗星とは異なり、決められた軌道を決められた向きに進む惑星の運動は、彼にとっては神の采配だった。神が所与の軌道に惑星を配し、運動の原理を定めた——神が体系を「整備」してから、宇宙は動きだしたと考えたのである。

イギリスの神学者リチャード・ベントレーに宛てた書簡で、ニュートンは自ら光を放つ太陽と、光を発しない木星や土星などの大きな惑星との違いを、独特の切り口で語っている。その差もまた、神の意志によるとの弁だ。

「なぜ、太陽系において1つの天体が光を放ち、自ら以外に熱を与えることが許されたのか、私にはわからない。創造主にとって都合がよかったとしか思えないのだ。そしてなぜ、1つの天体だけにその役目が授けられたのか。他の天体を照らして暖めるには1つで十分だったと考えるより他ないのである」［4］

ニュートンの考えでは、聖書の年代記は自然の構成に神が介入して、工場の製造ラインで働く作業員が不具合を発見し、さもなくば勝手に進むラインを止めて修復するかのように、聖なる奇跡などを起こして補完する記録である。もしそうでなければ、これほど豊かな世界にはならなかったとの解釈だ。

一方、当時の他の思想家たちは、古典力学の原理をもとに、世の森羅万象を説明しようと考えていた。ただし、おそらく原理自体の説明を除いて、である。やがてその試みは、宇宙が機械のように確定的に推移するとの考えに収斂《しゅうれん》する。いうなれば、奇跡という名の超自然現象を否定する見方へと。

その時代から遡ること数十年。フランスの哲学者ルネ・デカルトによる1641年上梓の名著『第一哲学による諸省察』の中に、試みの端緒が見てとれる。当書のなかで彼は、のちにデカルト二元論と呼ばれる概念を示し、肉体と精神は2つの異なる実体であると述べた。二元論によって、物理学者は意志による問題を（「心の領域の問題」として）回避し、いかなる事象も確定的に推移する機械のような宇宙像を描くようになる。

また17世紀後半には、オランダの哲学者バールーフ・スピノザが神と自然全体を同一視する考えを提唱した（『汎神論』）。神自体が自然の持つ完全性に包み込まれており、自然を司る既存の法則を変えることはできないとの主張だった。つまり、世の事象は自然の法則にすべからく従うべきというわけである。

18世紀になると、神は宇宙と自然法則の創造主ではあるが、決して人間の日常や自然界の現象には介入しないとする理神論が、ヨーロッパや北アメリカで多くの支持を得た。理神論は科学的根拠をもとに超自然的な現象を完全に否定する見地である。ベンジャミン・フランクリンやトーマス・ジェファーソンといった著名な思想家たちが理神論の支持者に名を連ねた。なおジェファーソンは自らをキリスト教徒と称しつつ、神による超自然的な介入という考えに反対し、新たな解釈のもとで聖書を編纂している（ジェファーソン聖書と呼ばれる）。奇跡に関する記述をほとんど省き、時系列上重要と思われる出来事や、超自然主義の否定に役立つ倫理的教訓だけを抜粋する内容だった。

ニュートンの運動の法則は、馬車の振動や車輪の回転から、天空をクアドリガのごとく疾走する天体の運動まで、あらゆる物体の作用や物体間の相互作用を記述すると思われた。そのため当時萌芽した科学的見地に基づく信仰と、見事にかみ合ったのである。はたして、フランスの数学者ピエール＝シモン・ラプラスなどの偉大な識者たちは、ニュートンの宗教的な神秘主義思想を避けながらも、彼の物理学の大著『自然哲学の数学的諸原理』に基づき、数式を駆使して決定論に根ざした宇宙体系を築こうとした。

１７４７年に生まれたラプラスは、古典力学上、最も難しいとされた問題をいくつか解決して名を成した。たとえば当時、木星と土星には、太陽の重力だけでは説明できない公転軌道のわずかな乱れが確認されていた。ラプラスはその乱れについて、木星と土星という2つの巨大な天体同士が、兄弟げんかのごとく相互に重力を及ぼし合うことで、単純な楕円軌道とは異なる軌道を描くと見事に説明した。そして他の難題に対する答えも含め、自らの理論を19世紀初頭、5巻からなる大著『天体力学論』として発表した。

また、ラプラスは哲学的視点も盛り込み、もし自然界のすべての物体と力について完璧に定量化できるのであれば、ニュートンの運動の法則によって自然界の振る舞いは未来永劫、予測できると主張した。現在「ラプラスの悪魔」と呼ばれるこの仮説は、ある瞬間における万物の位置と速度、万物に作用する力のすべてを把握できる知性があれば、次の瞬間の万物の位置と速度が求められると謳う。とすると、求めた値から、新たに作用するすべての力を算出し、それらの物理量を再び運動方程式に当てはめれば、さらに次の瞬間の万物の位置と速度が決まるだろう。この一連の手順を次から次へと果てしなく繰り返していけば、宇宙の完全なる未来像を完璧に描くことが可能となる。ラプラスは記す。

われわれは、宇宙の現在の状態はそれに先立つ状態の結果であり、それ以後の状態の原因であると考えなければならない。ある知性が、与えられた時点において、自然を動かしているすべての力と、自然を構成しているすべての存在物の各々の状況を知っているとし、さらにこれらの与えられた情報を分析する能力をもっているとしたならば、この知性は、同一の方程式のもとに宇宙のなかの最も大きな物体の運動も、また最も軽い原子の運動をも包摂《ほうせつ》せしめるであろう。この知性にとって不確かなものは何一つないであろうし、その目には未来も過去と同様に現存することであろう。[5]

（訳注：『確率の哲学的試論』（ピエール＝シモン・ラプラス著、内井惣七訳、岩波書店、１９９７年）10頁より引用）

ラプラスなどによる決定論的世界観は、以後何十年にもわたって哲学的考察に大きな影響を及ぼす。決定論的世界観いわく、原因と結果が鋼の鎖のように連鎖して宇宙を営み、意志の力など、いかなる道具をもってしてもその連鎖が切断されることはない。翻せば、「自由意志」自体が綿々と続く蜃気楼《しんきろう》――未知なる原因のつくる幻なのだ。

ところで、ラプラスの悪魔と並んで、マクスウェルの悪魔というものも存在する。

マクスウェルの悪魔とは、エントロピーの減少を禁じた熱力学第二法則という科学原理に関する概念だ。熱力学第二法則はドイツの物理学者ルドルフ・クラウジウスが19世紀に示した法則で、効率が１００パーセントの熱機関は存在しないことを意味する。つまり、熱機関は仕事をする際に必ずエネルギーを失うとの趣旨だ。「エントロピー」とは、熱機関が仕事を行う時に利用できないエネルギー量を指す。本質的には、まるで特徴のない画一性への方向を示す指標だ――画一性と反対に位置するのが特異性となる。

たとえば、ひとひらの雪が熱い飲み物の入ったマグカップの縁に舞い落ちる状態は、特異的といえる。マグカップに少し冷めた飲み物が入っている状態はさほど特異的ではない。したがって、後者の状態の方が、前者の状態よりもエントロピーは高い。マグカップに入る熱い飲み物に雪が舞い落ちて、飲み物の温度を少し下げる過程が、日常におけるエントロピー増加の簡単な例である。反対に、エントロピーが減少する過程――少し冷めた飲み物から突如、雪片が現れ、飲み物に熱を与えて元の温度に戻す現象――は、実質的に考えられないだろう。目に見えないほど小さな魔法使いが魔法をかけない限り、そのような反対方向の過程は起こらないはずだ。

マクスウェルの洞察はたしかに鋭かった。彼は気体に含まれる運動速度の速い分子と遅い分子の区分けを生業とする小さな悪魔の存在を思いついたのだ。その悪魔は、気体の入った容器を二分する仕切りに位置して、速い分子を容器の一方の領域へ、遅い分子を容器のもう一方の領域へと区分けする。そうすると、容器の一方は運動速度の速い分子が集まるため熱くなり、もう一方は遅い分子が集まるため冷たくなる。つまり、系全体（悪魔の存在は除く）のエントロピーが減少し、熱力学第二法則に反することになる。

可逆性は、ニュートンによる古典力学の代名詞といえる。決定論に基づく原理では、一定時間内において状態が変化したり、元に戻ったりすることが可能である。対して不可逆性は、熱力学の象徴的特性だ。そこにきて、マクスウェルの悪魔は一見、力学全般に可逆性を取り戻す存在にも見えた――エントロピーが増大する一方のサビついた熱機関に、古典力学の可逆性を見出すかに思われたのである。しかし、その後マクスウェルの悪魔に関する研究が進むと、悪魔でさえ情報の収集や分析といった思考過程において、無駄なエネルギーを生むことが判明した。結局、悪魔を含めた系全体のエントロピーは、やはり増加する定めにあったのである。

疾走する波と探究心

１８３１年にスコットランドのエディンバラで生まれたマクスウェルは、ウル川ほとりのグレンレアと呼ばれる大きな屋敷で、家族と共に幼少期を過ごした。自然に対してとりわけ強い興味を示す子どもだったという。庭の芝生に長い間、黙って寝転んでは、自然の織りなす変化や音――雲の流れる様子や鳥のさえずりなど――に意識を傾けていたとのこと。両親への質問は大抵、ものが動く理由と過程に関してだった。「動かしているものは何？」と口ぐせのように尋ねていたのである。

将来を象徴するような言動が、2歳半の頃にすでに見てとれた。おもちゃのかわりにブリキ製の皿を与えられた時のこと。小さなマクスウェルは、ブリキ製の皿を反射板として使い、皿をキラキラ輝かせながら太陽の光を反射させて遊んでいた。そして遊びに興奮し、給仕に両親を呼んでもらった。もちろん、何事かと思った両親はすぐ駆け付けた。2歳半の彼は、すでに顔を紅潮させた両親に対して、太陽の反射光を当てて、誇らしげにこう言ったという。

「これ、たいようだよ。ぼく、おさらでつかまえた」[6]

生涯を通じて光の特性を研究したマクスウェルを象徴するような出来事だった。大人になった彼は、光の研究で輝かしい功績を残すことになる。

マクスウェルは長いこと、自宅で教育を受けた後、エディンバラ中学校に入学した。だが中学校に入ったはいいが、自分の殻に閉じこもり、模型をつくったり図を描いたりするばかりだった。そんな物静かで勉強ばかりしている彼を、周りの学生たちは、ここぞとばかりにからかった――皮肉なことに、「間抜け」とあだ名を付けたのである。その後、マクスウェルはエディンバラ大学とケンブリッジ大学で学んだ――そこで培った数学的知識を活かして、やがて自然界の根源的作用を鮮やかに解明する。

19世紀半ば――マクスウェルが最も活躍した時期に相当する――は、光速の測定において大幅な進歩を見せた時代でもあった。遠く離れた2人がランタンの光を見せ合うというガリレオのアイデアに半ば触発された格好で、かつて共同研究者でもあった2人のフランス人科学者、アルマン・イッポリート・フィゾーとジャン・ベルナール・レオン・フーコーがそれぞれ独自に光速測定法を開発した。

フィゾーが開発したのは、歯車式の測定器だった――何百もの歯を持つ歯車が高速で回転し、光が歯に当たると通過せず、歯に当たらなければ通過する仕組みである。フィゾーは歯車を通過した強力な光が約8キロメートル先の鏡に反射し、再び歯車に戻るように設定した。そして、光が最初に歯車を通過した時の隣の歯によって、戻ってきた光が遮られるまで歯車の回転速度を上昇させ、反射光が遮られる回転速度から光速を算出した。歯車の回転速度に光の往復距離（約16キロメートル）を加味して、現在定義される光速の値、毎秒約29万9792キロメートルと5パーセントの誤差で光の速さを求めることに成功した（数十年後、マリー・アルフレッド・コルニュがフィゾーの機器を改良して、実際の値と誤差0・2パーセントの値を測定するまでに精度を高めた）。

一方、フーコーは、歯車のかわりに鏡を回転させて光速を測定した。光源から発せられた光は回転鏡が適当な角度の時に当たると、固定された別の鏡に反射して、再び光源へと戻って来

スコットランドの物理学者ジェームズ・クラーク・マクスウェル（1831〜1879年）。光が電磁波であることを発見した（データ提供＝アメリカ物理学協会エミリオセグレビジュアルアーカイブ）

る。回転鏡の回転が進み、鏡の角度がズレると、回転鏡に反射した光は固定された鏡には当たらず、光源へと戻ってこない。しかし、すぐさま適当な角度まで回転が進み、再び光は光源へと戻る。フーコーはこの仕組みを利用して、回転鏡の回転速度から光速値を割り出した。そして実験を重ね、正しい数字との誤差が0・6パーセントという精度の高さで光速を導くことに成功した。さらに、光の通過経路に水を満たした水管を配置して、光が液体中で遅くなることも実証。ニュートンの光の粒子説ではなく、ホイヘンスの光の波動説による予測が正しいことを明らかにした。

またフーコーは、ガリレオの仮説も立証した。それは、地球の自転である。彼は、パリのパンテオンの天井に巨大な振り子をつるし、24時間という1日の周期を通して振り子の進む方向（振動面）が徐々に変化することを示した。それを受けて誰もが、昼夜の周期は地球の自転によるものだと確信し、太陽が天空を移動すると信じる者はいなくなったのである。

その頃、マクスウェルは光の研究に乗り出し、実験ではなく理論によって、電気力と磁気力の性質を体系的に解明しようと力を注いでいた。電気力と磁気力に興味を持ったのは、独学で学んだイギリスの科学者マイケル・ファラデーに触発されたためである。ファラデーは、磁石のまわりに鉄粉をまいて、磁気力の作用を視覚化した。磁石のN極からS極にかけて鉄粉が流れるように広がる様子を見たマクスウェルは、水源（たとえば噴水）から出た水が排水溝に流れる様子を連想した。そして、目に見えない「流れ」のようなもの（力線と呼ばれる）は、正の電荷と磁石のN極から発せられ、それぞれ負の電荷と磁石のS極に集められると推論した。そのような電場（訳注：電気力の働く空間）や磁場（訳注：磁気力の働く空間）という概念のほうが、古典力学における遠隔作用と比べて、力の説明としてふさわしいと考えたのである。

電場と磁場が、それぞれ交互に電気力と磁気力を生みながら空間を満たす様子について明確な視覚的イメージを抱いたマクスウェルは、その自らのイメージを数学的に記述した。そして、2つの相互作用がお互いに密接に関わる関係性を示した。電束（ある面積を通る電気力線の総量）の変化が磁気力を生み、磁束の変化が電気力を生むという連鎖（ファラデーが実験で発見し磁気誘導と名付けた現象）を、である。

荷量をはじめ、電束と電場、そして磁束と磁場の間の密接な関係性を、彼は複数の方程式（のちにオリヴァー・ヘヴィサイドが単純化する）によって整理した。さらに方程式の解から、空中を伝播する三次元の波動が予想されることを見出した。つまり、電磁波である。その後、電磁波の速さを算出すると、フィゾーやフーコーなどが求めた光速の数字と近似することが判明。光は電磁波（電場と磁場の振動が互いに垂直に交わりながら伝播する波）で、その速さは通過する物質に依存する、との驚くべき結論に達したのである。なお、光の最高速度は、真空中を通過する時の速度とした。当時の感覚からすれば、それは驚異的な速さだった。

ところで、海の波や音波など、身近な波はすべて媒質の中を伝わる。光とて決して例外ではないはずと科学者たちが考えるのも当然だろう。はたして多くの科学者が、光の振動を媒介する物質が宇宙空間に存在すると予想した。光を媒介する物質は非常に微細で目に見えないため、人間がまだ検出できずにいるだけだ、と。やがて、宇宙空間を満たすその仮想の媒質は、「発光性エーテル」と命名される——略して「エーテル」だ。

金科玉条を探す

マクスウェルによる理論上の光速値は、フーコーの測定した最も精度の高い数字と比べて、わずか0・5パーセント異なるだけだった。しかし、それでも科学界を十分納得させるだけの整合性とはいえなかった。ある理論の真偽を確かめるため、理論の弾き出す数値に実験値を限りなく近づけようとするのが実験主義者たるもの。それができない場合は、理論が誤りだとみなされる。天文学における光の重要性や、電磁気学との深い結びつきを鑑みれば、光速測定の精度向上は喫緊の課題といえた。

その挑戦者として名乗りを上げたのが、異色の若手科学者アルバート・マイケルソンだった。マイケルソンは、1852年、現ポーランドの一部を占めたプロイセン王国で生まれた。幼少期にヨーロッパを離れ、開拓の進むアメリカ西部に移住。粗野な雰囲気みなぎる鉱山の街、ネバダ州バージニアシティとカリフォルニア州マーフィーズキャンプで育った。いずれも、のちに実験主義者として立身する姿に似つかわしくない土地である（異色の経歴は——多少の脚

アルバート・マイケルソン（1852〜1931年）。自身の開発した光速測定器と共に
（データ提供＝アメリカ物理学協会エミリオセグレビジュアルアーカイブ）

色を伴って――、テレビドラマの西部劇『ボナンザ』の1962年放送の一話「Look to the Stars（星空を見よ）」で主題として取り上げられた）。

マイケルソンが14歳の時に一家はサンフランシスコに移り、そこではじめて彼は学校教育を受ける。その後、科学の面白さに目覚め、メリーランド州アナポリスにある海軍兵学校に出願するものの、入学が認められなかった。諦めきれない彼は列車でワシントンへ行き、当時のアメリカ大統領ユリシーズ・シンプソン・グラント（南北戦争時の北軍総司令官）に直談判し、大統領の推薦という形で入学資格を勝ち取った。1873年に海軍兵学校を卒業した彼は、その2年後に化学と物理学の教員として兵学校に戻った。

上司の海軍少佐ウィリアム・サンプソンから、学生の興味を引く手段としてフーコーの測定法による光速測定実験を勧められたのは1877年のこと。サンプソンの提案に首肯《しゅこう》したマイケルソンだったが、いざやってみると、フーコーの測定機器に改良の余地があることに気づく。そのため、測定精度を大きく向上させるべく、試行錯誤するようになった。具体的には、基線（鏡同士の間隔）を約20メートルから約600メートルに延ばし、また空気タービンを採用することで回転鏡の回転速度を毎秒256回転まで上昇させた。さらには音叉《おんさ》を活用して正確な周期性を担保した。［7］これらの改良により、フーコーの最も正確な値と比べて、20倍ほど精度の高い測定値を求めることに成功した（フィゾーの測定機器を改良して1874年にコルニュが実測した数字よりもさらに正確だった）。光速測定の精度を格段と高めたことで、マイケルソンの名は科学界で広く認知されるようになった。

その後、カナダ系アメリカ人の天文学者であり数学者のサイモン・ニューカムがその実績に感銘を受け、ワシントンDCにある海軍天文台の航海年鑑局員としてマイケルソンを招聘。ヨーロッパの複数の大学からも声がかかり、新たに光学機器を開発する機会に恵まれた。科学的発見がさほどメディアに取り上げられなかった時代であったが、『ニューヨーク・タイムズ』紙が1882年に特集を組み、当時30歳で新米科学者だったマイケルソンを「熟練の科学者」として紹介した。[8]

マイケルソンがオハイオ州クリーブランドのケース工科大学ではじめて教授職を得たのは、ちょうどその頃だった。それ以前に彼は、のちに「マイケルソン干渉計」と呼ばれる、単色光の分割と合流にかかわる新たな光学機器を開発していた。そのためアメリカに帰国したマイケルソンは、自らの開発機器の性能を高めて光学実験を進めるための協力者を探した。そして、近隣のウェスタン・リザーブ大学（のちにケース工科大学と合併し、ケース・ウェスタン・リザーブ大学となる）の教授だった化学者エドワード・ウィリアムズ・モーリーという意欲に満ちたパートナーと出会う。

さて、マイケルソンの過去の測定では、想定されていた「エーテルの風」（エーテルの中を地球が運動することで発生する「エーテルの流れ」）による効果が全く検出されなかった。古典力学では、速度は加算に従って算出される。たとえば、川の流れと同じ方向に進むボートは、川岸から見れば、流れと直角方向に進むボートや反対方向に進むボートよりも速く進む。つまりは、エーテルの風と同じ方向に進む光は、エーテルの風と直角方向に進む光や反対方向に進む光と比べて、速い速度を示すはずだった。にもかかわらず、エーテルの風による影響が全く検出されずにいたのである。

エーテルの風の検出に意欲を燃やすマイケルソンとモーリーは、1887年に決定的な実験を行う。2人は以前マイケルソンが開発した機器を改良し、大規模な干渉計を製作。光線を2つに分割した際、一方の進行方向が他方の進行方向と直角をなすように設計した。そうすれば、2つの光線は、地球の自転方向に対して対照的な経路を取る（一方の進行方向が地球の自転方向と並行ならば、他方の進行方向は地球の自転方向と直角になる）。もちろん、光線はエーテルの中を進むと想定した。分割された2つの光線がそれぞれ反射して再び合流すると、経路のわずかな距離の差によって干渉縞が現れる。もし、光の速さがエーテルの風によって変わるならば、2つの光線の速さの違いが干渉縞に反映される。つまり、干渉縞にズレが生じるはずだった。しかし、2人の実験結果はエーテルの存在を否定するものだった。エーテルの風による影響を全く現さなかったのである。

興味深いことに、エーテルの風の影響についてマクスウェルの方程式が語るところは全くなかった。理論上、光が真空中を伝播することは可能だった。同時に、振動を伝える媒質が存在すれば減速するとも考えられた。とはいえ、減速を裏打ちする根拠は見当たらず、また、全く無の空間を波の振動が伝わるとも考えづらかった。たしかに、海の波や音波など、物質を介する波に馴染みのある人間にとって、光という波が完全な真空を移動するとは信じがたい。よって、発光性エーテルは、マイケルソン・モーリーの実験でその存在が否定されたように見えた後も、何十年にもわたって研究され続けた。

1892年には、測定結果にエーテルの影響が現れない理由を説明するため、オランダの物理学者ヘンドリック・ローレンツとアイルランドの物理学者ジョージ・フランシス・フィッツジェラルドがそれぞれ、物体はエーテルの風を受けると運動方向に収縮するとの考えを発表した。そして、そのように物体が収縮するため、マイケルソン＝モーリーの実験では、直角をなす等距離の別々の経路を走った2つの光線の速さに差が見られなかったと指摘した。全く偶然にも別々の2人によって提唱された、この「ローレンツ＝フィッツジェラルド収縮」は、少なくともエーテル説支持者の新たな拠り所となった。

幻の終《つい》の棲《す》み処《か》

19世紀末の科学界では、自然界の振る舞いや人間の意志はすべて科学的に説明できると考えられ、いずれ非科学的な思想はあまねく淘汰《とうた》され、予言や亡霊、悪霊、天啓《てんけい》などの介入する余地はなくなるとの見方が大勢を占めていた。いかなる自然現象も理論的に突き詰めれば、原因と結果の連鎖によって記述されるとの見地である。たとえ「奇跡」とされる出来事であっても、背景に原因が存在するか——自然物質に薬効があると後から判明するように、単に機序が解明されていないだけか——、もしくは希望的観測の生む単なる偶然の一致だとした。「因果関係をきちんと説明してくれ」との物理学者の要求に応えられなければ、「その考察は迷信に過ぎない」と一蹴されたのである。

一方、それでも超自然現象を信じる反対勢力は躍起になって古典力学の欠陥を探した。精神世界——死者の霊やテレパシー、奇跡的な偶然など——を排除するのではなく、超常現象も科学によって説明できるとの立場で味気ない機械的な世界像に命を吹き込もうとしたのである。

超常現象の科学的分析と、精神世界を対象とした研究の普及を図る団体が生まれたのは、その頃である。1884年創設のロンドン心霊協会や1885年設立の心霊現象研究協会が一例だ。そのような団体の一員には、真空放電管の発明で有名なイギリスの物理学者ウィリアム・クルックスや、推理小説『シャーロック・ホームズ』シリーズで知られる作家アーサー・コナン・ドイル、心理学を築いたウィリアム・ジェームズ、錯視の第一人者だったドイツ人物理学者カール・フリードリッヒ・ツェルナーなど、多くの著名人が名を連ねた。なかでも錯視を専門とするツェルナーが心霊現象を許容した点は、皮肉と言えた。彼は、死者の思いを石板書記で表すと謳ったアメリカの奇術師ヘンリー・スレイドを支持したことでも知られている。

ともあれ、精神世界の存在を示す貴重な「証拠」とされたのが、亡霊のような怪しい対象の写る写真だった。そのような「心霊写真」は、反射や二重露出といった撮影テクニックでつくることができるにもかかわらず、多くの著名人が、写真に写る亡霊のような対象を本物だと信じ込んでしまった。とりわけアーサー・コナン・ドイルは、心霊写真の信憑性の高さを強く主張した。また1896年にヴィルヘルム・レントゲンがエックス線を発見したことで――可視光線では見えない対象がエックス線で見られるようになり――、物質世界の裏に精神世界が潜むと信じる者たちは自らの考えに自信を深めた。


一般に、理知的な科学者や思慮深い思想家であれば、精神世界との結びつきを示すとされる心霊写真や降霊術などに対して、懐疑的な目を向けるだろう。たしかに、大多数がそうだった。しかし、自らの直観を頼り、科学的ではなく感覚的に精神世界の存在を訴える識者がいたのも事実である。

なかでも研究志向の強い学者は、精神世界の科学的根拠を見つけようと、その痕跡の可能性を実世界のありとあらゆる対象に求めた。たとえば、光を伝える仮想の媒質、エーテルも候補の1つ。マクスウェルの親友で数学者のピーター・ガスリー・テイトは、原子などの基本粒子はエーテルの結び目で構成されると主張した。パイプたばこの愛飲者だったテイトは、紫煙をくゆらせながらその仮説を立てたといわれている。

テイトいわく、強く締めつけた靴ひものように、エーテルの結び目はめったにほどけず、結ばれた状態を長く保つ。そのため幻影を現し続けると主張した。結び目仮説では、それぞれの原子——水素やヘリウムなど——の違いは、エーテルの結び目の違いに起因する。当初匿名で刊行されたバルフォア・スチュワートとの共著『見えない宇宙』によると、思考や感情、精神、魂といった対象——つまり、物質以外のもの——は、人間が物理的に検出できないエーテル界に存在する。換言すれば、精神世界と物質世界は見えないところで、対をなすかのように共存するというわけである。

19世紀末の精神世界論者は、古典力学の抜け穴として、エーテルの他にも四次元の可能性を指摘して、自らの主張の正当性を訴えた。もし従来の縦、横、高さという三次元に加えて、未知なる空間を構成する4つ目の次元があるならば、テレパシーや超能力、降霊術などの超感覚的な作用も説明できるとの趣旨である。

その四次元に通ずる能力を訴求したスレイドを、当時、科学者として確たる地位を築いていたツェルナーも信じるようになった。スレイドは降霊術の中で、石板書記に加えて、ロープを利用することもあった。中央に結び目をつくったロープの両端を参加者に握らせ、そのままの状態でロープの結び目を解くのである。1878年の著書『超越的物理学』の中でツェルナーは、四次元に通じたスレイドがロープの結び目を解き、死者の魂を降臨させたなどと記している。

対してマクスウェルは、エーテルの結び目や四次元との接触を巡る議論に興味を示しつつも、論拠に欠けると見ていた。同じく1878年に記した詩、『逆説的な頌歌《しょうか》』の中で、エーテルの結び目仮説を提唱したテイトを揶揄《やゆ》している。イギリスの詩人パーシー・ビッシュ・シェリー（訳注：19世紀初頭のロマン主義文学を代表する詩人。1792〜1822年。理想美探究の姿勢を貫き、抒情詩などで多くの傑作を残す）を思わせる文体で書かれたマクスウェルの詩は、こう始まる。

我が心は結束のごとき絡まり
渦動のごときうずまき
知の域を棲み処とし
汝が罪をまといしゆえ
いかなる物の具をしても
結びはほどけじ。
解くべき術は余さず
四次元の虚構にあらん。

その後、他界した親族や大切な人との対話がかなうと謳ったスレイドは、富裕層を相手に詐欺を働いたとして、ロンドンで裁判にかけられた。法廷において、彼は実際に降霊術を行い、「死者からのメッセージ」を石板に記した。だが疑いの目を向ける人たちによってトリック（たとえば石板を入れ替えるなどの行為）が暴かれ、被害者がいきり立つ結果となった。裁判の過程は世界中の新聞で報道され、心霊主義運動に理解を示す側と、一顧だに値しないと反対する側との対立が鮮明になった。そして、反対者の多くは、未知なる科学的作用を隠れた高次元などに求める考えを、一斉に否定するようになった。

たとえば、1879年に生まれたアルベルト・アインシュタインは、因果律に従わない相互作用に対し、一生涯、懐疑的な姿勢を貫いた。四次元に関しても、相対性理論の構築に必要とわかるまでは否定的な立場だった。量子力学における量子もつれについては「幽霊のような遠隔作用」と評し、その妥当性を袖にしている。若い頃に起こった心霊主義を巡る論争が、何かしら彼の頑《かたく》なな姿勢に影響を及ぼしたとも考えられる。

アインシュタインはエーテル理論を不必要な仮説とし、エーテルの存在も信じなかった。当該仮説を棄却して、物体の運動と空間に関して独自の理論を構築し、物理学の常識を覆した。20世紀に突入したばかりの時代、彼に比肩《ひけん》する驚異的な発想の持ち主はいなかった。アインシュタインの登場は、物理学にとって幸運だった。彼が純粋な目で自然の摂理を探究し、偉大な特殊相対性理論を築いたことで、エーテルは過去の産物となり、四次元が時間の尺度として日の目を見るのである。

第４章

障壁と抜け道

相対性理論と量子力学による革命

熱や光も運動の様相であるとする力学理論の美しさと明晰さは、現在、２つの雲によって覆われている……。1つは、光の波動論における次の問い――すなわち、「エーテル……のなかをどのようにして地球が運動するのか？」という問いである。もう1つは、エネルギー分配に関するマクスウェル＝ボルツマンの学説である。

（訳注：『アインシュタイン v.s. 量子力学』（森田邦久著、化学同人、2015年）16頁より引用、一部加筆）

――ケルヴィン卿による講演、『熱と光の動力学理論を覆う19世紀の暗雲』

（1900年４月27日、英国国立研究所にて実施より）

20世紀という新世紀の到来は、物理学研究の潮目を大きく変えた。

19世紀末の科学は、厳格な因果律に基づく決定論へとひた走っていた。すなわち、自然界の相互作用はいずれも因果律に従い、特定の速さで伝わると考えられていた。全体を構成する各粒子を特定し、粒子間の作用を見極めれば、いかなる未来像も推定できる。また、波も粒子の集合体とみなせば、粒子同様、その現象は因果律に従う。そのような見地が大勢を占めていたのである。しかし、20世紀を迎えると、原子内部の不可思議な世界が量子力学で明らかになる――瞬間的ともとれるような任意の状態変化や、離れた粒子間の非因果的相関、そして、素粒子の位置と速さを同時に特定することは完全にできないとする摩訶不思議な不確定性原理などがお目見えする。また、相対性理論によって、因果的な作用の限界が定められると同時に、空間と時間が切っても切れない関係であることが示される。図らずも歴史上の政変と同じように、誰もが予期せぬ形で、物理学界にも革命の波が押し寄せたのである。

もし1900年の新年祝賀パーティーで、参加した物理学者を対象に物理学の原則について調査していたとしたら、自然界で一般に認められる基本原則を支持する声がほとんどだっただろう。

その原則とは、ミクロの世界にもマクロの世界にも通じる因果性や連続性、再現性、普遍性などだ。ニュートンの運動の法則によって、運動の変化は力によることが証明され、因果関係の強固な連鎖は絶対的だと見られていた。また、マクスウェルなどにより、「場」という媒介者を通じて空間で力が連続して伝わることが判明。測定機器や測定手法には誤差がつきものだが、何度も測定を重ねれば、信頼性のある数字を再現できることもわかっていた。時代が進めば、装置の性能や科学技術が向上し、再現性がより高まることも。さらには統計的手法によって、ミクロの世界の分子運動と、人間が知覚する温度や圧力といった巨視的な物理量との間には、明確なつながりがあることも証明済みだった。つまるところ、物理学の原則は、ほぼ完璧だと考えられていたのである。

しかし、ひとたび祝賀パーティーの会場でアルコールが振る舞われれば、いくつかの欠陥を指摘する物理学者がいたかもしれない。光速にエーテルの風の影響が見られない点と、黒体(光を完全に吸収する物体)の放出する熱放射の特性が光の波動論だけでは説明できかねる点がその代表だった。

ケルヴィン卿(ウィリアム・トムソン)は当時行った講演の中で、それらの未解決問題を、晴れ渡るはずの空に浮かんだ不穏な雲になぞらえている。皮肉にも、2つの不穏な雲は杞憂《きゆう》で終わらず、本格的な論点へと発展し、ひいては20世紀初頭の物理学界に革命をもたらすのだ。もし、新年の祝賀ムードに浸る物理学者がその未来を知ったならば、ある者は泡立つシャンパンを掲げて快哉《かいさい》を叫び、ある者は強めのウイスキーを呷《あお》ってうなだれたかもしれない。おそらく、それぞれの哲学的立場によって悲喜こもごもだっただろう。

それらの未解決問題は、アインシュタインという1人の天才によって答えが導かれた。彼は相対性理論を構築し、量子力学の形成にも貢献した。その中で、空間と時間、物質の概念を覆したアイデアは、画期的かつ核心的だといえた。だが一方で、既存の概念にとらわれない洞察力はそれ以降、鳴りを潜める。アインシュタインは、物理学における常識を変えたにもかかわらず、生涯にわたって厳格な決定論を支持し続けた。たとえ量子の世界によって疑義が唱えられたとしても、断固としてその姿勢を崩さなかったのである。

さておき、アインシュタインが自然の複雑な振る舞いに疑問を持ち、万物の成り立ちについて考え始めたのは、彼がまだ幼い頃だった。電気技師の父親のヘルマンから羅針盤をもらった時のこと。手にした羅針盤を見て、磁気力の作用について考えるようになったという。アインシュタインは回顧する。

四歳か五歳の時に父から羅針盤を見せてもらった際、私はそのような性質の驚きを経験した。その針があのように定まった仕方で振る舞うということは日常の事柄には決して合致しないものであり、無意識の概念世界(直接的な「感触」と関連した効果)に属するものであった。この経験が私に深い持続的な印象を与えたことを私は今でも思い出すことができる——あるいは少なくとも思い出すことができると信じている。［1］

（訳注：『自伝ノート』（アルベルト・アインシュタイン著、中村誠太郎、五十嵐正敬訳、東京図書、1978年）8頁より引用）

彼の理論に同居する革新的視点と保守的視点は、青年期にかけて造詣を深めた哲学に由来する。漠とした科学的考察を毛嫌いするようになったのも、スピノザとショーペンハウアーの決定論から大きな影響を受けたためだと考えられる。

1900年代はじめ、ベルンにあるスイス特許庁で審査官として働いていたアインシュタインは、友人たちと「アカデミー・オリンピア」と称するグループをつくり、様々な哲学思想について論じた。そこでは、感覚を通じて認識できる対象に限って考察すべきとしたマッハの思想（現実主義の1つ）も主題となった。そのような経緯もあって、全く新しい視点で光を考察して黒体放射の問題を解決するなど、斬新な手法で解決策を見出しておきながらも、自らの最も傾倒した決定論や現実主義などの哲学思想に背く結果を導かないように、理論構築に慎重を期したのである。

光が持つ2つの顔

黒体放射の問題では、通常、ある温度まで熱せられて光を放つ黒色の箱を想定する。現代風にアレンジすれば、黒色の容器（たとえば、ふた付きの真っ黒なマグカップなど）を電子レンジで加熱して、テーブルの上に取り出すようなイメージだ。

「エネルギー等分配の法則」と呼ばれる19世紀につくられた熱力学の原則によると、箱の中のエネルギーは、自由度（運動方向を定める変数の数——光の場合、考えられる振動方法の数）ごとに等しく分配される。平等という名のもとに、短い波長（波の山と山の距離）から長い波長まで、あらゆる波長の光に同じエネルギーが分配されるわけだ。

波長に反比例して変化するのが振動数（単位時間当たりに繰り返される振動の数で、可視光では色に対応する）である。したがってエネルギーは、振動数ごとに等しく分配されるとも表現できる。

さて問題は、長い波長よりも短い波長の光のほうがくだんの箱と相性がよいことである。たとえるならば、1枚の用紙に異なるフォントサイズの文字を敷き詰めるようなものだ——フォントサイズが小さければ、より多くの文字を並べることができるだろう。すなわち、各自由度に等しくエネルギーを分配するとなると、最小サイズの文字数のほうが最大サイズの文字数よりも非常に多くなるため、最小サイズの文字が圧倒的にエネルギーを占めるのである。光に置き換えれば、短い波長、すなわち大きい振動数の光の放射が強くなることを意味する。可視光の振動数を増やしていくと可視光の域を出て紫外線となる。黒体放射の問題が「紫外破綻」と呼ばれる所以だ。

なお、可視光や紫外線より振動数の大きな領域も存在する。振動数が大きくなるにつれ、エックス線、ガンマ線となる。逆に、可視光よりも振動数が小さくなれば、赤外線、マイクロ波、そして電波と名前が変わる。

ではここで、カップに入った紅茶を電子レンジで100℃まで温めるとしよう。温めたカップを電子レンジから取り出してテーブルに置けば、目に見えない赤外線がカップから放出されることは周知の通り。赤外線カメラ（暗視カメラ）を覗けば、その様子がはっきりと見てとれる。カップはしばらく触れられないほど熱いが、決して放射線障害を招くわけではない。

対照的に、19世紀の統計物理学では、現実とは異なる恐ろしい結果が導かれる。温めることでカップのエネルギーが高振動数の領域に偏って分配されるため、電子レンジから取り出すと、紫外線からガンマ線にかけての危険な電離放射線を放つことになるのだ。そのような状況は、誰も望みはしないだろう。だが幸いにも、実際にはどのカップも危険な放射線を発することはない。

黒体放射の問題が解決を見たのは、1900年のことだった。ドイツの物理学者マックス・プランクが矛盾なくモデル化したのである。解決の決め手となったのは、光のエネルギーを、特定の有限量以下には分割できないとみなしたことだった。プランクは単位となる有限量を、「小さな塊」を意味する「量子」と命名した。その量子のエネルギーは、光の振動数と、プランク定数と呼ばれる基本定数の積で表される。つまり、光の振動数が増えれば、光子（光の単位）のエネルギーも大きくなる。具体的に言えば、紫色の光のほうが赤色の光よりも温かいことを意味していた。

プランクの理論の秀逸な点は、箱と相性がよいはずの波長、すなわち大きな振動数に負担を強いて、箱における優位な立場を相殺したことだった。それは、波長の短さに税をかけるようなものだった。たとえば、波長の短いガンマ線の存在には、波長の長い電波などと比べてはるかに大きなエネルギーを伴うことになる。すなわち、短い波長を「蔑視《べっし》」し、長い波長を優遇することで、プランクは観測通りの分布図を描くことに成功したのだ。

このように公式によって量子を表したプランクに対し、アインシュタインは、１９０５年に発表した光電効果に関する理論の中で量子の妥当性を示した。光電効果とは、金属に光を照射すると、光のエネルギーによって金属表面の電子が飛び出す効果を言う。アインシュタインの理論が示す通り、電子を放出させる最低のエネルギー量は金属によって異なり、光の振動数に依存する。したがって、基準となる振動数より低い振動数の光だと、エネルギーが不足して電子を放出させることができない。現在、デジタルカメラに応用されているこの画期的な理論によって、アインシュタインは１９２１年（実際は最終決定が１年保留されたため、１９２２年）、ノーベル物理学賞を受賞した。

光のエネルギーが振動数で決まるという事実は、直観的に理解しやすいとは言えないだろう。プランクやアインシュタインの登場以前は、光のエネルギーは明るさだけで決まると考えられていた。どんな色の光でも、色以外の条件が同じであれば、等しいエネルギーを持つはずだ、と。だが現実は、1つの光子によって物質中の電子が飛び出すか否かは完全にその光子の振動数に依存する。

光子という概念はある意味、ニュートンの光の粒子説への回帰とも言えた。光を小さな塊の集合体とみなしたアインシュタインは、当時知られていた電子などの基本粒子と共通する性質を光は有すると主張した。だが一方で、光には波長や振動数といった波としての特徴も明らかに認められた。

古代から19世紀末にかけて、物理学は明確さと現実主義を色濃くしながら進展した。古代ギリシアから時を経て、ニュートンの古典力学が生まれ、マクスウェルの電磁気学によって理論が補完され、さらには熱力学の法則が誕生し、云々。要は現実こそがすべて、との立場に移行してきたのである。不可解でおぼろげな事象については、測定が難しいだけで物理的現象に変わりないとみなされるか、もしくは長く神学者に委ねてきた「死後の魂の行方」や「時間が動き出す前の世界」といった超越論の問題として片付けられるようになった。

しかし、波と粒子という光の二面性（光子の「波束」という形で、まるで2つの特徴を交互に表すかのように空中を進む光の性質）を証明したアインシュタインでさえも、自らの証明に端を発して、当時大学教育で教えられていた絶対的な物理法則が数十年のうちに瓦解《がかい》するとは想像していなかっただろう。のちに、哲学者トーマス・クーンが「パラダイムシフト」と名付ける急激な方向転換が、やがて物理学に到来するのである。科学者の直観が正しい方向を示すとは限らない、と言わんばかりに。

アインシュタインは、量子力学の草創期を主役の1人として支えただけではなく、他の分野の重要な問題についても斬新な手法で解決した。たとえば、ニュートン力学を拡張して光速の不変性を示したのも、その1つである。光速にまつわる謎が、彼を突き動かしたのだ。ニュートン力学に従えば、タグボートに引っ張られて走る船のように、光速で移動する観察者は、光の後ろをぴたりと追走することができる。一方、マクスウェルの方程式によれば、観察者が光速で走りながら光を見たとしても、光の速さは変わらなかった。

相対的な真実

前段の通り、アインシュタインは、光の速度で観察者が走る場合を想定した。ニュートンの運動の法則など、古典力学の運動に関する原則に照らせば、光速で移動する観測者には光が静止して見えるはずである。では、光速の不変性を約束するかに見える電磁気学において、その状況はいかに記述されるのだろうか？

時間と空間を伸縮する対象として捉えれば、観測者の状態いかんによらず、光の速さが一定になることをアインシュタインは発見した。そのため、エーテルの存在を否定して、真空中の光速を金科玉条のごとく位置付ける。そして、その内容を体系化し、１９０５年に革命的な論文、『特殊相対性理論』として発表した。

特殊相対性理論の言わんとするところは、一方の物体に対する他方の物体の相対速度によって、時間と長さが変化するということである。なお「特殊」とは、慣性系に限る、という意味だ。つまり、特殊相対性理論は、等速度で運動している物体だけを対象とする。

特殊相対性理論の予測する主な現象には、時間の遅れや長さの収縮、質量とエネルギーの等価性などがある。いずれの効果も、物体の運動速度が光速近くに達すると最も顕著になる。時間の遅れとは、極めて速く運動している物体（たとえば宇宙船の船内など）では、その物体より遅く運動している観測者（地球から超高性能の望遠鏡で宇宙船内の時計を見ている天文学者など）と比べて、時間の進み方が遅くなる現象をいう。

長さの収縮とは、エーテルの風によって物体が運動方向に収縮するとしたローレンツ＝フィッツジェラルド収縮のようなイメージだ。ただし外部の物質を介した作用ではなく、極めて速く運動する物体の運動方向に沿って空間自体が収縮する。

質量とエネルギーの等価性――アインシュタインによる有名な等式、「$E=mc^2$」に象徴される概念――とは、質量とエネルギーが常に可換であることを表す。その等価性において、静止している物体の固有の質量を「静止質量」と呼ぶ。その物体が新たにエネルギーを獲得すると（たとえば加速させることで）、物体は「相対論的質量」を得て重くなる。なお、光子は静止質量を持たないが、運動エネルギーを伴うため常に相対論的質量を持つ。これらの現象は、現在、高エネルギー粒子加速器を使った実験で実際に確認することができる。素粒子（光子以外）を光速近くまで加速させると、質量が重くなったり崩壊速度が遅れたりするのだ。

また、相対性理論は、同時性という概念についても変更を迫る。

カンザス州（訳注：アメリカ中西部の州。気候区分の境目に位置し、複数の気団が発生するため雷雨が起こりやすい）の農夫が嵐の中、空を見上げていたら、農夫からそれぞれ広大な土地を挟んで、同じ距離だけ離れた2つの納屋に雷が落ちたとしよう。農夫にとって2つの雷は、まさしく同時に落ちたと映るかもしれない。だが、中間地点の上空を猛スピードで移動する飛行機の乗客には、同時に落ちたとは映らない。進行方向の雷のほうが先に見え、後方の雷よりもわずかに早く落ちたように感じるだろう。つまり、「同時性」を相対的に共有することは無理なのである。

対照的に――少なくとも特殊相対性理論の一般的解釈において――、普遍であると位置付けられたのが因果律だ。落雷によって火災が発生する、といった原因と結果の順序は、すべての基準系において普遍的だとアインシュタインは強調した。高速移動する飛行機や宇宙船から見ても、決して火災から落雷が起こることはない、と。このような因果律の普遍性は、観測者の移動速度を光速未満とすることで担保される——自然界における相互作用の伝播速度の上限を光速とした理由の1つである。

古代ギリシアの時代から古典力学の形成期にかけて、物質や信号の送信速度は常に議論の的だった。一体、どこまで速くできるのだろうか？　もし上限速度があるならば、その速さはどれほどなのか？　ガリレオなどが指摘した通り、この世界で最も速いとされる対象の1つが光である。レーマーからマイケルソンまで、幾多の偉人たちによって様々な測定器が開発され、光速は極めて速いが有限であることが証明された。しかし、真空中の光速を上回る超光速の存在を明確に否定したのは、アインシュタインがはじめてだった。

自然界の因果的な作用の伝達速度は、真空中の光速を上限とする。特殊相対性理論は多くの論拠をもとに、そう結論付ける。たとえば、時間の遅れや長さの収縮、相対論的質量などと導く数式において、真空中の光速を下回る速さは実数で、光速と等しい速さはゼロで、光速を超える速さは虚数で表される。

実数は、数直線上の1点として示される。具体例を上げれば、自然数や負の数、3分の1などの分数、πに代表される無理数などだ。対して虚数——負の数の平方根の倍数——は、数直線上で表すことができない。あえて表そうとすれば、実数の数直線と直角に交わる特別な数直線を用意する必要がある。一般に、重量や速さなどの観測可能な物理量は、実数値であることを前提とする。虚数値を取る物理量を想定するならば、実数値を得るために2乗したり、掛け合わせたりする必要が生じるため、その物理量はあくまで間接的表現でしかない。つまり、アインシュタインによる方程式が超光速の解として虚数を導くということは、その対象が物理的に存在しないと主張しているも同然なのである。

いうなれば、建築面積を100平方メートルずつ小さくしながら、東から西へと住宅を建て続けるようなものである。1軒目の住宅の建築面積が450平方メートルだとすると、2軒目は350平方メートル、3軒目は250平方メートル、と面積は徐々に小さくなる。現実の世界では、きっちり5軒をもって施工終了となるだろう。最後の50平方メートルの住宅以降は建築面積が負の値を取るため、施工することができないからだ。ただし数学の世界では、間口と奥行きに虚数を与えて、負の値を取るきれいな正方形の建築面積を想定できる。とはいっても一般的なメジャーでは、その間口と奥行きを測定することはできない。したがって、アインシュタインは真空中の光速を超える速さを禁じて、物理量に虚数の現れることを回避したのである。

また、特殊相対性理論では、光速で運動する物体は、静止質量がゼロでなければならない。換言すれば、光速より遅く運動している静止質量を持つ物体——たとえば電子——は、光速に達することができない。なぜなら、質量とエネルギーの等価性を示す等式から、質量を持つ物体が光速に達するには無限のエネルギーが必要になるからだ。光速を目指す宇宙船が、次から次へとエネルギーを得て、相対論的質量を急増させながら加速しても、どれだけ燃料を蓄えていようが、光速に達する前に燃料は尽きてしまうだろう。光を相手に月まで競争するとして、史上最高の出力を誇る宇宙船でも、巷《ちまた》のレーザー光に勝てないのである。

なお、真空ではなく物質の中を通過する場合は勝手が違う。種類が豊富な強誘電体や常誘電体などの誘電体――ほんの一例をあげれば、ガラスやプラスチック、水など――は、光の通過を妨害し、限りなく減速させることができる。すなわち、それらの物質の中を通過する場合に限って、光速を超える存在が認められるのだ。発見者のロシアの物理学者パーヴェル・チェレンコフの名をとったチェレンコフ放射と呼ばれる現象では、高エネルギーの粒子が光よりも速く物質中を進み、光を発する。ただし一般に「光速より速い」と言えば、「真空中の光速より速い」との意で、本書でも今後、通例にならうことを付記しておく。

OPERAの幻

1960年代、インド系アメリカ人物理学者のE・C・ジョージ・スダルシャンや、彼の研究室に所属する大学院生のV・K・デシュパンデなどによって、特殊相対性理論が（真空中の）光速より速い粒子の存在を許容するとの仮説が発表された。ただし、くだんの粒了が超光速を維持したままで、決して光速まで減速しないことを前提としている。〔2〕コロンビア大学の物理学者ジェラルド・ファインバーグは1967年の論文で、その粒子を「タキオン」と命名した。〔3〕超光速で運動するタキオンは、減速して光速に近づけば近づくほど多くのエネルギーを必要とする。すなわち「ターディオン」もしくは「ブラディオン」と呼ばれる、光速より遅い粒子と同様——光速に近づく方向が反対なだけで——、タキオンは光速で運動することのできない粒子なのだ。

なお、タキオン粒子の存在は、その静止質量を虚数とみなすことで、想定が可能となる。一見すると、全く非現実的だ。しかし、超光速の運動速度を仮定すれば、静止質量が虚数の粒子の相対論的質量と相対論的エネルギーは実数値となる。すなわち、測定可能な物理量を持つのだ。だが、決して静止することのない粒子にとって、そもそも静止質量という概念自体が抽象的と言えるだろう。

また特殊相対性理論では、光速より速い相互作用を想定すると、その相互作用が時間を逆行する結果が導かれる。つまり、もし光速より速い相互作用が存在すれば、原因と結果の順番が逆となり、因果律の掟が破られるとも考えられた。その可能性を許容できなかったアインシュタインは、物体が超光速で運動することを否定し、因果関係は時間を一方通行すると主張した。

そして、超光速を表す方程式の解を数学上の虚構の産物として表現したのである。

アインシュタインは、1907年発表の論文の中で次のように記している。「この結果を鑑みれば、すでに現れた効果から原因が生じる過程も可能であると考えねばならないだろう。ただしその考えは、理論上に限れば全く矛盾なく見えても、人間の有するあらゆる経験則に反する。それゆえ、(超光速という現象を)不可能とみなすのが適当だと考える」[4]

イギリス系カナダ人の菌学者A・H・リジナルド・ブラーは、超光速の粒子という概念に刺激を受けて、機知に富んだ五行詩を詠んだ。イギリスの風刺漫画雑誌『パンチ』に匿名で掲載されたその五行詩は以下の通りである。

ブライトという名の若い女性がいて
ライトよりもはるかに速く走る。
ある日、彼女は出掛けたが
その様子は相対論的で
帰宅は出掛けた日の前夜だった! [5]

グレゴリー・ベンフォードとD・L・ブック、そしてW・A・ニューカムは、タキオンが信号によって過去へ情報を送信する研究に取り組み、その研究内容を1970年、「タキオン反電話」と題して発表した。[6]

その後、物理学者でありSF作家でもあるベンフォードが、「タキオン反電話」の概念を掘り下げ、独創性に富んだSF小説『タイムスケープ』を上梓する。災害の発生について未来から過去に警告できたら、はたして社会はどうなるのか？　そう着想した彼は『タイムスケープ』のなかで、タキオン粒子にその夢を託した。

タイムスケープを行って未来の株価変動を過去の自分に伝えようと考えた人には気の毒だが、現在の素粒子物理学の標準モデルでは、タキオン粒子の存在は認められていない。たとえ標準モデル以外においてその存在が認められるにしても、情報を過去に運ぶ手段が確立されていないのが現状である。さらにいえば、その伝達手段の構築が理論上できたとしても、現実という難敵が原因と結果の順序を守るべく目の前に立ちはだかるだろう。過去への情報伝達はパラドックスを孕《はら》むのだ。

たとえば、過去の自分にタキオンを使わないように忠告するとどうなるか。過去の自分がその忠告に従えば、未来から忠告が送られないことになる。

では、忠告はどこから発せられたのか？　このように現実的にも、また理論的にも問題があったせいで、タキオンへの関心は1960年代から1970年代にかけて急速にしぼんだ。

だが、理論の妥当性が実証をもって否定されない限り、より優れた理論の構築を目指すのが理論屋の理論屋たる所以である。そのため、一部の研究者は、タキオンが現実に存在するとの見方を放棄しなかった。実際に存在が確認されておらず、否定的な見方が大勢を占めたとしても、それがすなわち、検出試験の中断と理論の棄却を要請するものではない。それが少数派の意見だった。

アラン・チョドスとアヴィ・ハウザー、アラン・コステレッツキーの3人の物理学者は1985年、（素粒子の種類である）フレーバーの1つに区分されるニュートリノ（質量の極めて軽い中性の素粒子）がタキオンである可能性を指摘した。［7］弦理論（訳注：1970年代に提唱された、粒子を点ではなく弦として扱う理論。タキオンの存在を必要とした）の要請に応える存在としてではなく、純粋に超光速で移動する粒子としてタキオンを位置付けた上で、チョドスは次のように根拠を述べた。

「もしタキオンが存在するならば2つの可能性が考えられる。1つはタキオンが完全に未知なる存在でまだ発見されていない可能性。もう1つは既存の粒子の1種（もしくは2種以上）がタキオンである可能性だ。前者であれば、発見にはまだ相当時間がかかると予想されるため、現代の物理学に与える影響は少ないと考えられる。一方、すでに『発見されている』が人間がタキオンと認識していないだけ、とする後者の見方はより興味深い。質量を持たないゲージ粒子（光子、グラビトン）はゲージ不変性が成立するため、既存粒子の中にタキオンがあるとすれば、『現実的な』候補はフレーバーに区分される、1つもしくは複数のニュートリノだろう」[8]
ニュートリノは質量が微小で、電荷を持たず、自然界に存在する4つの力の1つ、強い力にもまったく反応を示さない。そのため最も反応性の乏しい素粒子の一種といえる。そのような素粒子は今この瞬間も、大挙をなして自由自在に地球を貫通している。そのため、たとえニュートリノの一部がタキオンだとしても、タキオンを特定することは難しい。また、タキオンが非因果的な作用を現すとしても、時間を逆行する現象は杳《よう》として素粒子物理学者の目に留まらない可能性もある。チョドスは次のように指摘している。
「もしニュートリノが超光速で移動できる唯一の存在ならば、いかなる非因果的現象も人間の生活を脅かすことはないだろう。ニュートリノビームを使って自らの祖父の命を絶つことは非常に困難だからだ」[9]
OPERA（Oscillation Project with Emulsion-tracking Apparatus：写真乳剤飛跡検出装置によるニュートリノ振動検証プロジェクト）の研究チームが、驚きの結果を公表したのは、2011年のことだった。スイスのLHC（Large Hadron Collider：大型ハドロン衝突型加速器）で発生させたニュートリノを、イタリアのグランサッソ研究所で測定したところ、光速をわずかに上回ったというのだ。LHCは、スイスとフランスの国境をまたいで地下に設置された大規模な円形加速器である。OPERAの検出器が地下トンネルに収容されているイタリア中央の山塊グランサッソとの距離は720キロメートルほど。その距離の移動にニュートリノが要した時間は約60ナノ秒（ナノ秒は10億分の1秒）だったという。それは光の要する時間より短かった。なお、驚愕の結果を発表するにあたり、測定誤差の可能性はないとOPERAは断言した。

物理学関係者の多くはその結果に懐疑的だったが、他の研究チームによる独立した検証に真偽の判断を委ねたため、独善的な意見が飛び交うことはなかった。その間、OPERAの発表内容はマスコミをおおいに賑わせた。『ワシントン・ポスト』紙は「超光速ニュートリノ発見で物理学に難局」との見出しで一報。「(物理学者たちは) 既存の宇宙像を根底から覆すような実験結果を突き付けられた」との記事を掲載した。[10]

主要なフォーラムでは、特殊相対性理論が威光を失うのも時間の問題とする見方が相次いだ。当時すでに1世紀以上も主役を張り続けてきたアインシュタインの理論に別れを告げる時が訪れた、と。世間では、超光速ニュートリノにまつわるジョークがSNS上で流行した。

「入口にいる超光速ニュートリノに『入店お断り』とバーテンダーが言ったら、すでに店の中だった」

と誰かが書けば、

「光速の冗談を投稿したら、ニュートリノに先を越されたよ」

と誰かがアップするように。[11]

ＯＰＥＲＡの研究チームが神妙な面持ちで測定結果が誤りであると認めたのは、それから数カ月後のことだった。検出機器を調べたところ、接続部に緩みが認められ、計測システムの不具合が発覚したという。「超光速の発見」は、物理学革命のきらびやかな象徴というよりも、システムエラーの生んだ単なるまやかしに過ぎなかった。つまり、ＯＰＥＲＡの幻だったのである。

時を同じくして、ＯＰＥＲＡとしのぎを削る研究グループ、ＩＣＡＲＵＳ（Imaging Cosmic and Rare Underground Signals：宇宙信号と希少な地下信号の検出チーム）が同様の実験を行った。ＬＨＣから放射されたニュートリノを同じくグランサッソにある検出器で計測したところ、光速の予想到達時間とまさしく同じ数字が得られたという。「もし60ナノ秒という数字が計測器に表示されたら、ＯＰＥＲＡにシャンパンを贈らなければならなかった」。ＩＣＡＲＵＳでスポークスマンを務めるノーベル賞受賞者カルロ・ルビアのコメントである。だが、シャンパンのグラスを傾ける相手がアインシュタインになることは織り込み済みだった。ルビアは言う。

「少しほっとしたね。なんせ僕は保守的な性格だから」[12]

ＯＰＥＲＡの失態など意に介さず、チョドスはその後もタキオンの立証に力を注いだ。タキオンが発見された場合の影響についても自説を展開。「光円錐《こうえんすい》反射」という自然界の新たな対称性によって、光速より速い粒子と遅い粒子が相関すると唱えた。

「ほとんどの人たちが、タキオンを非現実的対象とみなしている。因果律の破れに伴うパラドックスが理由だ。だが、私は非現実的だとは思わない。タキオンが発見されれば、いい意味で時空の既存概念は揺らぐと考えている。そして論理的なパラドックスについては、自然が答えを導いてくれる、とも」[13]

宇宙を織りなす

空間と時間を融合し、四次元時空という1つの対象として捉えると、相対性理論における因果律や情報伝達の問題を、わかりやすく記述できる。19世紀に数学者が考えていた四次元とは違い、4つ目の次元に据えるのは空間軸ではなく時間軸だ。

空間と時間を分けて考えるのではなく、そのように1つの存在として捉えると特殊相対性理論を美しく表現できることに気づいた数学者のヘルマン・ミンコフスキー（アインシュタインを教えた教授でもある）は、1907年、四次元時空の概念を提唱した。そして、科学研究における革新的な概念として位置付けた。

この概念を図にした「時空図」（ミンコフスキー図ともいう）では、時間軸を縦軸にとり、空間軸の1つを横軸にとる。すると、因果律の成り立つ範囲が図示される。座標の原点を通るように2本の斜線を引いてXの図形をつくると、任意の事象——たとえばニューヨークのタイムズスクエアで大晦日《おおみそか》に行われたテレビ中継――の時間と場所の変化が、Xの図形として示されるのだ。この図形は「光円錐」と呼ばれ、事象の発した光が到達できる時空上の範囲を示す。「光円錐」と呼ばれる理由は、もう1つの空間軸を新たな横軸として座標に加え、Xの図形を縦軸中心に回転させると、アイスクリーム・コーンの先端同士をくっ付けたような、2つの円錐からなる立体ができ上がるからだ。すなわち、砂時計のような形の立体である。その光円錐の表面は、元の事象の発した光が描く軌跡であり、事象との間で光速通信できる領域を表す。いわば「光的」な相互作用の及ぶ領域だ。

光円錐の内部は、元の事象の発する光の到達範囲より事象に近い領域を示す。「時間的」領域と呼ばれ、光速より遅い作用であれば、その影響はすべてこの範囲に収まる。大晦日のカウントダウン・ライブという事象を考えれば、ライブのサウンドや花火、退場する観客など、ライブ関連の対象が時間変化と共に移動できる範囲となる。「光的」な相互作用と「時間的」な相互作用は、いずれも因果律に従う作用である。ライブ会場の照明が光を放ち、アンプが音響をとどろかせ、観客が卒倒し、会場の一部で騒動が起こる。ライブに起因するすべての出来事が、光円錐の表面と内部の領域として表される。

また時空図には、「光的」領域と「時間的」領域に加えて、「空間的」領域と呼ばれる区域も存在する。空間的領域は、因果律の及ぶ範囲の外側に相当する。たとえば、太陽系から最も近い恒星であるプロキシマ・ケンタウリ（訳注：地球との距離は約4光年）の近くを飛行する宇宙飛行士が、大晦日にカウントダウン・ライブの曲目を知る、という事象が空間的領域に位置する。宇宙飛行士が曲目を知るのは（だいぶ前に発表されていない限り）数年後のことだからだ。なにせ地球上のライブの発する光速通信が、プロキシマ・ケンタウリに届くには、数年かかるのである。

このように、ミンコフスキーは時空図によって、特殊相対性理論における時間の遅れと長さの収縮を巧みに表した。事象の観測者が別の観測者に対して速い速度で移動している場合は、速い速度で移動している観測者の見る座標の時間軸と空間軸を傾ければよい。手に持つアイスクリーム・コーンを右か左に傾けるような感じだ。その傾いた光円錐と直立した光円錐を比べると、時空上の2点間の距離は変わらないが、直立した光円錐の方が時間方向に長く、空間方向に短い。つまり、光円錐を傾けることで、観測者による時間の遅れや長さの収縮も表現できるのだ——蛇口レバーの傾きを調整して、温水の量を増やし、冷水の量を減らすようなものである。

時間を空間的に扱い、特殊相対性理論を定式化したミンコフスキーの概念は、実質、過去と現在、未来を1つの確固たる実体として捉えている。そのような宇宙観を「ブロック宇宙論」という。換言すれば、（現実はともかく）理論上は過去も未来も現在と同じく、すでに存在しているというわけだ。ラプラスの悪魔は未来を覗くために計算する必要はなかったのである。ブロック宇宙論で宇宙を俯瞰さえすれば、未来も過去もいちどきに目にすることができたのだ。

特殊相対性理論において、決定論主義が徹底して貫かれた点は、アインシュタインの人間性の表れでもあった。自由意志はまやかしに過ぎないとの見方が彼の信念だった。理論の中に確率的要素が現れるのは、考察が足りないだけで、自然の曖昧さを証明するものではないと考えていたのである。したがって、特殊相対性理論によって過去と現在、未来が一体化されたことを彼は喜んだ。

アインシュタインは、特殊相対性理論の構築後、約10年にわたって、理論の非慣性系への応用と重力のモデル化を目指し、根気強く試行錯誤を重ねた。その努力は、1915年発表の一般相対性理論として結実した。一般相対性理論を通して彼は、質量とエネルギーが近傍の時空を歪め、物体の運動方向を曲げることを証明した。「局所性」と「場」という概念を採用して、実質的に重力を遠隔作用とみなしたニュートン力学を鮮やかに補正してみせたのである。

では、特殊相対性理論から一般相対性理論へとアインシュタインを突き動かしたものとは何だったのか。その正体に迫るため、ある場面を想定してみよう。ある日突然、太陽が消える、という状況だ。天体物理学者はそのような状況を否定するかもしれないが、話の都合上、太陽が消えると仮定する。その場合、太陽の光が地球に届く時間を加味すると、地上の人間が太陽の消失を知るのは、実際に消えてからおよそ8分後である。

ニュートンの理論に従えば、太陽がなくなると同時に、各惑星をつなぎとめる重力という見えない力も消失する。そのため、一瞬にして、地球と月は公転軌道から外れ、一直線に宇宙の彼方へと突き進む。その軌道の変化は、太陽の最後の光が地上に届くのを待つことなく、瞬間的に発生する。つまりは超光速で起こるわけで、特殊相対性理論を支える因果律に背くことになる。裏を返せば、太陽から全く情報を得ずに、地球が軌道を変える必要性を認識することなどあり得ないのだ。

矛盾を解決するには、特殊相対性理論を拡張し、「重力場理論」を構築する必要があった。簡単に言ってしまえば、重力場とは、時空そのものがさざ波のように連続して重力を伝える、との概念である。その概念の定式化を可能としたのは、アインシュタインの発見した「等価原理」だった。等価原理とは、重力による加速度と座標系そのものの加速度は区別できないとする原理である。

アインシュタイン自身によると、屋根の上での作業中に足をすべらせ、地面に自由落下した人物のことを考えている時に、等価原理を思いついたという。もし落下した人間が、ある物体——たとえば工具箱——を持っていて、落下中に手放したとしたら、人間と物体は並行して落下するため、互いに相手が静止しているように見えるはずだ。空気抵抗を考えなければ、自由落下する2つの物体が、質量などの物理量と関係なく同時に地面に落下する事実を発見したのはガリレオ・ガリレイである。アインシュタインは、そこからさらに踏み込んだのだ。

自由落下する座標系の中では、まるで降下する透明のエレベーターに乗っているかのように、人間と物体はそれぞれ静止している。座標系の中からでは、自らが自由落下しているのか、それとも空間中に静止しているのかを判断することはできない。すなわち、自由落下する観測者からしてみれば、慣性は空間において局所的に定義されることを彼は発見したのである。

のちにアインシュタインはそれを「人生最高の発見」と回顧した。[14]

等価原理の発見により、自由落下する仮想のエレベーターのような座標系を用いれば、重力の加速度を局所的に相殺できることがわかり、重力の働く空間においても慣性系の採用が可能となった。そこで、アインシュタインは、静止している観測者ではなく、自由落下している観測者の座標系を使うことで、慣性系を対象とする特殊相対性理論を応用し、重力場の任意の点においてミンコフスキーのように時空図を適用した。その上で、局所的な時空を縫い合わせ、時空連続体として宇宙像を描く試みに着手した。その際、針や糸として活用したのが、非ユークリッド幾何学に微積分法を応用した高度な微分幾何学である。非ユークリッド幾何学では、点や曲線、形状などを定める公理——平行線の定義や、三角形の内角の和など——が一般的な幾何学と異なり、曲がった空間を対象とする。

一般相対性理論が、はた織り機のように宇宙を記述するのはそのためである。諸所の時空を局所的な条件に従ってつなぎ合わせ、宇宙空間の全体像を織り込むのだ。局所的な条件は、その領域に存在する質量とエネルギーに依存する。翻せば、質量とエネルギーの存在が、ねじれや歪み、湾曲を時空にもたらす。よって、時空の連なりは、各領域の光円錐の形状を通して因果律の成立範囲を定めると同時に、通過する物体の動きも司る。事実、太陽系における各惑星の楕円軌道は、太陽のつくる時空の歪みに基づいて定まっている。

また一般相対性理論は、いくつかの重要な現象を予測した。その1つが、水星軌道の歳差運動（角運動）である。水星は太陽を1周するごとに、少しずつ公転軌道をずらすが、そのズレを一般相対性理論は正しく記している。理論上の計算値が実測値と見事に符合するのだ。

加えて、太陽のような質量の大きな物体の近くで、光が曲がるとも予想した。ニュートンの光の粒子説でも星の光の湾曲が予想されていたが、その角度は一般相対性理論による計算の半分だった。そこでアインシュタインは、夜間に観測される星の位置と、皆既日食時に見える星の位置とを比較して、光の曲がり具合の検証を計画した。ニュートンと自身のどちらの予測が実測値に近いか確かめようとしたのである。

ところで、一般相対性理論の発表された年は、第一次世界大戦が苛烈《かれつ》を極めた1915年だった。そのため、観測隊を組んでの遠征は危険を伴った。事実、アインシュタインの同僚であるエルヴィン・フロイントリヒは、遠征中（ただし、一般相対性理論発表前の1914年）にロシア帝国軍に捕まり、捕虜として拘束されていた。したがって、検証の機会が訪れたのは、第一次世界大戦終了後の1919年春のことだった。南半球での皆既日食を利用して、2つの観測隊が測定を実施。結果、ニュートンではなくアインシュタインに軍配が上がったのである。

自然は相対性理論を裏付ける形で、遠隔的ではなく局所的な重力の姿を露わにした。よってアインシュタインは、遠隔作用という概念に否定的な立場を生涯貫くことになる。彼は原因と結果の直接的な連鎖によって宇宙は構成されているとの見方を常に理論の柱とした。その見地に反する対象は彼にとって、偽りの現象か、もしくはまだ実証されていない因果的な相互作用に過ぎなかったのである。

原子の中を覗く

人間の予想をあざ笑うかのように裏切るのが自然の自然たる所以である。それが証拠に、宇宙は見事な時空連続体であると一般相対性理論が唱えた頃、新たな原子モデルがその世界観を早くも崩し始めていた。かつてデモクリトスが、目に見えない最小単位——究極のダイヤモンドのように、それ以上分割できない堅牢《けんろう》な構成要素——を「原子」と表現したが、数々の実験によって、そのイメージとは正反対の脆弱《ぜいじゃく》な姿が明らかになりつつあった。

1910年代に入る頃にはすでに、電子が原子と比べてかなり軽いことがわかっていた。また光電効果などの過程によって、中性の原子が電子を放出し、正の電荷を帯びることも判明していた。

イギリス・ケンブリッジにあるキャヴェンディッシュ研究所で栄誉ある所長を務めたJ・J・(ジョゼフ・ジョン) トムソンの功績によって電子は発見に至り、そのトムソンが提案した、原子内部に正負の電荷が散在する「プラムプディング (訳注：プラムなどのドライフルーツを生地に混ぜて焼き上げるイギリスの伝統的なクリスマスケーキ)」モデルという原子モデルが支持を集めていた。

原子内部の電子配置については誤っていたものの、トムソンは優れた物理学者であり、また教育者でもあった。ことさら教育に関しては名伯楽ぶりを発揮した。そんなトムソンに才能を見込まれた1人が、アーネスト・ラザフォードである。ニュージーランドの片田舎で、農家の息子として素朴に育ったラザフォードは、1895年、キャヴェンディッシュ研究所が新規募集した研究奨学生に採用された。彼の実家は、ニュージーランド南島の北端に位置するネルソンという街の近くにあった。幼少期のラザフォードは、実家の農作業を手伝う時以外、無線機やカメラなどの機械をいじって過ごすような少年だった。なお、母親から奨学生採用の知らせを聞いた時、芋を掘り起こしていた鋤《すき》を投げ捨て、「もう芋掘りをしなくてすむぞ」と叫んだという。[15]

なるほどトムソンの目は確かだった。エリート意識の強い周りから田舎者であることを揶揄されながらも、ラザフォードはすぐさま頭角を現し、やがて放射線に関わる実験物理学の第一人者となった。博士号を取得後、カナダのマギル大学の教授に就任し、1907年にはイギリスに戻って、マンチェスター大学で物理学部長を務めた。

屈強な体つきでバイタリティ溢れる彼は、教授陣の中でも際立つ存在だった。原子物理学の現象に関して微妙な差異を巧みに見極め、また、主要な問題に対し、検証にふさわしい実験手法を編み出す能力にも長けていた。ただし、強烈な探究心が過ぎて、同僚に矛先を転じ、顔を紅潮させて鬱憤《うっぷん》を晴らすこともままあった。だがそれ以外は、普段から気さくで人のいい性格だった。

初代イスラエル大統領でもある生化学者ハイム・ヴァイツマンは、かつて、それぞれ異なる時期に交流のあったアインシュタインとラザフォードを次のように比較している。

「2人は科学者として、全く正反対のタイプだった。アインシュタインは生粋の理論屋で、ラザフォードは根っからの実験屋。おまけに人間としても対照的だった。一方は気品のある雰囲気をまとい、一方は大らかで人当たりがよく陽気。ラザフォードはいかにもニュージーランド人らしい人間だったね。でも彼が実験物理学者として天才だったことは紛れもない事実。偉大な人物の1人さ。天才肌で、手掛けた仕事はどれも価値のあるものばかりなんだ」[16]

ラザフォードは運に導かれるようにしてマンチェスター大学の教授に就任し、大学研究室の経験豊富で腕の確かな研究員たちを「引き継いだ」。ドイツ出身の放射線量計測器の第一人者、ハンス・ガイガーもその1人。彼の開発した秀逸な計測器「ガイガー・カウンター」は、放射線測定において現在も広く使われている。また1909年には、洞察力に長けたイギリス人学部生、アーネスト・マースデンも研究室に加わった。当時、弱冠20歳だったマースデンは、シンチレータの発光を見極める優れた視覚能力の持ち主だった。シンチレータとは、粒子が当たると発光する物質をいう。かくして研究チームには、深淵な原子構造の研究にふさわしい精鋭たちが揃ったのである。

実験用ラジウムを確保したラザフォードは、ガイガーとマースデンの技術を見事に活かした科学史に残る実験を考案した。トムソン提唱のプラムプディング・モデルの実証を目的とした、アルファ粒子（放射性物質から放出される正に帯電した粒子で、のちにヘリウム原子核であることが判明）を金属箔に打ち込む実験だった。ラザフォードとガイガーの2人は、トムソンの原子モデルを立証できると確信していたわけではなく、新米実験物理学者のマースデンにとって少なくとも良い経験になるだろうとの考えで実験に臨んでいた。

そんな思いとは裏腹に、アルファ粒子の振る舞いに大変奇妙な点のあることに、ガイガーとマースデンは気がついた。打ち込んだアルファ粒子の大多数は、開いた窓の間を野球ボールが飛んでいくかのように、金属箔をすんなり通過した。その一方で、いくつかのアルファ粒子は、まるで金属箔内に小さなバッターがいるかのように、大きく進行方向を曲げたのである。頻度は高くないものの、アルファ粒子の明らかな屈曲に驚いたガイガーは、予想外の測定結果をラザフォードに報告した。やがてラザフォードは、実験結果の意味するところを理解する。金の原子を含め、原子の構造は、そのほとんどが空洞で、正電荷が中心の一点に集中する事実にいきついたのだ。それはまさに、原子核物理学の誕生の瞬間だった！

「人生の中でかつて味わったことのないほど衝撃的な出来事だった」と、ラザフォードは述懐する。

「1枚のティッシュをめがけて口径40センチの大砲を撃ったら跳ね返ってきたようなものさ」[17]

原子の真の姿が師のトムソンの原子モデルとは大きく異なることを見抜いたラザフォードは、その発見を全く新たな原子モデルとして1911年に発表した。中心のわずかな領域にほとんどの質量が集中して正に帯電（物体が電気を帯びる現象）し、周りの広い空虚な領域に、正電荷を相殺する数の電子が存在し、全体として中性を示す。そのような現代的原子モデルが誕生したのである。ただしラザフォードは、無線機を組み立てて遊んだ子どもの頃と同じように、全体がそのように構成される理由については深く踏み込まなかった。ガイガー＝マースデンの実験から、原子の内部構造を明らかにしたものの、原子の安定性や固有のスペクトル（吸収または放射する光）、電子を吸収したり放出したりする条件といった問題を、アインシュタインの光電効果の説明とあわせて解決するには至らなかった。

デンマークからの光

ラザフォードのような傑出した実験物理学者でさえも、時に難問を解決するにあたり、理論物理学者の力を必要とした。マンチェスター大学で客員研究員を務めたデンマークの物理学者ニールス・ボーアもラザフォードを支えた1人だった。ボーアは、コペンハーゲン大学で博士号を取得した後、半年間、ケンブリッジ大学のトムソンに師事し、1912年の春にマンチェスター大学に移籍した。自らの原子モデルを否定されたにもかかわらず、トムソンはラザフォードの新しいモデルをボーアに教え、それに触発された形でボーアはラザフォードのもとを訪れたのだ。

ボーアとラザフォードの関係はある意味、かつてのケプラーとティコの関係に近いかもしれない。ボーアとケプラーは共に物静かな理論屋で、せわしない実験屋の集めた測定記録を読みとく才に長けていた。ただし、ボーアの場合、幸運にも師のデータをいつでも参照することができた。しかも比較的わかりやすい内容だったため、すぐに分析作業に臨めたのである。

マンチェスター大学と、その後所属したコペンハーゲン大学での研究で、ボーアは太陽系を彷彿させる原子モデルをつくった。正に帯電する原子核が「太陽」のように中心に位置し、その周りを負に帯電する電子が「惑星」のごとく回るという原子像である。全体を結びつける源は、重力ではなく電磁気力だ。その上でボーアは、楕円軌道で運動する惑星とは異なり、電子の軌道は真円になるとした。ところで、各惑星は、角運動量（質量と速度、軌道半径の積で求められる物理量）の保存則とエネルギーの保存則に基づき、安定した楕円軌道を実現している。「角運動量の保存則」とは、フィギュアスケーターが腕を体に近づけると回転が速まり、腕を伸ばすと回転が遅くなる原理を表す。すなわち、フィギュアスケーターが姿勢を一定に保てば、回転速度は安定する。惑星もこの法則に基づき、自らの速度と太陽との距離を調節しながら角運動量を一定に保つため、安定した軌道を描くのだ。一方、「エネルギーの保存則」とは、加速するロケットよろしく惑星が突然自ら速度を上げて飛び去らないことを保証する法則である。

ボーアは新たな原子モデルの構築にあたり、この2つの保存則を原子内部にも適用した。

またボーアは、当時実測されていた水素などの基本原子のスペクトル線が、原子モデルで再現される必要があるとも考えた。水素の吸収スペクトルと放出スペクトル（分光器で観測される吸収する光と放出する光の色）は、ヨハン・バルマーやセオドア・ライマン、フリードリッヒ・パッシェンなどの分光学者たちによって測定され、水素原子固有の周波数がすでに判明していた。いずれのスペクトルも、色が飛び飛びの虹のように特定の周波数の色だけを残し、その他の色は消えていた。そして、原子固有の周波数には数学的な規則性が認められた。なぜ、特定の色を現して、他の色を現さないのだろうか？　ボーアは直観的に、電子は普段、安定した軌道上に存在し、特定の振動数の光を吸収したり放出したりするのではないかと推測した。

光を吸収すればすぐさまエネルギーの高い軌道へと遷移し、放出すればエネルギーの低い軌道へと遷移するのではないか、と。

古典力学では、惑星の楕円軌道に関するニュートンの記述のように、物体の速度や軌道半径は特定範囲の中で任意の値を取ることができる。だが、ボーアは、原子の不連続のスペクトルをモデル化するためには、電子の軌道が連続的ではなく、離散的でなければならないと考えた。したがって、1つの軌道から別の軌道への電子の遷移は、連続的な変化ではなく、一瞬の跳躍であるとみなした。

また、複数の安定した電子軌道を記述するため、電子の角運動量にも離散的な概念を導入した。具体的に言えば、プランク定数「h」を無理数「2π」で割った値の倍数として角運動量を表した。なお、hを2πで割った値は$\hbar$《エイチバー》と呼ばれる。そして、プランク定数と光の振動数の積として光のエネルギーを表す公式に基づき、光子の放出や吸収という形で原子のエネルギーを出し入れする仕組みを示した。プランクが自らの量子仮説の中で唱え、アインシュタインが光電効果を説明する際に用いた公式である。このようにプランクとアインシュタイン両者の量子仮説と、荷電粒子間に働く電磁気力の標準的な相互作用をうまく結びつけて、ボーアは水素の様々な領域の原子スペクトルを説明することに成功した。

ボーアは1913年、前述の画期的な内容を論文にまとめて発表した。彼はラザフォードにも論文の要旨を送った。すると、現実主義者のラザフォードから次のような鋭い指摘を受ける。電子は遷移する時に、複数の軌道の中からどのようにして特定の軌道を選ぶのか？　必ずしも最も低準位の軌道に移るとは限らないのはなぜか？　また、現実的には、電子の遷移には偏りが見られる。すべての遷移が等しく起こらないのはなぜか？

「電子があたかも、どの軌道に移るべきかあらかじめ知っているかのようだ」

ラザフォードはボーアに宛てた手紙にそう記した。[18]

ラザフォードの的を射た質問に対して、ボーアは答えを持ち合わせていなかった。ふさわしい答えを見つけるには、量子力学のさらなる進展——研究が隆盛を見る1930年代半ば——を待たなければならなかった。

電子がある状態から別の状態へと自発的かつ瞬間的に移動する、という量子跳躍の概念は、アインシュタインとミンコフスキーによって丹念に描かれた相対性理論の時空図と対極をなす考えだった。いわば、厳格に決められた因果関係に対して、電子の自由奔放ぶりが際立っていたのである。

アメリカの物理学者リチャード・ファインマンが粒子の経路の不確定さを時空に組み入れ、量子力学の世界と時空図を結びつけるのは1940年代に入ってからのことである。それまで、相対性理論における時空と、量子力学における相関は共通項のないそれぞれ独立した概念に過ぎなかった。

魔法の数字

原子の内部構成を頭に浮かべるとしたら、一点を中心に大きさの異なる円がいくつも広がる姿ではなく、複数の楕円がそれぞれ異なる角度で重なる様子をイメージする人のほうが多いかもしれない。それは、1913年にボーアの発表した原子モデルを、アルノルト・ゾンマーフェルトが発展させた最も一般的な原子像である。ゾンマーフェルトはドイツの非凡な物理学者で、主にミュンヘン大学で研究し、ボーアの理論に何点か大きな欠陥があることを発見し、修正を加えた。

ゾンマーフェルトが熱心に研究したのは、主要な磁場（コイルを通電してつくる電磁石による磁場など）に原子を置いた時に現れる現象だった（1897年にオランダの物理学者ピーター・ゼーマンによって発見されたため、ゼーマン効果と呼ばれる）。磁場に原子を置くと、原子の放出スペクトル線が分裂するのである。本来であれば、特定の色を持つ1本の線であるべきところに、それぞれわずかに色の異なる複数の線が現れる。スペクトル線を複数の線に分けるため、ある意味、磁場がプリズムの役目を果たすといえた。だが磁場によってスペクトル線が虹の一部のごとく分光する理由は、まるで判然としなかった——その答えを導いたのがゾンマーフェルトだった。

「ゼーマン効果」は、ボーアの単純な「太陽系」原子モデルの一般化に大きく貢献した。その研究を契機に、原子核の周りを電子が円を描いて運動する原子像は、量子数などの物理量を持つ、特徴豊かな立体的な姿へと発展したのである（電子数が奇数の原子特有のスペクトル線分裂、つまり「異常ゼーマン効果」の研究が原子モデルの一般化を実現させた）。この原子モデルの進歩によって、ミクロの世界の現象に関して、より正確に予想できるようになった。ひいては、量子世界に潜む多様な現象を明らかにし、量子もつれなどの非因果的な作用の存在が判明する。それゆえ、ゾンマーフェルトの研究は、ボーアの初歩的概念から量子力学確立までの経緯において、貴重な橋渡し役を演じたといえるだろう。と同時に私たちを奇妙な世界へと導いたのである。

ボーア・モデルでエネルギー準位（エネルギーの測定値としてあり得る値）に応じて描かれた電子の軌道について、同じ軌道でも電子が異なる量子状態を取り得るとゾンマーフェルトは主張した。特定の条件下では1つのエネルギー準位に複数の量子状態が同居するとの趣旨である。「縮退」と呼ばれるこの現象は、「降格」を指すのではなく、同じエネルギー値の電子軌道に複数の状態が存在するとの意味だ。エネルギーと振動数がプランク定数で結ばれる関係式に照らせば、それらの状態間の電子の遷移が1本のスペクトル線で表される点も説明できた。

さらにゾンマーフェルトは、同じエネルギー準位にある量子状態を角運動量で区別できるのではないか、とも考えた。物体の軌道において角運動量は、軌道の形を——真円から扁平な楕円まで——決める要素である。よって、それぞれのエネルギー準位は、単純な円ではなく、数種類の楕円軌道からなると推察した。そして、それらの楕円軌道は中心軸——指標とするため一般に「z軸」という——に対して異なる角度を取る、とも。全く同じ角運動量（軌道の形の量子状態であっても、角運動量のz成分（z軸に対する角度）が違う場合があるというわけだ。このようにゾンマーフェルトは、ボーアの定義したエネルギー準位に加えて、角運動量の大きさと角運動量の成分という2つの尺度を新たに導入した。

要は、3つの量子数を使うことで、電子のあらゆる状態を網羅したわけである。その内訳は主量子数（もともとボーアが唱えたエネルギーの値）と、方位量子数（角運動量の大きさ）、そして磁気量子数（角運動量のz成分）だ。これらはそれぞれ、電子の「番地」「建物名」「部屋番号」に相当する。いわば原子内部の住所のようなものだ。電子軌道が縮退している場合、1つのエネルギー準位に複数の量子状態が存在する。しかし磁場などの外場の影響下では、その影響が特定の角運動量の状態に「結合」して（力として作用して）エネルギー準位を分裂させるため、本来であれば一本のスペクトル線が複数の線に分かれるのである。

たとえるならば、リンゴの品種に全くこだわらない人がスーパーマーケットでリンゴを買うようなものかもしれない。マッキントッシュやゴールデン、ガラ、デリシャス、グラニースミスなど、様々な品種のリンゴが1つの大箱に入れられ、一緒に売られているとしよう。値段はどれも、そう、25セントとする。店内が混んでいれば、リンゴの箱の前に長い行列ができるかもしれない。ともかくリンゴを求める客は、1列に並んでそれぞれ好きなリンゴを選び、レジで1個あたり25セントを払うことになる。

ではある日、ゴールデンの栄養価が極めて高いとの研究結果が報道されたとする。対して、別の品種の1つには農薬が多く含まれ、健康に悪いというニュースが流れた。となれば、スーパーの店長は、この店舗外部の状況を受けて、リンゴを品種ごとに異なる箱に分け、別々の価格で販売するだろう。店内が混み合えば、リンゴ売場には複数の列ができる。その様子は、磁場が電子の量子状態を分裂させる要領と似ている。磁場という外部因子が、1つのエネルギーの「箱」を複数の箱に分けるのである。

1916年、ゾンマーフェルトは電子(および他の荷電粒子)と光子の結合の強さを表す「普遍定数」を発表した。電子と光子は相互作用すると電磁気力を生み出す。その力の強さを、相対論的原子構造において基底状態にある電子の速さを、光速で割った値として定義したのである。電気素量とプランク定数、そして光速を組み合わせた式で表される無次元量で、「微細構造定数」、もしくは「ゾンマーフェルト定数」(訳注:日本では微細構造定数との呼び名が一般的)と呼ばれる。ここでいう「無次元量」とは、「単位のない量」という意味で、秒やキログラムなどの単位のある時間や質量といった物理量とは異なる。すなわち、微細構造定数は、あらゆる単位系において普遍なのだ。その普遍値は、ほぼ137分の1である（正確に一致するわけではない）。それは意味深長とも、単なる偶然ともとれるだろう。数学的に重要な素数が数多く存在する中で、なぜよりによってピタゴラス素数（2つの平方数の和で表され、自らと1しか約数を持たない数）である137の逆数なのか？　なるほど3つの基本定数——電気素量、プランク定数、光速——が入る数式で、それほど簡単な数が導かれるのは奇跡かもしれない。はたして、アーサー・エディントン（微細構造定数が137分の1と完全に一致すると誤って認識していた）をはじめとする多くの物理学者が、その謎に挑んだ。他の自然現象とつながりがあると睨《にら》んで、137という数字に意味を見出すべく知恵を絞ったのである。

たしかに、そのような数学的な特徴は、時として驚くべき意味を含む。たとえば電子の量子数は、元素の周期表で表される原子の化学的特性と本質的な関わりを持つ。だが一方で、特定の数字に憑りつかれたおかげで、袋小路に陥る例も少なくない。プラトン立体に意義を見出し、短絡的に惑星軌道に見立てたケプラーが、その1人だろう。いずれにせよ、「137」という数字を巡る研究は、あだ花に終わるとも知れない努力の爪痕を物理学史に残している。一部の学者にとっては、それほど魅惑的な数字なのだ。

現代物理学において、経験主義の尊重と抽象的理論の考察のバランスを取ることは、間違いなく至難の業といえる。すべての対象は一義的に定量化できるとの見方——つまり現実主義——に偏重すれば、量子跳躍のような現実離れした現象は見逃されてしまう。反対に、抽象的美しさを追究する思想、つまり理想主義に重きを置けば、尊重すべき実験結果との接点が失われてしまうだろう。

偏りのない目で考察することが、物理学の進展には欠かせないのである。

第5章

不確定という世界

現実主義からの脱却

私は決定論的な世界には嫌悪を覚えます。――これは根本的な感情なのです。世界はきみの言う通りかもしれません。しかし、現在物理学の世界では必ずしもそうは見えません――平生は他の世界でも全くそういう状態は見られません。「サイコロ遊びをする」神という言葉も全く不十分だと思います。きみの言う決定論的な世界だってサイコロを振らなければならない筈です。――別に変りはありません。きみもよく承知していることだと思います。

（訳注：『アインシュタイン・ボルン往復書簡集』（西義之、井上修一、横谷文孝訳、三修社、1976年）272頁から引用）

――マックス・ボルン

（1944年、アインシュタインに宛てた手紙にて）[1]

百聞は一見に如かず。要は、論じるより実物を見るほうが話は早い。

私たち人間は、自らの感覚器を通じて自然界の振る舞いを捉え、そして知覚する。ものを押したり引いたりすると動くことは、幼い頃から誰もが知る共通認識だ。ただし、その原理を直観的に捉えてしまうと、アリストテレスのように物体の速度は力に比例すると誤認するかもしれない。とはいっても、力が生むのは運動の変化であると説いたニュートンの主張も、比較的感覚に馴染みやすい。加速度という概念である。電磁気力などの力は場によって空間を伝播《でんぱ》するというマクスウェルなどによる考えも、一般的な感覚とさほどズレてはいないだろう。考えてみれば、私たちは風の実体を見ることはできないが、ヒューヒューと吹きすさぶ音や、樹木の小枝が折れたり木の葉が空中に舞ったりする様子で、その存在を察知することができる。とすれば、見えない波がさざ波のように広がり力を運ぶ様子も、想像に難くない。

このように、感覚器を通じて知覚できる世界と対をなすのが、架空の世界である。亡くなって久しい故人との再会や、著名人とのあり得ない遭遇、宙を舞うスーパーマンのような超能力など、手あかのついた演出はどれも後者の代表格だ。そのような世界では、一瞬にして地点間を移動できるし、気づけば過去にいることもある。好きな未来に移動することだって可能だ。特殊能力を持つ役どころであれば、事態の成り行きを言い当て、五感に頼らず他人と意思疎通を図るだろう。

しかし、いざ日常に目を転じれば――厳密に科学に照らせば――、一連の状況は起こり得ない。たとえ起きたとしても、二度と実現しないような偶然が成し得た業だ。惜しげもなく予知能力を披露する、いわゆる超能力者と呼ばれる人たちも、ゆめゆめ確率の域を脱することはできないのである。

世界から注目を浴びたアインシュタインには、ある受難が待ち構えていた。相対性理論に対する世間の誤った認識である。奇しくも四次元時空として定式化された相対性理論は、間違いなく観測結果に裏打ちされた科学理論である。だが、世間は、四次元という高次元に超自然現象との結びつきを見出そうとした。そのため彼は、相対性理論が現実に根ざした理論である――空間上の任意の点における所与《しょよ》の物質の状態と近傍《きんぼう》のエネルギーの現す効果を正確に記述する――と何度も釘を刺す羽目になった。

その頃、アインシュタインの思惑とは真逆に舵をきったのが、量子力学である。量子力学を通じて、一瞬にして不規則に遷移《せんい》する電子の振る舞いや、直接的な因果関係を持たない遠隔地への相関が明らかになった。そして、物理量は客観的に決められているとの見方にかわって、量子状態は観測するまで決まらないとの考えが広がっていた。さらに「不確定性原理」（訳注：粒子の位置や運動量が一意には定まらず、確率的な広がりがあるという原理。217頁詳述）によって、粒子の位置や速度といった、ある対をなす2つの要素が同時に特定できないことが判明した。要するに、古典力学が因果律という糸で丹念に編み込んだ直接的で客観的な宇宙像が切り裂かれたのである。

だがもちろん、相対性理論の画期的な内容が否定されたわけではなかった。相対性理論は、古典力学の厳格な決定論を踏襲しつつ、時間と空間を長く区別してきた固定観念を打ち崩した。その功績が、アインシュタインの困惑をよそに、空前の反響を呼んだのである――科学志向の強い人たちからも、テレパシーや透視などの疑似科学の信仰者たちからも。

不思議の国のアルベルト

『ニューヨーク・タイムズ』紙に初めて掲載された相対性理論に関する記事は、どちらかというとベタ記事扱いだった。イギリスの物理学者オリバー・ロッジの談話として1913年に報じられたその記事では、ロッジをオカルト信仰者と断った上で、彼の主張を前面に押し出した。「検出への努力が不足しているため、エーテルはまだ確認されていないが」、その存在は「哲学的根拠」に照らせば否定できないとの言葉を紹介した。〔2〕つまり、ロッジの主義は、相対性理論によってエーテルの存在を否定したアインシュタインとは逆であった。ちなみに記事は、エーテル（かつて実存すると思われていた質量の極めて軽い物質）が超常現象の担い手となる一方で、真空という完全に無の状態（かつて光が通過できないとされた空間）が科学の一員となったといみじくも記している。

それから6年後、一般相対性理論の主な予想の1つが実証されたことで、アインシュタインは一躍時の人となり、世界を代表する科学者として名を馳せることとなる。太陽などの質量の大きな物体の近くで、一般相対性理論の予測通りに光が曲がることが確認されたのだ。

1919年5月29日のこと。アーサー・エディントンとフランク・ダイソンがそれぞれ率いるイギリス王立学会の2つの観測隊が、南半球の別々の地点――アフリカ大陸西岸沖のプリンシペ島と、ブラジルのソブラル――で皆既日食を観測し、太陽近傍において恒星が本来の位置と若干ズレて見えることを確認した。そして、観測結果の分析を終えた11月6日、王立学会はニュートン（光の粒子説における計算）よりもアインシュタインの予測値の方が実測値に近いと公表したのである。

アインシュタイン勝利のニュースはすぐさま世界を駆け巡った。イギリスの『タイムズ』紙は「科学に革命、新宇宙論誕生：ニュートン力学が覆る」［3］との見出しで一報。『ニューヨーク・タイムズ』紙は「宇宙の光はすべて湾曲、見かけや予測とは恒星の位置の異なることが判明するも地上の日常には影響なし」［4］などと題し、多くの記事を掲載した。

はたして、新たな宇宙観は大衆の知るところとなり、実世界の構成要素が四次元時空のもとで変化するという見方が浸透した。空間や時間、質量、そしてエネルギーはもちろん、正確性や確率などの社会の基礎をなす要素が、既存の概念とは異なることを多くの人が知ったのである。

19世紀末の物理学が抜かりなく築いたはずの現実と虚構との間の壁――客観的な物理量から変化を予測できる世界と、隠された次元の想定や、幽霊のごとく障壁を貫通する現象などを区別する境界線――は、もはや揺らいでいるかに見えた。真の科学と似非《エセ》の科学との線引きはぼやけ、当時、既成概念にとらわれない価値観がもてはやされたこともあり、多くの学者たちが「あらゆる可能性」を視野に入れるようになった。

対して一般の知識層についてはまず、空間と時間を別個の対象とする従来の見方を捨て、四次元をなす同一実体であるとの考えを許容することが求められた。その上で、アインシュタインの有名な方程式「$E = mc^2$」が示すように、質量とエネルギーが本質的に同じであることを把握する必要があった。ともあれ、ドイツの生んだ魔法使いのような天才科学者によって、科学の面妖《めんよう》な姿が浮き彫りになったのである。

『ニューヨーク・タイムズ』紙の1923年の記事では、相対性理論の描く世界像を『不思議の国のアリス』の奇妙な夢の世界になぞらえている。

「(ルイス・キャロル〈訳注:本名はチャールズ・ラトウィッジ・ドジソン。イギリスの数学者で、1865年に『不思議の国のアリス』を上梓〉は)おそらく無意識のうちに、子どもの夢を通じて、時間と空間の定義を四次元以上に拡張させるという数学者の夢を叶えてみせた。もちろん、アリスの見た奇想天外な世界と、四次元の存在するこの不思議な世界が同じというわけではない……。しかし、相対性理論の独創的な記述は、アリスの奇妙奇天烈なストーリーを彷彿させるだろう」[5]

相対性理論の体系は複雑だが、根底に流れるのは決定論である。決して不確定要素は含まれていない。よって、相対性理論の記述する数式をもとに優れた物理学者や数学者たちが、観測対象の予測値を弾き出した。1919年、さらには1922年の皆既日食において、予測値の正誤を判断できたのも、根幹をなす決定論のおかげである。相対性理論の内容はさておき、その点を理解するだけでも十分意義はあるだろう。

アインシュタインは自らの画期的な理論により、世界から予言者のごとく祭り上げられた。もちろん彼には一切、怪しげな点はない。むしろ重視したのは厳密な論理だった。物理学を漠然たらしめるのではなく、様々な点において妥当性を求めたのである。「エーテル」という不確かな対象を排除したのに加え、四次元の存在を時間と結びつけることで確たる実体として表現した。さらには「絶対空間」や「絶対時間」――ニュートンが慣性を定義するために長さと時間の絶対的尺度として導入したが、その必要性を完全には説明できなかった概念――といった、ニュートン力学において妥当性に欠ける部分を修正した。とにかく時間をかけて相対性理論を読み進めていけば、地に足のついた理論であることがわかるだろう。

それに比べて不確定な要素を多く含むのが量子力学である。その曖昧で不明確な面は、当時、多くのメディアで取り上げられた。何年にもわたってそのあやふやな世界を表し続ける量子研究に対し、『ニューヨーク・タイムズ』紙の科学記者ヴァルデマー・ケンプフェルトは、1931年、「宇宙をどう記述すべきか：揺れる科学」とのコラムを記し、異を唱えた。

因果関係の明確な宇宙像はもう時代遅れである。科学は今、観念的な描写を迫られているのだ。……量子の現象を統べる法則は定式化されているが、現在のところ不確定な面を伴う。……ミクロの世界の奥深くへと踏み込み、現実を見ようとすればするほど、人間は困惑するばかりである……。

我々はこの世界を表す最も簡便な方法として、科学という道具を磨いてきた。およそ1000年もの時を費やし、現代科学の高度な域まで達したのである。にもかかわらず、これから数百年という年月を労して、直観や「内なる声」に従い、面妖な道を辿るべきなのだろうか？　そうすることによって、より深淵な域に分け入ることができるのだろうか？　……宗教的考察に長けた詩人や預言者であれば、数学的記述の裏に潜むおぼろげな世界を見出すことができるかもしれない。いずれにせよ、私たちは、自ら住む世界に対してまったく無知であるという事実を突き付けられている。[6]

量子力学の奇妙とも言える記述の中で、主にどのような点が前段のような懸念を生むのだろうか？

その答えの1つが、ドイツの物理学者ヴェルナー・ハイゼンベルクが1927年に表した「不確定性原理」である。量子の振る舞いを数学的に記述したハイゼンベルクは、自らの数学的手法をもとに、微視的な世界では、位置と運動量（質量と速度の積）、時間とエネルギーといった特定の組の物理量を、同時に正しく測定することはできないと主張した。粒子の位置や時間を測定しようとすると、それぞれ運動量やエネルギーの測定値にばらつきが出るとの意味だ。ラプラスの悪魔のように、あらゆる粒子の物理量を特定するといった物理学者の夢は、もろくも打ち砕かれたのである。自然界の最もミクロな世界では、必ず不確定要素がつきまとうのだ。

ボーアの提唱した「相補性《そうほせい》（排他的な特性が相互に補うことで完全な記述が得られる性質）の原理」も、量子世界の二重性を象徴する。粒子と波という二重性が最たる例だ。光子や電子などの原子の構成要素は、時として粒子のように振る舞う。他の粒子と衝突して特定方向に散乱する、といった具合にだ。だが一方で、波のように振る舞う時もある。双方の山と山、もしくは山と谷が重なって、振幅が大きくなったり小さくなったりする。波の位相に基づく「干渉」と呼ばれる現象で、光であれば明るい線（強め合う部分）と暗い線（弱め合う部分）が交互に並ぶ干渉縞《かんしょうしま》（光の干渉によってできる明暗の縞模様）が認められる。ボーアはこの粒子と波という二重性について、観測者が選択する測定機器によって、粒子の特性を現すか、それとも波の特性を現すかが決まると説明した。測定が行われるまで、系の状態は闇に包まれたも同然で、人間には知る由もない。観測者が測定機器を選んで初めて、特定の結果が定まる──塊《かたまり》としての粒子か、広がりを見せる波かが決まるのだ。またボーアは、系の状態を調べて、すべての情報をいちどきに引き出すことも不可能とした──真相は永遠に「ブラックボックス」の中、というわけである。

『ニューヨーク・タイムズ』紙の1933年の記事は、ロバート・ルイス・スティーヴンソンの代表的小説『ジキル博士とハイド氏』を引き合いに出し、量子力学の奇妙な振る舞いをこう説明している。

物理学者のボーアは、物質世界と精神世界における測定可能な対象と測定不可能な対象について長年、考察を重ね、自然界の本質である二重性を見出した。この二重性は人間に世界を記述する術を授けた。しかし、世のすべての対象がジキルとハイドのように相反する2つの顔をもつという概念は実質、矛盾を孕《はら》む。2つの特性があるにもかかわらず、一度の測定につき一つの特性しか現さず、同時に2つの特性を現すことはないのだ。[7]

また記事によると、「アインシュタインと協力して、どうにか不可思議な不確定性原理を回避しようと研究していることについてボーアが語った」という。ただし、協力という表現はやや大げさかもしれない。

アインシュタインは1920年代後半以降、ボーアやハイゼンベルクなどの量子力学の権威たちと距離を置くようになっていた。量子力学が、物理量の客観性を放棄したからである。たとえ測定装置に欠陥があったとしても、ある時点における物体の位置や速度といった物理量は一義的に決まっているとアインシュタインは信じていた。対して、量子力学の不確定性原理も相補性の原理も、測定方法とは無関係の客観性を認めていなかったのである。

1つの量子状態（複数の物理量をまとめて表した情報）から別の量子状態へ離散的に移行する、という量子力学の考え方も、アインシュタインの不満の種だった。そのため、そのような振る舞いを連続の方程式（訳注：物質が突如出現したり消失したりする現象を否定する方程式）で記述しようとした。当初、電子の挙動に注目したハイゼンベルクは、確率的表現を使って、原子内部の異なるエネルギー準位間を移動する電子の振る舞いを記述した。中間の状態はないものとし、電子は一瞬にして不規則に遷移するとみなした――突如、別の場面に切り替わる、ぎくしゃくした映像が特徴の初期の映画のように。アインシュタインはその突如の変化を、「決定論」に根ざして連続的に表現しようとしたのである。ルーレットのボールが枠に「不規則に」入るかに見えて、実は力学の法則がその動きを支配するように、電子の挙動も因果的に説明できると考えたのだ。その後も彼は、決定論が世界を司るとの見解を崩さず、超光速の否定や因果関係を生涯、考察の軸として位置付けた。

だがアインシュタインは、量子力学を鋭く批判する一方で、理論が誤りであるとは決して言わなかった。事実、多くの実験が理論通りの結果を表すことに賛辞を贈っている。彼はむしろ、量子力学は不完全である、と見ていたのである。そのため決定論を礎に重力だけではなく、電磁気力やすべての原子的現象を網羅すべく一般相対性理論を拡張して、量子世界の根底にある不確定性や不規則性を説明しようとしたのだ。

1926年、量子力学者のマックス・ボルンに宛てた書簡で、こう記している。

「量子力学の成果はたしかに刮目《かつもく》に価《あたい》します。ただ、私の内なる声に従えば、やはりどうしても本物ではありません。量子論のもたらすところは大なのですが、われわれを神の秘密に一歩とて近づけてくれないのです。いずれにしろ、神はサイコロばくちをしない、と確信しています」[8]

（訳注：『アインシュタイン・ボルン往復書簡集』（A．アインシュタイン、G．V．R．ボルン著 西義之、井上修一、横谷文孝訳、三修社、1976年）160頁から引用）

苦難の道のり

プランクやボーアによる「量子論の創設」——（光電効果の説明や量子系の統計的記述など

において）アインシュタインも大きく貢献した――から現代的な量子力学の形成にかけて、重要な役を演じた1人がゾンマーフェルト（203頁）だった。非常に有能な物理学者を数多く育てたのである。ハイゼンベルクも、哲学者のエルンスト・マッハが名付け親のウィーンが生んだ天才、ヴォルフガング・パウリも彼の教え子だった。ただし運動が得意で、顔立ちの整ったハンサムなハイゼンベルクに対して、パウリはぎょろ目でしまりのない容貌。外見は似ても似つかぬ2人だった。

パウリが頭角を現したのは、一般相対性理論に関する秀逸な論文を発表した20歳の頃である。全般にわたってこと細かに付け加えた数学的注釈をゾンマーフェルトが編集した論文だった。若い頃から鋭い洞察力を発揮したパウリは、周囲から常に尊敬を集めていた。発表する理論のほとんどが高く評価されたこともあり、自信満々に――時に高圧的に――自らの主張を展開した。理論物理学者たちは難題に直面すると、正確な答えを得るためにしばしば彼を頼った。その天才ぶりは、「ツヴァイシュタイン（アインシュタイン2世）」とのニックネームが付けられるほどだった。[9]

ハイゼンベルクより年上のパウリは、1歳しか違わないのにもかかわらず、先輩風を吹かせてハイゼンベルクによくアドバイスを送っていた。魅力的な研究対象があまり残されていない相対性理論を専門にするのではなく、未開拓の分野が多い原子物理学の道に進むべき、などと忠告したという。ハイゼンベルクが原子物理学において多くの業績を残したことを考えると、パウリの先見性は極めて高かったといえる。ハイゼンベルクは、論文の公表など、物理学に関わる決断に際して常にパウリに意見を仰いだ。

やがてパウリは、会議やセミナーなどでたまたま知り合った理論物理学者たちなどに対しても、求められていないにもかかわらず次々と無遠慮な忠告を与えるようになる。意見を発表する新米物理学者に対しては、容赦なく批判を浴びせた。往々にして的を射た批判だったが、厳しい指摘であることに変わりなかった。こうして彼は、有能な物理学者としてのみならず、辛辣な批評家としても有名になっていったのである。

そんな彼らの師であったゾンマーフェルトは率先して、自らの指導した若手の有望株を、学者仲間に紹介した。異なる世代をとりもった彼の役割は、量子力学が進展する上で欠かせない要素だった。

彼の指導の妙について、アインシュタインは1922年、本人宛ての書簡の中でこう述べている。

「先生についてとりわけ感心する点は、数多くの才能を発掘して育てたことです。私はそのような人物を先生以外に知りません。持って生まれた教育者としての資質に加え、人を見る目に長けているのだと思います」[10]

一方のゾンマーフェルトはことあるごとに、アインシュタインやボーアが不世出の秀才であると、ハイゼンベルクなどの学生たちに話していた。

ハイゼンベルクは当時まだ若く、向こう見ずな野心家だった。「年輩」の学者たちを敬いながらも、物理学の考察について指導を仰ごうとはしなかった。ましてや、師事すべき研究者について意見を求めたり、自然法則の何たるかを尋ねたりすることもなかった。

やがてハイゼンベルクは、アインシュタインの相対性理論における偉大な功績を認める一方で、哲学的な偏りを蔑むようになる。アインシュタインが量子力学の表す真実をなぜ認めようとしないのか理解できなかったのだ。なるほどハイゼンベルクの不満はもっともである。科学に偏見は禁物なのだ。自然界が離散的であやふやで抽象的な振る舞いを現すならば、自然とはそういうものだというのが彼の主張だった。人間がとやかくいう問題ではない、と。


〈参考　ハイゼンベルクの人となり〉

ハイゼンベルクは1901年12月5日、ギリシア語学者の父親アウグスト・ハイゼンベルクと、母親のアニー・ヴェクラインとの間に、ドイツのヴュルツブルグで生まれた。父親はのちに、ミュンヘン大学の教授となり、中世ギリシア語と現代ギリシア語を教えた。そのため、ギムナジウム（ヨーロッパの中等教育機関）での授業と相まって、彼は若くして古代ギリシアの思想に詳しく、プラトンの著作も何冊か読了していた。

ハイゼンベルクの伝記を記した歴史家のデヴィッド・C・キャシディによると、物理学者兼哲学者のC・F・フォン・ヴァイツゼッカーはハイゼンベルクについて次のように語ったという。「おそらく彼が読んだ古代ギリシアの書物は、学校で課されたものだろう。プラトンの『饗宴』や『ソクラテスの弁明』、そして『ティマイオス』の一部などである。だが、彼を最も魅了したのは哲学ではなかった。散文形式で書かれたギリシア語の美しさや優美さが彼を惹きつけたのである（当時のギムナジウムではギリシア語が必修科目だった）」［11］

とはいってても、ハイゼンベルクは家にこもって読書に耽《ふけ》るタイプではなかった。むしろ、運動が得意で、山道を長時間歩くことが好きだった。またパスファインダーズと呼ばれるボーイスカウトにも属し、雄大な自然の美しさにますます惹かれるようになった。

ミュンヘンで共産党員による暴動が企てられた1919年、彼は軍隊に徴兵された。そして兵役中のある夏の夜、プラトンの著作を読み返し、原子論に関する記述に気がつく。その内容について彼は複数の友人に話した。のちに、彼はこう振り返っている。

「どうにも眠気が来ずに、家の屋根にのぼったのさ。プラトンの『ティマイオス』を持ってね。日差しが残っていて（訳注：ミュンヘンは緯度が高いため、夏は21時頃でもまだ十分に明るい）、暖かく心地よかった。学校のギリシア語の試験のために読み返したんだけど、原子論に関する内容がとても面白くてね。プラトンの原子論はすべて、『ティマイオス』に詰まっているのさ」［12］

不確定性原理を発見したドイツの量子物理学者ヴェルナー・ハイゼンベルク（1901～1976年）（撮影＝フリードリッヒ・フント、データ提供＝アメリカ物理学協会エミリオセグレビジュアルアーカイブ、掲載許可＝ヨッヘン・ハイゼンベルク）

ハイゼンベルクは後年、原子研究の道に進んだ理由の1つに、プラトンの『ティマイオス』――原子論とピタゴラス学派の思想を連想させる記述が含まれる――をあげた。現代の原子物理学者は不確定な量子状態こそが世の根幹と考える。それは、目に見える物質界を幻――「イデア界」と呼ばれる真の世界が映す像――とみなしたプラトンの見解と相通じるだろう。また、量子力学が変数を用いた数式――量子状態を表現する主量子数や方位量子数、磁気量子数など――で自然を記述する点は、物質よりも数に本質を見出したピタゴラス学派の考えと共通する。

ハイゼンベルクはこう指摘した。

「現代の自然観と、プラトンやピタゴラス学派の自然観との類似点は、さらに踏み込んで理解することができる。『ティマイオス』では、物質ではなく数学的対象を世界の構成要素とした。ピタゴラス学派に由来する「万物は数なり」との考えである。そして既存の数学的概念だった、正多面体やその表面を構成する正三角形などの幾何学的対象に白羽の矢を立てた。翻って現代の量子力学においても、より複雑な数式にはなるが、素粒子が数学的対象として位置付けられるのは時間の問題だ」[13]

ただしキャシディは、歳を重ねたハイゼンベルクが、初期の考察におけるギリシア哲学の影響を誇張した節もあると話す。

私の知る限り、第二次世界大戦以前の彼の研究に、プラトン哲学などのギリシア哲学の影響はほとんど見られない。大戦以降においても、ごくわずかである。たとえば、1969年に著した自伝『部分と全体』の中で、兵役中に『ティマイオス』を読んでプラトンの世界観に触れた時のことをこう回想している。世界の構成要素を巡るプラトンの考察は表面的で、「強引な憶測」であるため受け入れられない、と。つまりプラトン哲学は、彼が理論構築する上で参考にはなり得なかった。

それどころか、極めて野心的なハイゼンベルクは若い頃、どんな哲学をも指標とせずに、自然のありのままの姿だけを頼りにした。古典力学の限界を量子力学で打開しようとした1920年代、彼の信条は「結果こそがすべて」だった——哲学的立場や物理学の慣習は関係なかったのである。たとえ哲学的要素が認められるにしても、それは時宜に応じた選択だった。行列式による定式化で見受けられる実証主義や、不確定性原理の中の操作主義などが一例である——ある思考法に行き詰まると、すぐさま徹底的に見直して、別の方法を採用した。ただし、彼自身が自らの考察の中に哲学的観点の存在を認識していたとは考えづらい。[14]

ミュンヘン大学入学後、ハイゼンベルクがゾンマーフェルトのもとで初めて取り組んだ研究テーマの1つが、いわゆる「異常ゼーマン効果」だった。まだ20歳の時である。電子の数が奇数の原子（水素など）を磁場に置くと、1本のスペクトル線（縮退している状態）が偶数本のスペクトル線に分裂する。これは、エネルギー準位の異なる偶数個の角運動量に分かれることを意味する。対して「正常ゼーマン効果」は、電子の数が偶数の原子に伴う現象だ。正常ゼーマン効果では、1本のスペクトル線が奇数本のスペクトル線に分裂する。ハイゼンベルクが解決を試みた問題とは、主量子数や方位量子数、磁気量子数をすべて整数としたゾンマーフェルトの理論では、常に奇数本のスペクトル線の分裂が導かれることだった。ではなぜ、水素のような原子は、この理論の予想に反するのだろうか？　ハイゼンベルクは、量子数が整数だけではなく半整数の値も取ると考え、見事にその問題を解決する。ただし、新たな原子モデルの構築には、それからさらに数年を要した。

＊＊＊

ところでゾンマーフェルトとマックス・ボルンの2人は近しい間柄だった。ボルンの当時の所属先は、ミュンヘンからはるか北に位置するドイツ中央部のゲッティンゲン大学である。何世紀も前から学問の都として栄えたゲッティンゲンは、数学や科学の研究における中心地だった。ヘルマン・ミンコフスキーが時間と空間を融合して時空を表し、ダフィット・ヒルベルトが数学の公理系や一般相対性理論を研究していたのである。ボルンも同様に、進取の気性に富んだ視野の広い物理学者だった。パウリもハイゼンベルクも、それぞれボルンのもとで学んだ経験があった。

ニールス・ボーアの画期的な太陽系原子モデルの発表から10年経った1922年6月、ゲッティンゲン大学でヒルベルトやボルンの企画による記念シンポジウムが開かれた。「ボーア・フェスティバル」と銘打ったシンポジウムで、ボーア自らによる講演も行われた。聴講席にはハイゼンベルクがいた。ボーアと知り合う絶好の機会だとゾンマーフェルトに説得され、参加していたのだ。またその会場には、パウリの姿もあった。パウリにとってもボーアを直接目にする初めての機会だった。

ボーアの要領を得ない講演スタイルは、すべての聴衆を魅了したわけではなかった。くぐもった話し方で、聞き手は首を伸ばしたり、耳をそばだてたりして、必死に集中しなければならなかった。加えて、すばらしい頭脳の持ち主であるにもかかわらず、問題の論じ方が往々にしてわかりづらかった――答えを示すのではなく、聴衆に疑問を投げかけるというスタイルに、ボーアの言わんとするところが理解できず、ハイゼンベルクは業を煮やしていた。聴講者に講演内容について質問する機会が与えられると、彼は真っ先に手を挙げた――当時、学界で地位のある人間に対して学生は質問を控えるべきとされていたにもかかわらず、である。

まず質問した点は、ボーアの原子モデルにおける周波数の定義だった。古典力学では軌道の周波数といえば、1秒あたりの軌道の周回数を指した。なぜボーアは従来の定義を無視して、周回の速度とは無関係ともとれる定義を採用したのか？　そして2つ目の質問は、モデルの拡張に関してだった。複数の電子間の相互作用を考慮すべき水素以外の原子（一価の陰イオンまたは陽イオンの原子も含めて）への、モデル適用の可能性について尋ねたのである。

鋭い質問を受けても、ボーアは落ち着いていた——太陽系モデルが限局的だと批判したラザフォードの指摘と重複する内容だったからだ。混み入った説明を要するため、肩肘張らない場所で論じるほうがよいと彼は判断した。そのため近くの丘まで一緒に散歩しよう、と気さくに応じた。ハイゼンベルクは喜んで提案を受け、2人は散歩をしながら有意義に意見を交換した。その中でボーアは、自らのモデルが不完全で、改善の余地が多く残されていることを正直に伝えた。

ボーアが概ね認めていたように、原子固有の周波数は、電子の周回速度とは全く別の概念だと考えられた。仮にそうであるならば、原子核を「太陽」に見立て、惑星のように電子が原子核を周回するとしたボーア＝ゾンマーフェルト模型（ボーアの理論にゾンマーフェルトが修正を加えた原子モデル）はそれほど的確ではないとハイゼンベルクは考えた。そのため、全く新しい原子モデルの構築に挑んだのである——着目したのは、原子スペクトル（203頁）の観測結果だった。

現実と行列式

ハイゼンベルクは、新たな原子モデルの定式化に臨むまで、研究拠点を転々とした。まずボーアから、客員研究員としてコペンハーゲン大学で研究することを勧められた。だが、その話を聞いたゾンマーフェルトは、ゲッティンゲン大学でボルンと共に研究し、博士号（ミュンヘン大学での学位審査も含めて）を取得してから考えるべきだと助言した。はたしてハイゼンベルクは、ゲッティンゲン大学で研究する道を選ぶ。そんな彼にとって大きな難関は、学位審査会における博士論文の発表だった。緊張のためか、審査員の質問に言葉を詰まらせる場面もあったが、なんとか博士号を勝ち取った。難関を突破したハイゼンベルクはいったん、ゲッティンゲン大学に戻り、その後コペンハーゲン大学で数カ月間、研究する。そしてゲッティンゲン大学に再び研究の場を戻して、ボルンのもとで新モデルの構築に挑んだ。

原子物理学の研究を重ねたハイゼンベルクは、スペクトル線ごとに光の強さ、つまり明るさが異なることに注目した。虹の構成色がそれぞれ等しい明るさであるのに対し、各元素のスペクトルには、明るい色もあれば暗い色もある。だがボーア＝ゾンマーフェルト模型は、スペクトル線の多くの振動数を記述する一方で、明るさの違いには触れていなかった。

ハイゼンベルクは当時、明確なビジョンを持たず漠然と研究に取り組んでいた。１９２４年のボーア宛ての書簡の中で、パウリは彼の方向性の欠如を嘆いている。
「ハイゼンベルクは哲学的考察に欠けています。基本的な仮定から理論を組み立てたり、既存の理論との関連性を見出そうとしたりしないのです」[15]
1年後、ハイゼンベルクはパウリへの手紙の中でこう記している。
「残念ながら私自身の哲学的立場は、全くもってはっきりしません。あらゆる道徳と美しい数学原理をない交ぜにして、考察するような状況です。したがって、方向性が定まらないのです」[16]
スペクトル線の明るさの違いを解明すべく研究に明け暮れていた彼は1925年6月、激しい頭痛に見舞われる。花粉によるアレルギー症状（花粉症）が原因だった。症状回復を図るため、彼は休暇を取得し、一時都会を離れた。行き先は、風の強い北海に浮かぶドイツ北西部のヘルゴラント島である。ヘルゴラント島の潮香るさわやかな空気は効果てきめんだった。やがて、花粉症は治まり、荒波に洗われる赤い砂岩の美しさがハイゼンベルクの思考を刺激した。すると、スペクトルの明暗に対する答えが彼の頭に鮮やかに浮かんだのである。
全く不可解な現象に直面した時、理論物理学者は一般に、その現象に対応する（結びつく）調和振動子を使って類似の状況を表し、機序の解明を試みる——スプリングを組み合わせてマットレスをつくるように、振動子によって全体像を描こうとするのだ。規則性を持つ現象——古時計の振り子の動きから、ロッキングチェアの揺れまで——をモデル化するにあたり、ばねは適応性が高く極めて有効な道具である。

摩擦のないばねの動きは、変数を組み合わせた方程式でうまく表すことができる。そうすることで、計算も驚くほど簡略化する。

変数の1つは振動数で、ばねの振動数は単位時間あたりのばねの往復回数を示す。2つ目の変数は位相角《いそうかく》で、周期の中のばねの位置――完全に伸びた状態や完全に縮んだ状態、全く伸び縮みしていない状態、その中間の状態――を表す。また、振幅も変数として扱う。ばねの振幅とは、平衡位置からばねが最も長く伸びた長さをいう。

最終的に、ばねの持つ総エネルギー量は、振幅の2乗に定数を乗じた式として表現できる。このエネルギー量が、光の明るさや音の大きさに相当する。3つの対象「ばね、光、音」に関しては実際に、それぞれの強さを振幅の2乗に比例する値として定義することができる。つまり、振幅の2乗は、強さを表す上で決定的な意味を持つのである。

たとえば、ばねを使ってボールを跳ね上げる、昔のピンボールゲームを想像してほしい。摩擦の影響はないと想定する。ゲーム台の下部にあるハンドルを引っ張ると、ハンドルのばねが伸びる。手を放すとばねが収縮して、ばねのエネルギーがボールの運動エネルギーに変換され、ボールが跳ね上がるだろう。では次に、ハンドルを2倍長く引いて、ばねの振幅を2倍にしてみよう。すると、強さ（この場合、総エネルギー量）は前回と比べて4倍になる。ボールが4

倍の高さまで跳ね上がるのだ。

ハイゼンベルクはヘルゴラント島に滞在中、単純な調和振動子による電子のモデル化について熟考した。オランダの物理学者でボーアの助手を務めるヘンリク・アンソニー・クラマースからの提案を受けてのことだった――加えてボーアと、アメリカ人の客員研究員ジョン・スレイターからも同様のアドバイスを受けた。そこで、調和振動子の概念を応用して、実際に測定される強さではなく、抽象的空間上の確率を記述する枠組みを考案した。起こり得る量子状態間の遷移について、それぞれの発生確率を一覧にまとめることが狙いだった。明るいスペクトル線は確率の高い遷移に、暗いスペクトル線は確率の低い遷移に対応すると考えたのである。


また、ばね運動が位置もしくは運動量（質量と速度の積）を象徴することから、ハイゼンベルクは、電子についても両者を数式で表そうとした。すると、ある興味深いことを発見する。定式化する上で、通常の掛け算（乗法）で成り立つ可換性を放棄しなければならなかったのだ。

乗法における可換性とは、xにyを乗じた値と、yにxを乗じた値が等しくなる性質をいう。彼の採用した計算方法では、乗法の順番を逆にすると、違う答えが導かれる――「非可換性」と呼ばれる性質だ。具体的に言うと、「運動量演算子」（量子力学において運動量を表す関数）を、位置の状態に作用させた時と、「位置演算子」（量子力学において位置を表す関数）を、運動の状態に作用させた時では、異なる値が算出されるのである。

ここで、掛ける順番によって通貨価値に違いが生まれる奇妙な国を想像してみよう。

市場に行き、「2クラウン」と刻まれた硬貨10枚を店主に見せる。そして「これで何が買える？」と尋ねると店主は、こう答えた。「悪いが、それしかねえんなら、買えるのはわずかな米ぐらいだな」。仕方なく硬貨10枚をポケットに収め、かわりに「10クラウン」と刻印された硬貨2枚を差し出すと、やにわに店主は表情を改め、こう応じる。「いやあ、それだけお持ちでございましたら、手縫いの最高級カーペットをお買い求めいただけます」。

彼の対応が変わった理由は何だろうか？　掛け算の順序だけだ。しかしハイゼンベルクは、その違いこそ肝心であると見抜いたのだ。

新たな発見に心を躍らせた彼は、当時ハンブルク大学で教えていたパウリに伝えた。すると、厳しい批評で知られるパウリが、手放しで讃えたという。

ゲッティンゲンに戻ったハイゼンベルクは、ボルンと有能なドイツ人大学院生パスクアル・ヨルダンたちと共に、厳密な定式化に取り組んだ。ボルンは自らの言うところの「量子力学」を体系化する上で、ハイゼンベルクの概念がカギになると睨んだ。彼の言う量子力学とは、抽象的空間に確率的に存在する量子状態を、演算子《えんざんし》（状態を表す関数に作用させる演算）によって物理量として捉える系を意味した。

定式化するために、数学の一分野である線形代数学《せんけいだいすうがく》（非可換な演算が含まれる）を使って記述することをボルンは提案した。線形代数学では、数学的対象ごとに加法や減法、乗法などの演算に関して別個のルールを与え、それぞれの特徴を定める。最も単純な対象はスカラー、つまり一般的な数である。スカラーは、学校で習う初歩的な算数のルールで計算できる。ちなみに物理学では、室内の温度や化石の年代など、一定の大きさを持つ量がスカラーに該当する。非相対論的物理学では、エネルギーや時間、質量などもスカラーとなる。

スカラーの次に単純な対象は、「列ベクトル」や「行ベクトル」である。

列ベクトルは、イギリスの物理学者ポール・ディラックの発案した「ディラック記法」では「ket（ケット）」と呼ばれる。直立したドミノ牌のような形で、行と列で構成される一般的な表の1列分に相当する。数字が縦に並び、それぞれが行を構成する。一方、行ベクトルは「bra（ブラ）」と言われ、数字の並びが横になるだけだ（「bra」と「ket」を、constannt（定数）の「c」でつなげば、「bracket（括弧）」となる）。

行列式という対象はより複雑である。行列式――会計士の使う帳簿のような形――は行と列の両者を持ち、それぞれに系に関する情報が含まれる。数学で定められた行列式の乗法によって、別の行列式への転換も可能だ（物理学においては座標系の回転を表す）。行と列の数が等しい正方行列は、ある意味、最も計算しやすい行列式である。なお、行列式を使って記述する量子力学の形式を「行列力学」という。

さて、ボルンが指摘した通り、行列式の乗法は非可換である。すなわち、順序が肝心、なのだ。量子力学において、位置演算子や運動量演算子、エネルギー演算子（ハミルトン演算子とも呼ばれる）などの演算子を表現するのに、うってつけだった。原子内部の特定領域を占める電子（場合によっては、対をなす2つの電子）の状態を含め、量子状態については列ベクトルや行ベクトルで表すことができた。最終的に、可観測量をスカラーで定量化するに至り、エネルギー準位間の電子遷移に伴う、スペクトル線を現すエネルギーなどを物理量として把握することに成功した。

ニュートン力学や相対性理論では、物理量の変化を正確に予測することができた。ただし、量子力学では、最も確率の高い値である「期待値」を算出するに留まる。期待値とは、現れる可能性のある値すべてに、それぞれの確率の重みを加えた加重平均のことだ。量子力学において、それらの確率で表される量は、量子状態を示すベクトルから成る「正方行列」と結びつく。行ベクトルに、それと対応する列ベクトルを乗じた正方行列である。それぞれの観測量――位置や運動量、エネルギーなど――に応じた演算子は一般に、行ベクトルと列ベクトルに確率の重みを加える過程の中で作用させる。つまり、所与の量子系における演算子の期待値を得るには、演算子を表す正方行列を、系の量子状態を表す行ベクトルと列ベクトルで挟む形の乗算式をつくり、加重平均を求めればよいのだ。この手法は確かに直接的とは言えず、位置や運動量などを単に一般的な変数とみなすのは難しい。しかし、原子レベルのミクロの世界では、自然は古典力学ではなく量子力学に従うのである。

非公開の舞台

ニュートン力学の現象はすべて、オープンな形で現れる。サッカーボールを蹴れば、サッカーボールは空中を飛んでいく。空中を移動するサッカーボールの、ある瞬間における位置や速度は、観測すれば特定可能だ。質量がわかれば、運動量も決定できる。さらに言えば、それらの物理量はすべて、その後の変化も含めて、ニュートンの運動の法則によって算出できる。つまり、あらかじめ把握できるのだ。やろうと思えば、詳細な経過を記録に残すことも問題ない。

だが、量子力学の現象はそうはいかない。概ね定式化されているものの、その舞台は非公開で人目をはばかる。量子世界の現象を象徴するベクトルや正方行列――量子状態や演算子――は、「ヒルベルト空間」と呼ばれる抽象的な領域を棲み処とする。ヒルベルト空間とは、提唱者のダフィット・ヒルベルトにちなんで名付けられた概念だ。量子系に関して知り得る情報はすべて、ヒルベルト空間の要素としてみなすことができる。ただし、その情報は適当な観測によって初めて日の目を見る。観測という操作を数学的表現に置き換えれば、測定下の量子系のあらゆる状態のうち、呼応するすべての状態ベクトルに、適当な演算子を作用させることを意味する。

平たくいえばヒルベルト空間は、オフィスビル内の各オフィスをつなげる共用通路のようなものであり、テーマパークでいえばコスチュームを着たアトラクションの演者が、待機室から人目を忍んで各会場へ向かう関係者専用通路にあたるだろう。

たとえば、「ひかりワールド」という架空のテーマパークがあるとしよう。ヒロインのロイス・レーザーと彼女の相棒、ハリー・ホログラム（訳注：立体像を記録した写真の意）は、華やかな衣装に身を包んで、「光子もつれ」カフェの店内に登場し、ランチ中の子どもたちを喜ばせる。かと思えば、新しい衣装に着替えて「放射線ゾーン」で開催されるバトル・イベントに馳せ参じ、また次の会場へ。2人は、来場者の目に触れないように、関係者専用の地下通路や階段、連絡通路を通って、各会場へと移動する。もし、衣装替えのために別の建物にのんびり入っていく姿——ヒーローやヒロインとは似ても似つかぬ、ありのままの姿——をさらしてしまえば、小さな子どもたちを悲しませてしまうだろう。

ひかりワールドの来場者は、ロイスやハリーのイベント出演予定をチェックして、ひと目見ようと計画できるかもしれない。その一方で、会場間の移動行程を含む部外秘のスケジュール表を手にすることはできないだろう（行政執行機関が裁判所の許可のもと調査するのであれば話は別）。同様に、量子の世界でも、ある瞬間における粒子の位置や運動量などの可観測量を確率として示すことは可能だが、物理的な情報をすべて正確に把握することは不可能である。後者の情報を知り得るのはヒルベルト空間の住人に限られ、人間は入手できない——人工意識を獲得した「ベクトルのビッキー」や「マトリックス（行列式）のマインディー」などの異名を持つ人間であれば可能かもしれないが。

ハイゼンベルク自身は、量子跳躍の途中経過を重視しなかった。彼にとって、途中経過は大した意味を持たなかったのである。重要なのは、測定可能な跳躍前後の状態だった。その「現実的なアプローチ」をキャシディはこう代弁する。

「ふさわしい答えを導く理論を構築するために、電子が移動する間に何が起こっているのかを知る必要はない。……測定されないのであれば、定式化の要はないのだ。あえて試みるならば、それは単なる憶測や、形而上学の一種に過ぎない」[17]

限られた世界に生きる私たちからしてみれば、ヒルベルト空間は確かに奇妙な王国である。三次元空間に時間を足した四次元の時空と比較して、ヒルベルトの築いた王国は無限次元を誇る。それでも、しかと多くの量子系を無限次元空間としてモデル化するのだ。

ではいったい、どのように行うのか、不思議に思うことだろう。

そもそも次元が無限に存在するならば、なぜ私たちは普段の生活において、限られた次元しか認識できないのだろうか？　なぜ、バカルー博士（アメリカ映画『バカルー博士の超次元アドベンチャー』の主人公）顔負けの超人技を発揮して、無限次元の世界を探究することができないのだろうか？

まず混乱を避けるため、「次元」という言葉の定義を見ていきたい。たとえ物理学の法則に従わなくとも、数学者であればどんな抽象的空間をも描くことができる。そういう意味では、次元は考え得る状態を象徴すると言えるかもしれない。具体的に言えば、青、黄、赤を灯す信号機のようなものだ。考えられる信号機の状態は、3つの軸――それぞれ青、黄、赤を意味する軸――を持つ「ヒルベルト空間」で表現できる。該当する色が消灯している場合は0、点灯している場合は1と表せばよい。すると青信号は「(1、0、0)」との表記になる――括弧内上の1が青の点灯を示し、0はそれぞれ黄と赤の消灯を意味する。そのような信号機が三次元空間に相当するならば、10色(もしくはそれ以上)の色を灯す信号機の存在を仮定して、十次元の空間をイメージすることも可能だろう。

ここで、1本の直線上を移動する電子の位置を表すヒルベルト空間を考えてみる。電子に箱をかぶせたならば、電子の位置は特定の範囲に限られるだろう。ただし、直線上の任意の位置にそれぞれ次元を付すならば、ヒルベルト空間には無限の次元が必要となるはずだ。

ヒルベルト空間では、位置を表すベクトルの成分の個数が次元の数に相当する。歯がそれぞれ異なる方向に延びるフォークのようなイメージだ。特定の範囲の電子状態に位置演算子を作用させると(行ベクトルと列ベクトルの間に演算子を「サンドイッチ」させると)、電子がその範囲の状態として存在する確率が得られる。もちろん、電子が箱の外にある確率を算出すると、答えはゼロだ(箱が電子を完全遮断する素材でできているとして)。特定の範囲のすべての位置にそれぞれの確率の重みを加えると、電子の位置の期待値が求まる。期待値が箱の中心を示すならば、電子の存在する確率の最も高い場所は、箱の中心ということになる。

高次元のヒルベルト空間を頭でイメージするのは非常に難しい。いわんや、無限次元においては極めて困難だ。ただし、ヒルベルト空間の意義は大きい。1つに、異なる量子状態への変換を、ベクトルの回転として表すことができる（実際の空間ではなく抽象的空間において）。二次元の平面座標で考えるとわかりやすい。座標のx軸は1つの純粋状態（「固有状態」ともいう）を表し、y軸は別の純粋状態を指す。回転式ダイヤルを4分の1だけ回転させるように、x軸の状態ベクトルをy軸へ90度回転させると、1つの純粋状態から別の純粋状態への変換を表現できる。回転角度を45度にすると、状態ベクトルはx軸とy軸からそれぞれ45度隔てた斜線上に位置する。この場合、状態ベクトルは1つの純粋状態を表すのではなく、2つの純粋状態が一様に混ざった状態を示す。電子がどちらの状態にも等しくなり得ることを表すのだ。このようにヒルベルト空間では、「位相角」と呼ばれる状態ベクトルの回転角度によって、量子状態の変換を単純なダイヤル操作のごとく、見事に表現できる。

ヒルベルト空間のもう1つの強みは、制約のないことである。つまり、いくらでも次元を採用できる点だ。より複雑な物理系で研究対象を考察したければ、ヒルベルト空間の次元を増やせばよいだけである。無限次元の舞台には、常に、新たな視点を受け入れる余裕があるのだ。

1924年に行われた講演の中で、ヒルベルト自身が比喩をうまく使ってその特徴を説明している。無限の客室数を誇るホテルのたとえだ。

そのホテルには無限の客室があるため、すべての客室が予約で埋まったとしても、新たに宿泊客を受け入れられる。

ある夜、すべての部屋でチェックインが完了したとする。すると、リムジンが颯爽《さっそう》と現れて、1人のロックスターが登場する。彼女はつかつかとフロントに歩み寄り、ホテルの支配人に部屋を1室空けるように言う。支配人は頷いて、館内放送のマイクを手に取り、全宿泊客に対してそれぞれ隣の部屋へ移動するように依頼する。客室番号1の客は2の部屋へ、客室番号2の客は3の部屋へ、といった具合にだ。はたしてロックスターの要望通り、客室番号1の部屋が1室空いた。

彼女は支配人に感謝した。だが続いて、音響機材を管理するツアー・スタッフがマイクロバスでまもなく到着する旨を告げる。そして、スタッフの分の部屋も必要なのだと言い出した。それを聞いた支配人は、スタッフの人数を尋ねる。するとロックスターはばつが悪そうに打ち明ける。「無限なの」と。ギターの弦が切れてね、と接《つ》いだ彼女の説明によると、予備の弦が無限にあると安心だから無限の数のスタッフに1人1本ずつ弦を持たせたとのこと。対して支配人の答えはというと、なんと、「問題ございません」だった。彼は再び館内放送のマイクを手にして、先ほどの依頼を修正する。隣の部屋に移るのではなく、自室番号を2倍した番号の客室に移動してほしい、と。客室番号1の客は2、客室番号2の客は4、客室番号3の客は6の部屋へ、という具合だ。はたしてロックスター一行を受け入れるべく、奇数番号の部屋がすべて空くに至る。以上のたとえ話でヒルベルトの伝えたかったことは、ヒルベルト空間でも常に空き室を用意できるという点だ——現象の捉え方を無限に許容できるのである。それこそ、無限という概念の神髄なのだ！

量子力学の誕生は、物理学者の従来の価値観を揺るがした。量子力学の誕生以前は、測定可能な実体を伴う世界と、実体を伴わない世界とに二分する見方が大勢を占めた。後者には意識や自由意志（たとえ幻想であったとしても）、倫理観、美意識などが含まれた。いずれも定量化は難しいが、その存在が広く受け入れられた抽象的概念である。また神から心霊まで、精神世界のあらゆる超自然的な対象も該当した。実体のない対象については、科学志向の強い人間でも、傾倒する者とそうでない者に分かれた。それでもやがて、心的決定論などの動きにより、19世紀末から20世紀初頭にかけて、すべては決定論に従い客観的に振る舞うとの考えが主流となった。

しかし、対象の振る舞いを断片的にしか表さない量子力学の非直接的な形式が、その流れに一石を投じた。対象となる物理量は客観的に決まっているという考え方——「現実主義」と呼ばれる立場——ではなく、観測によってのみ決まるとの見方を量子力学は採用する。理論的に言えば、適当な演算子をヒルベルト空間の状態ベクトルに作用させるという意味だ。より現実に根ざした言い方をすれば、世界に存在するすべての粒子について、その位置や速度、そして、受ける力を正確に特定することはできないとの趣旨である。となると、因果関係の連鎖によって世界を完璧に記述することは不可能になる。

ハイゼンベルクの不確定性原理は、同時に決めることのできない2つの物理量の存在を定義する。つまり、一方の量が測定されると、他方の量を覆う霧が晴れることはない。位置と運動量（質量と速度の積）という組を考えれば、電子の速度を求めると、電子の位置の特定がままならなくなる。同じくエネルギーと時間も一度に決まらないため、時間的に非常に短命の粒子の質量は、質量とエネルギーが等価である点を踏まえれば、幅のある値にしかならない。

この不確定性原理は、演算子の組が一般に非可換（積の交換法則AB＝BAが成り立たない状況のこと）であることに由来する。位置演算子と運動量演算子を同時に作用させようとすると、その順序によって作用そのものに違いが出るため、一度に両者を適用することができないのだ。もちろん、位置演算子をある量子状態に作用させた時、導かれるのは位置の固有状態だけであり、それは一般に、運動量の固有状態とは明確に異なる。また運動量演算子を作用させれば、得られるのは運動量の固有状態のみだ。2つの演算子の対立は、一種の綱引きのようなもので、一方が正確性をたぐりよせれば他方は正確性から遠ざかる。結果、両者が共に正確性を手にすることはないのである。

相対性理論は、自然界の現象に厳格な因果関係を見出した。皮肉にも、量子力学は原子の世界に備わる曖昧さを許容したことで、その厳格な因果関係に待ったをかけた。時間の特定がおぼつかなければ、ある時点から別の時点にかけて何が起きたのかを把握するのは不可能である。なるほど量子跳躍には明らかに前後の状態が存在するが、その中間の過程は闇の中だ。

不確定性原理に照らせば、宇宙の状態に関して人間が知り得る知識は一部に限られる。未来永劫すべての現象を予測できるとしたラプラスの悪魔は、何も非現実的なわけではなく、予測に必要なデータを入手できないだけなのだ。博学を気取る者にとって、宇宙はせちがらい場所である。ジェイムズ・ジョイス（訳注：アイルランドの作家（1882〜1941年）。20世紀を代表する作家の1人で、『ユリシーズ』などで知られる）の謎めいた小説のように、完全に理解されることを拒むのだ。

物質波

ハイゼンベルクが、行列式を使って量子状態の多様な離散的変化を確率的に表してから約半年後、オーストリアの物理学者エルヴィン・シュレーディンガーがハイゼンベルクとは別に、本質的に同じ内容を謳う「波動力学」を構築した。波動力学は、より現実に根ざした形で原子内部の振る舞いを記述する。シュレーディンガーは、フランスの物理学者ルイ・ド・ブロイの考えに着想を得て、電子が「物質波（ド・ブロイ波ともいう）」であると想定し、その波動をある力学的運動方程式の解として表した——マクスウェルが、一連の方程式によって電磁波を定義し、光をその一種として捉えたように。量子の波動性を表すそれらの解は、三次元空間における電子の質量や電荷の分布を表すとみなされ、「波動関数」と名付けられた。波動関数は力学的運動方程式であるシュレーディンガー方程式の解として決定論的に振る舞い、あくまで予測可能だった。

それからしばらく後、ボルンが波動関数を物質波ではなく確率波として捉えれば、ハイゼンベルクの記述した量子状態と等価であると提唱した。彼は波動関数が物質の現実的な広がりではなく、空間上における電子の存在確率を示すと解釈したのである。ボルンの解釈によれば、その確率は波動関数の振幅の2乗に比例するため、電子の位置の確率分布を得たければ、波動関数を2乗すればよかった。

電子の位置と速度の観測については、やはりどちらか一方に限られた。行列力学と同様、各観測が独自の演算子と結びつく——観測によって、異なる演算子が波動関数に作用するのである。つまり、位置や速度などの観測対象を選ぶと同時に、波動関数は特定の連続関数に「崩壊」する——したがって、波動関数は両者を同時に表すことができない。

この波動関数の崩壊は、あるベーカリーの手作り食パンにたとえられる。そのベーカリーでは、原料の配合や焼き方などの行程がマニュアル化されており、つくる過程で変化の生まれる余地はない。人為的なミスを省けば、焼き上がりまで決定論的に推移する。だが、焼き上がった食パンの切り方は、客個人に委ねられる。食パンの長辺に沿ってスライスするか、短辺に沿ってスライスするかは客が決めるのだ。その選択に応じて、店員がスライサーを設定。食パン1斤ごとに長く切ったり、短く切ったりする。たとえば、客が「短いスライスの食パン1枚」を頼めば、食パン1斤をまるごと短辺に沿って切った上で、そのうちの1枚を提供する。よって、長いスライスの食パンも用意できるが、長短両方を同時に提供することは不可能なのだ。

ボルンの解釈では観測が食パンの「スライサー」にあたる。観測対象（位置や速度など）の選択によって、波動関数は固有関数と呼ばれる特定の連続関数に切りとられる。切りとられた固有関数が行列力学でいう固有状態に相当する。つまり、各固有関数は特定の固有値、すなわち観測結果を表す。観測者が測定対象を選択すると同時に、波動関数は自動的にある固有関数に崩壊し、特定の量を示すというわけだ。たとえば、観測者が電子の位置を測定すれば、波動関数は位置の固有関数に崩壊し、電子の位置として固有値を示す。

シュレーディンガーは、前段のような飛び飛びの値を示す抽象的なボルンの解釈に困惑した。神秘主義に傾倒し、東洋哲学を好む一面も持ち合わせていたが、彼は自然について、離散的で不確かなのではなく、連続的で確定できると信じていた。縫い目のない、きれいな一枚布のような世界を描いていたのである。ハイゼンベルクによれば、シュレーディンガーはボーアに対して、こう不満をぶつけたという。「量子跳躍という概念を認めざるを得ないのであれば、原子物理学の研究をやめてもいい」と。[18]

しかしながら、シュレーディンガーとハイゼンベルクの考えを融合させたボルンの解釈は、ポール・ディラックやジョン・フォン・ノイマンといった名だたる物理学者によって体系化され、秀逸な理論として確立するに至る。結局、ボルンの解釈は、1920年代に原子物理学研究の中心地だったニールス・ボーア研究所の場所にちなんで「コペンハーゲン解釈」と命名され、量子力学における正統的な概念となった。

それを転機に、量子力学はハイブリッド理論としての道を歩み始める。シュレーディンガー方程式に基づく決定論的で明確な顔を根底に持ちつつ、測定機器の選択でしか決まらない、表情が重なる不明確な顔も複数持ち合わせた。もちろん、どの観測者も一度に複数の表情を見ることはできない。位置を示す量が現れると、速度などの位置以外の量は裏に隠れてしまう。それゆえ量子力学は、その中心に不完全性を内包する理論なのだ。

ニールス・ボーア研究所の所長という立場を鑑みれば、ボーア自身の個人的見解も、コペンハーゲン解釈と一致すると考えるのが普通だろう。しかし、ノートルダム大学の科学哲学者ドン・ハワードなどが指摘する通り、量子力学の二面性に関するボーアの見方は明らかに違った。

そして「総花的」な手法で見解の統一を図る所長としての仕事とは別に、散歩などの個人的な時間を活用して、自らと意見を異にする相手には説得を試みたという。

ボーアが古典力学に求めたのは、一見相容れない2つの役割だった。

1つは、彼が「対応原理」と呼んだ原則に従い、エネルギーを大きくした場合の量子力学を記述すること――「高エネルギー極限」または「古典的極限」といわれる。すなわち人間の日常レベルでは、不連続性や不確定性は失われるべきだと考えたのである。たとえば、ビリヤードのエネルギー領域までエネルギー規模を拡張した量子力学が、手球をショットした後の各ボールの動きを誤って予測したならば、理論に不備のある証拠だろう。だが幸いにも、量子力学は古典的極限において、古典力学と見事に一致する。したがって、高エネルギーにおける両者の一致の要請に関しては、すべての量子物理学者がボーアに賛同した。

一方、ボーアが古典力学に託したもう1つの役割については、全会一致の賛同を得るには至らなかった。彼は古典力学を観測者の知覚可能な領域とみなし、量子力学をある種の「ブラックボックス」の世界と見立てた。そして、ブラックボックスは人間の目を阻み、研究者の使う観測装置に応じる形で、特定の質問に対してのみ答えを示すと主張した。

その古典力学と量子力学の線引きは、自ら提唱した相補性の原理と関係する。相補性の原理によれば、電子や光子などの粒子は、測定機器の選択という観測者の意志によって、波動性を示すか、もしくは粒子性を示すかを決める。現代でいえば、量子系はいわばスマートフォンのようなものだ。スマホ上でアプリ（検索エンジンやナビゲーションシステムなど）を操作する人たちの多くは、アプリの映し出す画面を気にする反面、アプリのプログラミングには疎く、ましてや興味もないだろう。

仮想テーマパークの「ひかりワールド」に再び話を戻そう。

キャラクターをひと目見ようと集まった子どもたちの前に、キャラクターに扮した演者が舞台裏から現れる。ただし、経費節減のため、テーマパーク運営者の雇った演者は2人――女性1人、男性1人のみで、2人で様々なキャラクターを演じなければならなかった。だが、子どもたちにしてみれば、興味の対象は、会場で繰り広げられるストーリー展開や、登場するキャラクターたちである。重要なのは、主役であるロイス・レーザーとハリー・ホログラムの2人が、敵の2人組、マーサ・メーザー（訳注：マイクロ波増幅装置の意）やバリー・ブレームシュトラールング（訳注：制動放射の意）と共に織りなす物語である。キャラクターが演出する世界に夢中な子どもたちにとっては、舞台裏の運営は非現実で、そもそも眼中にない。同じように、量子力学において研究者の着目する対象は観測結果であって、解明すべく挑んでも徒労に終わる内なる仕組みはあくまで二の次なのである。

さて、別の会場では、子どもたちが憧れのキャラクターになりきれるように、光を放つおもちゃの武器が配られているとしよう。おもちゃの武器には、2つの設定がある。1つは、光を放つと、正面の壁には点状の光が映る――ニュートンの光の粒子説のように、粒子としての特徴を示すのだ。もう1つは、光を放つと壁に明暗の縞《しま》が現れる設定である。光が波として振舞い、干渉する様子が見てとれる。前者は1つの穴から、後者は2本のスリットから光が放射される仕組みだ。後者はイギリスの物理学者トーマス・ヤングが19世紀はじめに行った二重スリット実験の要領である。そうはいっても、憧れのキャラクターになりきるのに必死な子どもたちにしてみれば、光が粒子や波のように振る舞う仕組みなど、どうでもよい問題だ。自分たちの選んだ設定が、遊びの中で及ぼす効果が重要であって、2つの設定の納まる「ブラックボックス」の中身などは考えるに値しない。

同様に、古典力学の領域を住処とする人間にとって、量子世界の現す現象は不可解と呼べるかもしれない。しかし、二重性という内に隠された本質については、たとえ理解が及ばなくても許容する必要があるだろう。

開かれた世界と閉ざされた世界の二分を強いるボーアの考え方については、人為的な線引きとの批判が当初から見受けられた。観測する側の古典力学の領域と、観測される側の量子力学の世界とに分けた上で、対応原理によって整合性を求める試みは、作為的だとする指摘である。ボーアの考えはある意味（あらゆる意味ではなく）、日常とイデア界を区分したプラトンの思想に遡る──少なくとも、謎めいたもう1つの世界を想定した点において。はたして本当に、量子系はかくも面妖に振る舞い、観測結果を現す以外は人間の目を拒むのだろうか?

ボーアの見解に対する批判的な姿勢は、新たに様々な解釈を生んだ。それらは人工的に世界を二分するわけではないものの、波動関数が崩壊して物理量を現すには、観測という意図的な行為を必要としたコペンハーゲン解釈ともまた違った。その中で最も有名なものは、1957年に当時プリンストン大学大学院生のヒュー・エヴェレットが発表した「普遍的波動関数」という概念だ。エヴェレットはこの概念により、観測する側と観測される側が1つの状態に収縮することを回避した。かわりに各観測に応じて世界が複数の現実に分岐すると主張したのである。やがて、物理学者のブライス・ドウィットによって「多世界解釈」と名付けられ、エヴェレットの主張は多くの支持を集めた。だが、すでに自らの解釈を固めていたボーアにとっては異端的な発想に過ぎなかった。ボーアは多世界解釈を一顧だにせず、実質無視したのである。

母なる光

量子力学の哲学を疑問視する声はさておき、その有用性は広く認められている。長きにわたって未解決の問題でさえも、量子力学を頼れば解決への道筋が見えてくる。加えて、理論の弾き出す数字は極めて正確だ。

太陽がエネルギーを生む仕組みについて、人間は何世紀もの間、大いに頭を悩ませ続けてきた。事実、量子力学と原子物理学が構築される以前は、答えを見出す術すらなかった。ケルヴィン卿（167頁）とドイツの科学者ヘルマン・フォン・ヘルムホルツは、それぞれ19世紀、太陽は収縮することでエネルギーを放出すると唱えた。しかし、その主張が正しければ、太陽の年齢が地球よりもはるかに若いことになってしまう。

現在、太陽内部の活動は量子跳躍に由来することがわかっている。太陽の光が地球に達するまで約8分を要するように、宇宙空間を進む光の速さはある意味、堅実と言えるだろう。それに対して量子跳躍は、瞬間的と呼べるほど短い時間に起こる。その一瞬にして起こる量子跳躍を頼りに、太陽はエネルギーを燃やし続けているのだ。さもなくば、陽子といった軽い核種《かくしゅ》をエネルギー源とする太陽は冷えきってしまう。軽い核同士が不規則に融合してエネルギーを放出する太陽内部の反応は、核融合反応と呼ばれる――太陽の安定した輝きの源だ。ただし、因果律の確たる連鎖によって宇宙を描くニュートン力学では、太陽によるその安定した恩恵を説明しきれない。答えを導くのは量子力学なのである。

太陽の中心核――太陽全体の約25パーセントに相当する中心部で、温度は摂氏1600万℃（華氏2900万℃）に達する――から発せられる光子はすべて核融合反応による。古典力学（従来の非量子的な力学）の予想に反して、軽い原子核同士（一般に2つの陽子）が融合して、光子を放出するのだ。

地球上に生きるあらゆる生物は、太陽の中心核における恒常的な核融合反応を生命の糧とする。柔らかな日差しを目にすると、その反応は簡単に起こると錯覚するかもしれないが、実情は違う。いずれの陽子も融合するには、厳しい試練を乗り越えなければならない。

陽子同士は一般に、結合しづらい関係にある。古典的な電磁気学に基づけば、同じ電荷を持つ粒子間にはクーロンの法則により斥力《せきりょく》が働き、その力は双方が近づけば近づくほど急激に大きくなる。したがって、条件が全く同一の正に荷電する2つの陽子は、互いに接触するほど近づくことができない。物理学者はそのような斥力を、エネルギー障壁の一種として捉える。たとえるならば、2人の人間を隔てる急峻《きゅうしゅん》な山だ。2人が山頂で出会うために、相互に反対側から険しい斜面に挑むも、登れば登るほどその勾配はきつくなる。そのため、やがては力尽き、引き返す。陽子もまた、結合を試みても、元来た道を戻る運命にあるのだ。

しかし原子物理学においては、陽子同士がしかと結合する状況が生まれる。陽子と、電荷を帯びない中性子は、ある組成で結合すると安定性を示す。陽子1つと中性子1つから成る重水素が最も簡単な例だろう。陽子2つと中性子2つから成る組み合わせも安定性に長け、アルファ粒子、もしくはヘリウム原子核と呼ばれる。陽子と中性子を強固に結びつける正体は、極めて近距離で働く、核力という強い力である。核力の及ぶ範囲は、フェムトメートル（10^{-15}メートル）より狭い範囲で、最も小さな細菌の10億分の1の規模だ。

燃えたぎる太陽の中心核において、２つの陽子がクーロン斥力を乗り越え、強い核力の及ぶ範囲に接近する確率は、およそ10^{290}分の１（小数に直すと、１の前に０が２９０個並ぶほど小さな数）だ。だがこれは、古典力学に限った話である。量子力学に照らせば、陽子は古典的な粒子――球形状の実体――から、確率的な量を表す対象となり、徹底的に行く手を阻むかに思われた障壁をもかいくぐる。陽子はそれぞれ、存在確率を表す波動関数と結びつき、空間上で存在し得る位置をおぼろげな領域として示す。したがって、古典力学では接近することのなかった2つの陽子についても、互いに波動関数の重なる領域が生じる――エネルギー障壁をくぐり抜け、核力が及ぶ近距離まで近づくことが可能なのだ。

そうは言っても、２つの陽子が融合する確率はまだ低い。因果律のもとでは実質、算出不能と言ってよいだろう。だが実を言うと太陽の中心核には、10^{30}ポンド（１の後に0が30個並ぶほど大きな数、なお１ポンドは約４５０グラム）以上という信じられないほどの水素プラズマが高密度で閉じ込められている。そのため、核融合反応が絶え間なく起こっているのだ。１秒につき約10^{38}個（１の後に0が38個並ぶほど大きな数）もの陽子が融合し、その結果として光子が大量に放出され、太陽に輝きをもたらす。

障壁の突破には、通常、途中経過がつきものだ。

山にトンネルをつくるのであれば、作業員や掘削機が少しずつ掘り進めるだろう。だが量子の世界では、状態は一瞬のうちに（もしくは測定できないほど速く）変化する。あるエネルギー準位から別のエネルギー準位への電子の遷移（レーザーの原理として利用されている）がその典例だ。中間の状態が存在しないのである。核融合反応で見せる陽子のトンネル効果(訳注：量子力学において粒子がエネルギー障壁を一定の確率で突き抜ける現象）についても同様だ。

　トンネル効果や放射線崩壊を通して一瞬のうちに光子が放出されるのに対し、光子がその後、太陽の中心核から表層部へ移動するには嫌というほど時間がかかる。まず光子は中心核を脱すると、中心核に比べやや密度の小さい放射層に入る。荷電粒子とぶつかりながら放射層を通過するには数十万年を要すると言われている。放射層を抜けても、まだ2つの層が存在する。タコクラインと呼ばれる薄い中間層と、最表に位置する対流層だ。対流層では高温ガスの対流がベルトコンベヤーの役目を果たし、熱を中心部から表面へと移動させる。核融合で超高温に達する中心部とは違い、太陽表面の温度は比較的低く、たったの摂氏5600℃（華氏1万℃）である。そして対流層を越えると、ようやく宇宙空間に出る。

　太陽と地球の間には、ほぼ真空といえる空間が約1億5000万キロメートルにもわたって広がっている。密度の高い太陽内部と比べると、非常に物質がまばらな空間だ。しかし、量子跳躍とは異なり、光子がその空間を一瞬にして移動することはない。真空中の光速は有限であり、太陽と地球の隔たりを通過するのに約8分を要する。

　中心核で生まれた太陽の光が宇宙空間を進む様子を思い浮かべると、ある不思議な事実が浮き彫りとなる。なぜ自然には、時に測定できないないほど瞬時に起こる量子的な現象と、厳格な制限を伴う因果的な現象の2つが存在するのだろうか？　答えの一部は、自然法則に多くの抜け穴——たとえば極めて短い時間におけるエネルギー保存則の破れなど——を許容するハイゼンベルクの不確定性原理に隠されている。

そして不確定性原理の他にカギを握るのが、対称性と保存則という概念である。借金が厳しく取り立てられるのと同じく、粒子の持つ電荷などの物理量は実世界において、負債を生まないように徹底的に監視される。保存則を秘密裡に破ろうとしてもムダなのである。保存則が保証されるため、複数の粒子が特定の量子数を共有する「量子もつれ」という現象が発生し、果てしないほど離れた2点間において相関を示すのだ。

第6章

対称性の力

因果律を超えて

1927年、最終的に現在の波動力学の確立へ導いたあの発展のなかで、私が最も強く感銘を受けたのは、次の事実であった。粒子と波動、位置座標と運動量、またエネルギーと時間のような、全く背反する対概念（real pairs of opposite）が物理学に存在し、それらを対称的に扱うことによって初めて、その矛盾の克服ができたことである。すなわち、対概念（pair）の一方を無視し他方を採るというのではなく、両方を同時に採り込むことによって、対立概念（contrast）の相補的特徴を適確に表現する新しい種類の物理法則へ導かれた。

（訳注：『物理学と哲学に関する随筆集』（ヴォルフガング・パウリ著、並木美喜雄監修、岡野啓介訳、シュプリンガー・フェアラーク東京、1998年）10頁より引用）

——ヴォルフガング・パウリ

（1954年刊行の『Man's Right to Knowledge（知識への人間の権利）』の１章「物質」より）

一度も鏡を見たことのない宇宙人が地球に来て、はじめて鏡と対面したとしよう。自らの姿をそのまま映す鏡を見て、宇宙人は目を見張るかもしれない。もしくは、複製装置と勘違いして、その機能の速さに驚くかもしれない。いずれにせよ、単なる偶然の一致や明らかな因果関係とは異なる結びつきが自然界には存在する。その1つが、対称性だ。ある対象を別の対象に変換しても、特徴の一部が保存される数学的特徴をいう。対称性は一般に、たとえ2点間がはるかに離れていたとしても、非因果的な相関を瞬間的に示すのである。

もちろん、鏡の作用は光の性質をもとに成立するため、厳密には瞬間的な作用とは言えない。しかし、量子力学では、順相関（お互いに同一の値を取る関係）や逆相関（お互いに反対の値をとる関係）を同時に示す現象が認められる。その最たる例が「スピン」だ。原子内部の電子の状態を表す4つ目の量子数である。スピンは「アップ」と「ダウン」のいずれかの値を取る。パウリの排他原理に従えば、2つの電子が同時に全く同じ状態を取ることはない。よって、等しいエネルギー準位に入る2つの電子が同じ軌道角運動量を持つ場合、スピンについては別々の値を取ることになる。つまり、逆相関を示すのだ（観測によって初めてそれぞれの値が決まり、それまでは2つの状態が重なり合っている）。たとえお互いが遠く離れていたとしても、一方のスピンが「ダウン」とわかれば、他方のスピンは「アップ」と決まる。逆もまた然り。このような状況を「もつれ」という。遠隔地でも成り立つスピンの逆相関は、いうなればシーソーのような関係だ。

ペアとして示される電子スピンなどの物理量は、因果律に基づかなくても、予測できる量である。逆相関のペアであれば、一方の値が決定されると、即座に他方の値が判明する。

たとえば、2個1パックのゼリービーンズが菓子工場で製造されているとする。1つのパックには、赤と青のゼリービーンズがそれぞれ1つずつ入っている。パックを開封してとりだしたゼリービーンズが赤ならば、中に残るもう1つの色は、見なくとも青だとわかるだろう。その際、2つのゼリービーンズの間で情報がやりとりされるわけではない。つまり、因果律に基づいて情報が伝達されるわけではないのである。

量子力学には様々な種類の対称性が存在する。ペアとして示される対称性もあれば、複数の要素からなる集合同士や、連続性を伴う対称性などもある。だが周知の通り、偉大な数学者アマーリエ・エミー・ネーターによって、対称性はあまねく保存則に従うことが証明された。そして、その対称性の保存則から非局所的な相関が導かれる——すなわち、因果関係を伴わない2点間の結びつきだ。

対称に次ぐ対称

物理学において「パリティ対称性」として知られる鏡像対称性は、最も有名な対称性の1つである。その鏡像対称性の要となるのが、反射の法則——光の入射角と反射角は等しくなるとの法則——である。実物と鏡像は一般に同じ大きさで、垂直方向に等しく、水平方向にカイラリティとなる。カイラリティとは対掌性のことで、「右の手掌」と「左の手掌」のように、形は似ているが等しく重ならない性質を表す——一双の手袋や一足の靴、扇の両辺などがそうだ。時計の針の動きを基準とする方向——時計回りと反時計回り——も、カイラリティの一種である。ねじや蛇口ハンドル（水量を調節するハンドル）が、それぞれ回転方向が異なる2つのタイプに分かれるのも、カイラリティに起因する。

二次元を「棲み処」とする平面上の対象であれば、（平面に垂直方向の次元を加えて）三次元空間の中で反転させれば、カイラリティの一方を他方に変換することができる。右の手掌の平面図を左の手掌の平面図に、時計回りを反時計回りに、といった具合だ。だが、三次元の対象については、そうはいかない。現実の三次元空間に、新たに空間軸を加えることができないからだ。そのため、野球グローブのメーカーも、生産効率をアップすべく、はじめに左手用のグローブだけをつくっておいて、最後に完成品の半分を右手用に転用させる、というわけにはいかない。

鏡像《きょうぞう》対称性を示す図形の中で最も単純なものは、反転させても全く変わらない平面図形である。アルファベットの「X」や「O」がその典例で、いずれも鏡に映しても全く同じ形になるはずだ。そのような図形は、中心を垂直に貫く線を軸に、片側を反転させると反対の側とぴたりと一致する。換言すれば鏡のつくる対称性は、中心軸を挟んで右側を左側に、左側を右側に、それぞれの形を維持したまま映し出す性質と言える。

また並進《へいしん》対称性も馴染みのある対称性である。並進対称性は、対象を平行移動させても等しくなる性質をいう。同じ正方形のタイルが縦横びっしりと敷き詰められた浴室の内壁を想像してほしい。タイルの1つがひび割れて、交換が必要になったとする。新しいタイルを業者に注文する際、伝えるべき情報はタイルの大きさや形で、ひび割れたタイルの位置は無用だろう。なぜなら、浴室のタイルは垂直方向、水平方向ともに並進対称性を有し、どこをとっても同じだからだ。内壁の四隅や端において、正方形とは異なる形のタイルが必要となる場合に限って、並進対称性に「破れ」が生じる（並進対称性が成立するとは言えなくなる）。

回転対称性も広く知られている対称性だ。数字ではなく、均一の記号で時間を表すアナログ時計を思い浮かべてほしい。時計自体をそれぞれ4分の1、3分の1、2分の1だけ回転させてみる。もしくは1回転させてもいいだろう。時間表示の記号に応じた角度で回転させるのだ。いずれにしても、時計の見た目は全く変わらないはずだ。再度、同じように回転させても結果は同じである。この時計のような性質を、回転対称性という。

多くの自然現象は、ある基点から波及する形か、もしくはある基点に帰着する形で現れる。

その場合、基点を中心とする円は回転対称性を示す。観覧車やメリーゴーランドを思い浮かべてほしい。遊園地にあるこれらの2つの乗り物は回転しているが、いつ見ても見た目は変わらないはずだ。

存在自体はよく知られているが、普段意識することのない中心力も回転対称性を現す。地球と月の間に働く重力もその1つだ。地球の重力という中心力は、地球の中心に向かって対象を引きつけるため、公転する対象は地上から見て、エネルギーの大きさなどにかかわらず、常に同じ軌道を描く。事実、月の公転軌道はわずかなズレを伴うものの、極めて真円に近い。そのため地上から見た月の軌道は、回転対称性を示す（月の満ち欠けは、太陽との相対位置による光の照射面の変化であり、回転対称性とは別問題となる）。

物理学における対称性には他にも、荷電共役対称性などがあげられる。荷電共役対称性とは、2つの粒子の電荷をそれぞれ変換した際に見られる対称性だ。正の電荷であれば負に、負の電荷であれば正に変換する。電荷を変換しても、2つの粒子間に働く引力や斥力は変わらない。お互いに正、もしくは負に帯電する2つの粒子に関して、電荷の大きさと2点間の距離をそのままに、相互に電荷を入れ替えたとしても、既存の斥力は変化しないのである。

また、時間反転対称性という対称性も存在する。時間反転対称性とは、時間の進行を反転した時に見られる対称性で、様々な粒子間の相互作用で認められる。ビデオテープを巻き戻しても、映像に変化が見られないようなものだ。その他、対称性をあげればきりがない。対称性は自然界の至るところに存在するのである。

保存則が表すもの

保存則が確立されたことで、物理学は驚くほどシンプルに自然を描写できるようになった。たとえば力学的エネルギーの保存則を使えば、摩擦のない——もちろん理想的な条件として——ジェットコースターの動きを説明できる。力学的エネルギーの保存則が成り立つとすると、ジェットコースターの力学的エネルギーの総和は減少することなく一定を保つ。そのため、ジェットコースターは、エネルギーの総和を維持したまま、下降する時には位置エネルギー（重力によるエネルギー）を運動エネルギー（物体の運動によるエネルギー）に変換し、上昇時には、運動エネルギーを位置エネルギーに変換することでエネルギーの総和が保たれ、最終的にジェットコースターは元の高さに戻る。このように、一連の動きを首尾よく説明できるのだ。

もちろん、現実に則した見方をすれば、レールとの摩擦を考慮しなければならないだろう。摩擦があるとすると、力学的エネルギーの一部が失われ、ジェットコースターが元の高さに戻ることはない。ジェットコースター通過後のレールに触れてみれば、熱を感じるはずだ。これは、別の形のエネルギーである。そのため、熱として失われたエネルギーを一切漏らさずに計算すれば、エネルギーの総和——力学的エネルギーと熱のエネルギーの合計——は保存されるのである。

では最後に、ジェットコースターの車両を粒子に、レールをＬＨＣ（Large Hadron Collider：大型ハドロン衝突型加速器）に置き換えてみよう。実験対象の粒子は、一般に、ＬＨＣによって光速近くまで加速され、相対論的質量を得ることになる。質量とエネルギーを等価とするアインシュタインの有名な方程式に照らせば、増加した質量はエネルギーの別の形としてみなすことができる。よって、（質量を含めた）エネルギーの総和は変わらないのだ。

ただしミクロの世界では、いわゆる真空の「量子ゆらぎ」という現象において、エネルギーの保存則に破れが生じる。ハイゼンベルクの不確定性原理に従えば、極めて短命で存在する（時間が特定される）粒子に関しては、エネルギーの値が揺らぐため、一時的にエネルギー保存則が破られるのだ。無の状態から自然に生まれ、極めて短時間だけ存在し、再び無に帰す粒子が存在するのである。まるで急流から飛び跳ねた魚が一瞬にして、流れの中に消えるかのように。

通常、真空の量子ゆらぎで現れるのは、対をなす荷電粒子である。１つは正に、もう１つは負に帯電する粒子だ。たとえば電子であれば、陽電子とペアで出現する。その理由は、ある保存則が成立するためだ。それは、荷量（この場合、電荷）の保存則である。つまり、正の粒子が生まれる時は、必ず負の粒子を伴うのである。

物理学でよく使われる保存則には、他にも、線形運動量（質量と速度の積）の保存則や、角運動量（ある軸に対して回転運動する物体について、質量と速度と軸までの距離の積）の保存則がある。

線形運動量の保存則は、ある方向に（たとえば、下向きに）燃焼ガスを噴射するロケットが、正反対の方向に（上向きに）打ち上がる様子を表す。ただし、外部の力（宇宙に漂うゴミとの接触など）による影響は除外する。つまり、下方に生じる燃焼ガスの運動量と、上方へのロケットの運動量の総和が保存されるというわけだ。

角運動量の保存則は、直線運動よりも回転運動により直接的に関わる。前述した通り、角運動量の保存則が成り立つおかげで、回転運動する物体は安定した軌道を描く。

驚くことに、これらの保存則の成立は、遠隔地における非因果的な相関の可能性を示唆する。たとえば、全長160キロメートルにも及ぶ巨大な宇宙船が、はるか彼方の宇宙空間を移動している状況を思い浮かべてほしい。周辺領域には宇宙船以外に物体が存在せず、天体の重力による空間の歪みも認められない。このように外部の力による影響がなければ、宇宙船の線形運動量は保存される。したがって、飛行スピードは常に一定だ。となれば、宇宙船の先端の速度を計測すれば、原則、後端の速度もたちどころに決まるだろう。因果関係に頼らなくとも、遠隔地の情報を即座に得ることができるのだ。

だが実際のところ、宇宙船は幾多もの原子の集まりに他ならず、船体を構成する原子1つひとつは熱のやりとりを通じて無秩序に振動している。そのような系では、船体のどこをとっても同じ速度というわけではない。ただし、船体を絶対零度に冷やすことができれば（非現実的な話だが）、先端から後端まで一様に相関を示すだろう。もしくは、量子コヒーレンス（すべての要素が足並み揃えて、ある一定の量子状態をとる現象）を呈する素材でつくられているならば、宇宙船は完全に一体化する。なお、量子コヒーレンスや非粘性状態にある物質は、超伝導や超流動といった現象を現すことで知られている。

対称性と保存則の両者は、切っても切り離せない関係であることがわかっている。対称性が存在すれば、必ず保存則が成立するのだ。その事実を発見したのは天才数学者アマーリエ・エミー・ネーターである。彼女は対称性と保存則の結びつきを見出し、現代物理学に歴史的な進歩をもたらした。

〈参考　天才数学者アマーリエ・エミー・ネーターと女性の社会進出〉

アマーリエ・エミー・ネーターは1882年3月23日、ドイツ・エルランゲンの由緒正しいドイツ系ユダヤ人の家系に生まれた。父親のマックス・ネーターはエルランゲン大学の立派な数学教授だった。母親のイーダ・カウフマン・ネーターはケルンの豪商の出自で、ピアノ演奏の得意な女性だった。なお弟の1人、フリッツ・ネーターも、のちの有能な数学者となる。

ネーターは、女性にとって不遇と呼べる時代に育った。ドイツをはじめとする世界の学術界で、男性偏重が浸透していたのである。当時、大学教授や、教授職より下位にあたる私講師と

アマーリエ・エミー・ネーター（1882〜1935年）。数学教授を務めたブリンマー大学の近くにて（提供＝ブリンマー大学図書館）

しての地位を得るにも、博士号を取得した後に、教授資格（大学で講義することが許される高度な資格）の試験に合格せねばならず、多くの段階を経る必要があった。そのような中、彼女はゲッティンゲン大学で数学の博士号を取得し、すべての科目を通してドイツ初の女性博士の1人となった。しかし、教授資格試験の受験は認められなかった。そのため、博士号取得後の数年間、ヒルベルトなどの男性教授の代理として、ゲッティンゲン大学で教鞭をとることになる。あきれたことに、彼女の役職はただの「助手」だった。

ネーターのような優れた学者が、性別だけを理由に冷遇されることに対して、ヒルベルトは不満を募らせた。そして、大学の会議の中でこう話した。

「私講師になるにも性別で制約を受けるなんておかしな話だ。ここは大学という教育機関であって、公衆浴場ではない」［1］

ヒルベルトの発言から数年経った1919年、幸いにもドイツで基準が見直され、ネーターは教授資格を得るに至った。その後、ゲッティンゲン大学で数学科の私講師として教え始めた。ようやく教員として正式に認められたのである。

彼女は当時、すでに数学者として高く評価されつつあった。そう考えると、大学の教員として認められた時期があまりに遅すぎたといえる。事実、対称性と保存則に関する画期的な論文を発表したのは、教授資格を得る前年である。1918年7月16日、ゲッティンゲン王立科学協会の会合でのことだ。女性であることを理由に協会員になれなかった彼女のかわりに、ゲッティンゲン大学の高名な数学者フェリックス・クラインが発表者を務めた。そして、彼女は物理学に大きな功績をもたらしたのである。

ネーターが証明したのは、「対称性と不変量とを結びつける」定理だった。師のヒルベルトが一般相対性理論における数学的記述の補強に取り組んでおり、その研究に力添えする目的だった。一般相対性理論の体系化を巡っては、ヒルベルトよりもアインシュタインのほうが断然、知名度が上である。だがヒルベルトは、重力エネルギーの描写も含め、一般相対性理論を完全に定式化する上で大きな役割を果たした。その主な功績の1つが、局所的定義の難しいエネルギーにまつわるもので、一般相対性理論におけるエネルギー保存則の証明だった。

ネーターの(複数あるうちの主な)定理によれば、対称性は保存則の存在を意味する。ヒルベルトは、この定理を、様々な対称性を含む一般相対性理論に応用し、相対性理論にもエネルギー関連の不変量をはじめ、特定の不変量が存在することを証明した。その結果、重力エネルギーについても保存則が約束されたのである――たとえ不変量が局所的に定義されなくても、だ。

自然界に数えきれないほど多くの対称性が存在することを考えれば、ネーターの定理の適用範囲は幅広い。

たとえば、回転対称性を示す自転車の車輪にも応用することができる。回転対称性を伴う対象については、角運動量の保存則が成立する。そのため真っすぐ走っている自転車の車輪は、運転手が車輪を傾けなければ、勝手に回転軸の角度を保ち、安定した動きを見せる。逆に、カーブを曲がるために車輪を傾けたい時は、運転手が自ら少し体を傾け、車輪の回転軸を無理に変化させることで、傾きを調整するはずだ。いずれにしても回転対称性は、角運動量という不変量（変化しない量）をもたらすのである。

線形運動量の保存則は、回転対称性とは別の対称性に対応する。同じ対象が次から次へと並ぶ並進対称性だ。たとえば、真っ平らで摩擦のない理想的なビリヤード台を考えた場合、台表面の一部の領域を他の領域と見分けることは不可能だろう。したがって、並進対称性が成り立つため、ショットされたビリヤードの球は他の球やクッションに衝突するまで台上を等速直線運動する。衝突するに至っても、線形運動量が保存されることで、衝突前の球の速さと衝突角度から、衝突後の速さと進行方向を求めることが可能だ。

このように極めて重要な定理を導いたにもかかわらず、ネーターの人生にはその後も苦難が待ち受けていた。まずナチスが台頭した1933年、ユダヤ系の彼女は、社会民主党を支持していたこともあり、ゲッティンゲン大学での職を失う。その後幸いにも、アメリカのブリンマー大学から招聘《しょうへい》を受け、教える運びとなり、学生たちに慕われる存在となった。だが喜びも束の間、1935年に腫瘍の摘出手術が必要との診断を受ける。そして悲しいことに、手術後数日のうちに息を引き取ってしまうのだ。アインシュタインは『ニューヨーク・タイムズ』紙に真情溢れる弔意を寄せ、彼女の死を悼《いた》んだ。

ネーター氏は現代における最も有能な数学者の一人であり、女性に対する高等教育が始まって以降、最も偉大で出色の天才である。この数世紀の間、名だたる数学者たちが心血を注いできた代数学において、彼女は新たな手法を見出し、次世代の若き数学者たちに、かけがえのない知見をもたらした。その系譜において純粋数学を、論理的思考で綴る詩とならしめたのである。[2]

＊＊＊

ネーターの定理が証明されたことで、私たちは、遠く離れた2点間における非因果的な結びつきを想定できるようになった。自然界のいかなる対称性も特定の不変量を導き、その物理量は対称性が破られない限り保存されるからである。そのような不変量を備える物質やエネルギー場については、対称をなす相手が紛れもなく存在する。因果関係がなくともその存在は担保されるのだ。逆に何かが起こらなければ、対称性に破れが生じることはない。ネーターの謳う保存則はある意味、ニュートン力学の慣性を一般化した概念であり、力による作用を必要としないのである。

地球に住む生物は、構成原子がある程度、安定性を示すからこそ、豊かな生命を享受できる。原子の状態が常に不安定で、内部の電子が単に原子核に落ち込むだけならば、生命は成り立たない。ヒトについても、人体をつくる原子同士が強固につながり、安定した構造を保つからこそ、生きていけるのである。もしそのような構造が崩壊するならば、人間はこの世に存在し得ないだろう。

ありがたいことに、原子は確たる対称性を備える――不変量を導き、安定性を生み出すのだ。シュレーディンガー方程式を解いて、波動関数という揺らめく確率分布を目にすると、多くの対称性が見てとれる。事実、定常状態（時間経過によらない一定の状態）には必ず、時間並進対称性が存在する。つまり、時間が推移しても変化しないのだ。また、完全な球体を連想させる基底状態（エネルギー値が最も低い状態）には、球対称性が認められる。他にも、軸を中心に回転しても対称性を保つ軸対称性などがある。

一連の対称性にネーターの定理を適用することで、原子内部の電子の各量子数に関して、不変量を見出すことができる。時間並進対称性からは、総エネルギーを表す主量子数の不変性が導かれる。つまり、定常状態では、常にエネルギーの総和が一定となる。外部から作用を受けるなどして対称性に破れが生じない限り、原子のエネルギー準位は安定的に保たれるのだ。また、球対称性と軸対称性からは、主量子数以外の２つの量子数がそれぞれ表す角運動量に対して、保存則がもたらされる。それらの角運動量も同様に、対称性が破られない限りは不変である。

このように電子の量子数に不変量が現れるため、電子の「座る配置」が原子の安定性の指標となる。電子は「殻《かく》」と呼ばれる収容場所に収まるが、その殻が電子で満たされると原子の安定性は向上する。電子殻はいわば、スタジアムの座席のようなものだ。座席数はグラウンドに近ければ少なく、遠ければ多い。電子は原子核に近い殻から入っていき、1つの殻が満席になると、その外側へと収まる場所を移す。すべての殻が電子で満たされると、原子は化学的に最も安定した状態を示す。

不活性ガスとして知られる貴《き》ガスが典例だ。貴ガスにはヘリウム（電子の数は2個）やネオン（電子10個）、アルゴン（電子18個）、クリプトン（電子36個）などが含まれる。これらの原子は単独行動を好み、他の原子と結合して分子をつくろうとはしない。一方、金属のような反応性に富む元素（金属元素）もあり、貴ガスと同じく、元素周期表の中で特定の一画を占める。金属元素に共通する特徴は、最外殻《さいがいかく》が電子で満たされていない点だ。金属原子のスタジアムでは「最もエネルギーの高い座席」が空いているのである。このように元素によって異なる特徴を示すが、各元素の性質は元素周期表の並びとして反映される。原子状態の対称性に由来する量子数の飛び飛びの値が、規則性を生むためだ。

なるほど電子殻モデルと量子数の間には、意味深長なつながりが潜んでいることが窺《うかが》える。

はたして原子物理学者たちが見出したのは、「2」という数字だった。端緒となったのは、最外殻が電子で埋まる貴ガスの「魔法数」と呼ばれる電子数である。すなわち、2、10、18、36などだ。順に、前に位置する数字を引いてみよう（最初の2については0を引く）。

2－10、10－2、18－10、36－18となり、2、8、18という数字が得られる。

再度、隣り合う数の差を計算する（最初の2は同様に0を引く）。

2－0、8－2、18－8となり、2、6、10となる。

この並びは、奇数の最初の3つ、すなわち1、3、5を2倍した数列に他ならない。そこに隠された真実を追求する中で見えてきたのが、4つ目の量子数である。そう、スピンだ。

超排他的な住人

数字に秘められた謎の解明に、ヴォルフガング・パウリほどの適任者はいなかったかもしれない。論理的思考に長け、他者の理論を鋭く批判するパウリだったが、不思議な一面も持ちあわせていた。数秘術や対称性に深く魅了された横顔も、彼を語る上で見逃せない点だろう。深淵に潜む真理を突き止めるべく、パウリはしばしば研究対象に規則性を見出そうとした。言うなれば、新プラトン主義のような考えである。

パウリが模範とした学者の1人に、ヨハネス・ケプラー（38頁）があげられる（後年、哲学的考察に傾倒するようになってからは特にそうだった)。数学的な美しさ(プラトン立体の完全性など)に基づいて宇宙像を描いたケプラーの手法に感化されたのである。そのためパウリも、ケプラーにならって数字に隠された規則性から自然法則を導こうとした。

その姿勢は、原子構造の数学的記述において見てとれる。師のゾンマーフェルトをはじめ、他の研究者たちと話すうちに、彼も数字の「2」に興味を抱いた。そして、優れた洞察力と集中力をもってして、謎の解明に挑む。彼はのちにこう振り返っている。

2、8、18、32……、という整数の並びは、化学元素が自然に備える周期性を表す。これらの数字の持つ意味に関しては、ミュンヘン大学においても盛んに議論された。nを自然数として$2n^2$と単純に表現したのは、スウェーデンの物理学者リュードベリだった。ゾンマーフェルトは8に着目して、立方体の頂点の数と関連付けようとした。[3]

ケプラーの立体との結びつきを見出そうとする考えは、明らかにピタゴラス学派に通じる。はたして原子の織りなす数列には重要な意義が隠されているのだろうか? はたまたケプラーの正多面体による宇宙モデルのように、数字のつくる幻想に過ぎないのか? いずれにしても当時知られていた3つの量子数では、2に潜む謎を説明できないのは確かだった。つまり、その事実は、パウリにとって、新たな量子数の存在を示唆していた。2つの値から成る4番目の量子数を、である。

数字を巡る謎とは別に、当時の原子研究において原子の安定性も未解決の問題だった。電子数の多い原子では、なぜエネルギーの最も低い殻に電子は密集しないのだろうか？なぜ原子固有の周波数の光を放出して、最も内側の殻に集まらないのだろうか？

エネルギーの最小化が電子にとって唯一の「意思決定」であるならば、すべての電子は基底状態を取るはずである。だがそうなると、私たちの吸う酸素や血液に含まれる鉄を含め、ほとんどの分子が他の分子と反応しなくなり、人間は存在できない。人体が確たる構造を維持できるのは、まるでスタジアムの観客を前列から順に後列へと誘導するように、何者かが電子を高エネルギーの状態に押し上げるためだ。その原子内部の黒子は、スタジアムの警備員と同様、最後列に座るべき電子が最前列になだれ込むのを防いでいるのである。


さて、粒子の対称性の1つに、同種粒子の交換対称性というものがある。単純だが極めて不思議な対称性だ。粒子は一般に、1つひとつを明確に区別できない存在である（状態を表す量子数によって区分するが、粒子そのものを特徴付けるわけではない）。したがって、多岐にわたる状態を統計的に描写するに留まり、順番という要素は勘案されない。たとえば、電子Aが状態1から状態2に変化する時と、電子Bが状態2から状態1に変化する時との間に、明確な線引きはないのである。

しかしながら、同種の粒子が2つ存在する量子系の波動関数には、交換対称性が適用される。たとえば、光子が2つ存在する系などが好例だ。パウリが示した通り、そのような系には粒子の種類に応じて、ある特徴が認められる。その特徴に基づいて粒子を分類すると、「ボソン」というグループが生まれる。ボソンは「ボース＝アインシュタイン統計」にちなんで命名され、光子などが含まれる。ボソンに分類される粒子は、ある量子数について交換対称性を示すのだ。つまり、2つの粒子同士が同じ量子数を共有するのである。なお、もう1つのグループは「フェルミオン」という。「フェルミ＝ディラック統計」に由来し、電子などが該当する。フェルミオンに分類される粒子は、ある量子数について反対称性（変換を施した結果、元の要素に逆符号を付けたものと等しくなる現象）を示す。すなわち、2つの粒子の量子数を入れ替えると、量子状態に変化が生じる。波動関数の正負が逆転してしまうのだ。元の状態に戻すには再度、量子数を入れ替えなくてはならない。なお、ボソンとフェルミオンの違いは、アルファベットの「X」（ボソンの粒子のペアを表す）と「N」（フェルミオンの粒子のペアを表す）の違いにたとえることができる。それぞれ右側と左側を入れ替えると、Xは対称性を、Nは反対称性を示すからだ。

パウリの提唱した「排他原理」の原型となる概念は、ハイゼンベルクとシュレーディンガーがそれぞれ独自に量子力学の理論を築き、波動関数を示すよりも前に発表されている。パウリが初めて言及したのは1924年12月のことで、いかにも断定的な口調だった。

「（原子内部の）2つ以上の電子が……、（考えられるすべての）量子数について同じ値を取ることは明確に禁じられる」［4］

換言すれば、2つの電子が――広く言えば、フェルミオンの2つの粒子が――、全く同じ量子数を共有することはない、とパウリは主張したのである。少なくとも、どこかに違いが生まれるはずだ、と。のちに彼は、その排他原理の対象を電子からフェルミオンに拡張した。

交換演算子を作用させるとフェルミオンが反対称性を示すためで、対称性を表すボソンは排他原理の適用外となった。

パウリはさらに、2つの電子の違いを、4つ目の量子数に求めた。水素原子の基底状態にある2つの電子のように、既存の3つの量子数が同じであっても、4つ目の量子数が異なると主張したのである。そして、その量子数は2つの値しかとり得ないとした。ただし彼は、古典力学では記述できないと考え、新たな量子数について定式化しようとはしなかった。

それでも排他原理や、2値を持つ新たな量子数といった概念は、学界に広く受け入れられた。電子数に応じて一連の殻を備える原子構造や、こぞって基底状態に入ることのない電子の挙動を、うまく説明できたからである。パウリの排他原理に基づけば、複数の電子が揃って同一状態をとる可能性はゼロとなる。原子内部のエネルギーの高い殻や低い殻に、電子の集中する状況は生まれない。はたして排他原理は、元素周期表の根拠となった。元素周期表は、地球上の

オーストリアの物理学者ヴォルフガング・パウリ（1900〜1958年）。量子力学について講義する若かりし頃（データ提供＝アメリカ物理学協会エミリオセグレビジュアルアーカイブ）

あらゆる構成単位を、主な特性ごとに見事に分類する。その分類に、まさに根拠を与えたのだ。排他原理という新たな自然法則を発見したパウリは1945年、ノーベル物理学賞を受賞した。

スピン：粒子の謎めいた性質

自説のモデル化を拒むパウリにかわって、新たな「2値の」量子数を記述すべく意欲を見せたのは若手物理学者たちだった。異常ゼーマン効果に加えて、特定の原子が示す安定性を説明しようとしたのである。ゼーマン効果とは、前述した通り、「プリズム」のように機能する磁場において、1本のスペクトル線が複数のスペクトル線に分裂する現象を言う（203頁）。中でも「異常」ゼーマン効果は、電子の数が奇数の原子において、1本のスペクトル線が偶数本に分かれる分裂を指す。

その定式化に果敢に挑んだ研究者の1人が、ドイツの物理学者ラルフ・クローニッヒである。テュービンゲン大学のアルフレッド・ランデの研究室に所属していたクローニッヒは、パウリと会った時に、電子が独楽《こま》のように自転するとの自らの発想を伝えた。自転によって電子が小さな電磁石のように働き、外部の電磁場と相互作用するとクローニッヒは考えたのである。そのため、4つ目の量子数は、自転に伴う角運動量に由来するとした。だがパウリは、彼の考えを「不自然」として即座に否定した。電子の自転を裏付ける直接的な証拠がなかったためだ。

パウリの意見を受けて、クローニッヒは自転仮説の発表を断念する。

彼はのちに、こう述懐する。

「電子が自らを貫く軸を中心に回転するとの考えはパウリの意にかなわなかった。新たな量子数をモデル化することに彼は消極的だったんだ」[5]

しかし、美しい花はたとえ観る者がいなくとも凛として咲くものである。のちに「スピン」と名付けられた電子の特性についても、クローニッヒの考察とは別に、新たなつぼみがひっそりと開いた。幸いなことに、パウリによって芽を摘まれることなく。

1925年の春、2人のオランダ人物理学者サミュエル・ゴーズミットとジョージ・ウーレンベックはライデン大学において、異常ゼーマン効果を解明すべく原子スペクトルの分析に取り組んでいた。その中で4つ目の量子数を唱えるパウリの説を知ったゴーズミットは、新量子数の概念をウーレンベックに話す。ウーレンベックは、外部の磁場と相互作用するのは電子が自転するためだと推測した。反時計まわりに自転する電子は、上向きの回転軸を持つ。その電子の回転軸と外部の磁場が同じ方向を向いているのであれば、両者は平行だ。反対に、電子の回転軸と磁場が逆方向を向いていれば、両者は反平行となる。すると、平行と反平行という違いによって、電子の総エネルギーにわずかな差が生まれる。そう考えると、エネルギーに影響する他の要素——電子軌道の大きさや形、配向など——とあわせて、分光学者の観察する各原子のスペクトルの特徴をうまく説明することができた。

スピンという4つ目の量子数は、2つの値から成る。「アップ」は、ℏ《エイチバー》（プランク定数を2πで割った定数）に正の半整数を乗じた式、「ダウン」は、ℏに負の半整数を乗じた式に対応する。要するにスピンは、「初めて半整数を採用した量子数」だった。

排他原理に照らせば、ヘリウムのように複数の電子をもつ原子の最内殻には、「アップ」と「ダウン」の電子が1つずつ存在することになる。そして、原子が磁場に置かれた時に限って、2つの電子は異なるエネルギー準位に分かれるのだ。

ゴーズミットとウーレンベックの2人は、以上の内容を理論にまとめ、論文として発表するために師のポール・エーレンフェストに提出した。エーレンフェストは、パウリと同じく風変わりな物理学者だった（出身地も同じウィーンである）。辛辣《しんらつ》な表現を好み、皮肉屋だった。その実、常に劣等感に苛まれ（抑うつ病に苦しみ、最終的に自死を選択する）、ライデン大学のセミナーの参加者など、他の物理学者たちに対しては、恭《うやうや》しく振る舞うのが常だった。他者の考えを否定するのではなく、容赦なく質問攻めにするのが彼のやり方だった。『ファウスト』（訳注：ドイツの伝説で、主人公ファウストは悪魔と契約して快楽を手に入れる。ゲーテにより戯曲化された）になぞらえた2人の描写が、それぞれの人物像をいみじくも表すだろう。ニールス・ボーア研究所の若手研究員たちが1932年に創作した、そのパロディの中で、パウリはメフィストフェレス（悪魔）として、またエーレンフェストは、悩んでばかりで自信のない有名無実の男、ファウストとして描かれている。
ゴーズミットとウーレンベックの2人は、エーレンフェストに理論の草稿を提出した後も、スピンに関する研究を続けた。その中で、発表する予定の論文内容についてローレンツと話す機会があった。ローレンツは当時、ライデン大学の教授職をすでに退任していたが、新たな物理学理論に対しては変わらず関心を持っていた。すると、内容を聞いたローレンツは、スピンという新モデルの矛盾点を指摘する。磁場との相互作用を生むには、自転する電子の周速度が、光速をはるかに大きく上回る必要があったのだ。すなわち、2人の仮説は残念ながら、妥当性に欠けていたのである。

ウーレンベックは、エーレンフェストのもとを訪れ、提出した理論の誤りを伝え、論文発表の見送りを願い出た。だが、返ってきたのは「もう遅い」との返答だった。「論文原稿はすでに送付済みだ。2週間後に発表されるだろう」。エーレンフェストはそう言った後、すべてを失うわけではない、とウーレンベックを諭した。「2人ともまだ若いし、論文内容に誤りがあったとしても許される」と。[6]
かくして、電子の自転を提唱する2人の論文は、パウリなどのご意見番の目に触れることなく公表された。そして予想に反せず、パウリの批判を浴びる。ところが、パウリはその後態度を変え、スピンの概念を支持するようになった。宗旨がえに至った理由は、イギリスの物理学者ルウェリン・トーマスが「トーマス歳差」と呼ばれる現象を発見したためだった。トーマス歳差とは、特殊相対性理論の時空において自転運動の現す効果のことで、これによってスペクトルのある特徴をうまく説明できたのである。

実際の現象を見事に予測するため、スピンという概念は広く受け入れられるようになった。だが実のところ、現在でいうスピンは、単なる自転とは異なる概念を指す。たしかに、光速を上限とする世界において、電子が光速をはるかに超える周速度で回転することは不可能だ。外部の磁場との相互作用が独楽の回転現象と似ているだけで、電子が実際に自転しているわけではないのである。前段のような経緯で、新たな量子数を表現するために「スピン」という言葉が採用されたに過ぎない。

もちろんスピンという量子数は、何も電子に限った話ではない。クォークなどのフェルミオンに分類される粒子はすべて、半整数のスピンを持つ。フェルミオンの2つの粒子が同じエネルギーを共有する場合（なおかつ他の特性も等しい場合）、一方のスピンが「アップ」であれば他方は「ダウン」となり、その逆も然り。対して、光子などのボソンに分類される粒子に関しては、スピンの値はすべて整数となる。たとえば光子のスピンは1（正確には$\hbar$に1を乗じた値）である。

光子のスピンの状態は一般に偏光状態と呼ばれ、反時計回り（スピンが$\hbar$に1を乗じた値となる場合）か、もしくは時計回り（スピンが$\hbar$に-1を乗じた値となる場合）を示す。量子の振る舞いの中でも、偏光状態は人間が身近に体験できる現象である。偏光サングラスをかけると、まぶしさが極端に軽減するだろう。素材の偏光膜の分子が、一方の偏光モードしか通さず、もう一方を遮断するため、明るさが半減するのである。

ところで、全角運動量――スピンと軌道角運動量の合計――は、保存量である。したがって、粒子のスピン状態が変化する時は、別の粒子を通じて、自らのスピン状態が異なるエネルギー準位に遷移するか、お互いにスピン状態を交換する場合に限られる。全角運動量が保存量であるため、同じ軌道に入る対電子、つまり、アップとダウンのスピン状態を重ね合わせる2つの電子は、たとえお互いが離れたとしても、既存の相関を保つ。このように保存則は一般に、自然界（人間が知り得る限りの世界）において貸し借りなしの状態を徹底させることで、非局所的な相関を生み出すのだ。まるで債務者を四方八方追いかける借金取りのように――。

姿を見せない粒子

すばらしいことに、私たちは保存則によって普段目にすることのない自然の一面を知ることができる。家計簿を通じて、見逃していた収入や支出に気がつくように、保存則を使えば、普段は人目をはばかる相互作用の実態が見えてくるのだ。

放射性崩壊の研究において当時、原子核がベータ粒子（歴史的な理由でそう命名された）という高エネルギーの電子を放出する現象が知られていた。すなわち「ベータ崩壊」である。原子核がベータ崩壊すると、原子核の電荷は陽子1つ分の正の電荷だけ増える。そのため元素周期表において、原子番号が1つ上の元素に変化し、当該元素の同位体となる。そのベータ崩壊の前後において、原子核やベータ粒子のエネルギーと運動量を正確に測定したところ、いくつかの疑問点が浮上した。まずエネルギーと運動量の一部が、まるで何者かに盗まれているかのように失われていた。犯人が光子であれば検出されるはずなので、光子以外の仕業だと考えられた。さらに、原子核がベータ崩壊して電子を放出するたびに、スピン値が1／2の粒子がどこからともなく出現する点も謎だった。もっとも、全く無の状態からスピンが生まれるはずはなかった。

1930年、スイス連邦工科大学チューリッヒ校（ETH）の物理学教授だったパウリが、それらの問題に秀逸な答えを示した。新たな粒子が存在すると唱えたのである。質量の極めて小さな、電荷を帯びないスピン1／2の粒子で、彼は「ニュートロン」と呼んだ。パウリの提唱した新たな素粒子は、その後1932年にイタリアの物理学者エンリコ・フェルミによって「ニュートリノ」と改名される。ジェームズ・チャドウィックの発見した質量の大きな中性の粒子、つまり中性子が、同じくニュートロンと名付けられたためだ。パウリは、1930年12

月にテュービンゲンで開催された研究会議の参加者たちに興味深い手紙を送り、その中で自らのアイデアをもったいぶった言い回しで披露した。

放射線研究に従事する皆さまへ……

私はこの度、粒子統計における「交換対称性」とエネルギー保存則を担保する妙案を得るに至りました。

つまるところ、原子核の中には中性の粒子が存在し得るのです。

私はその粒子をニュートロンと呼びたいと考えております。ニュートロンはスピン値が1／2で、排他原理に従うため、光子とは全く種を異にし、速さは光速に及びません。質量に関しては、電子と同程度の大きさであると予想され、陽子質量の100分の1より大きくなることはないと考えられます。ベータ崩壊において電子と共にニュートロンが放出されると仮定すれば、双方のエネルギーの和は一定となり、ベータ線の連続スペクトルを首尾よく説明できるのです……。

ヴォルフガング・パウリ［7］

超光速ニュートリノの話題に触れた際にも紹介した通り（184頁）、ニュートリノは昔から趣味の悪い冗談の材料として使われてきた。その歴史を繙《ひもと》いてみると、パウリへのあてつけに遡る。1932年にニールス・ボーア研究所でつくられた『ファウスト』のパロディでも、悪魔役のパウリにそそのかされてエーレンフェストが誘惑した女性としてニュートリノを描写。抽象的考察に傾倒するパウリを揶揄している。

ニュートリノを魅惑的な女性に見立てた描写は他にもある。

量子物理学者レオン・ローゼンフェルトが『Journal of Jocular Physics（滑稽な物理学誌）』（訳注：ニールス・ボーア研究所がボーアの還暦などの記念日を祝って発行したくだけた内容の記念）に寄せた詩『La Plainte du Neutrino（ニュートリノの不満）』が一例だ。フランスの詩人フェリックス・アルヴェールの恋愛詩、『Un Secret（1つの秘密）』を摸倣して、ニュートリノの謎めいた特徴を恋人の気まぐれな姿に投影。たとえば「『いったい誰かしら、この女性は？』そういって気づかないのだ」との結びを、「『いったい何かしら、このエネルギーは？』そういって気づかないのだ」の1文に替え、ニュートリノの検出の難しさを表現した。［8］

チャドウィックによる中性子の発見後まもなく、フェルミがベータ崩壊を記述する理論を発表し、遷移確率の計算方法を示した。一般に中性子がベータ崩壊すると電子と反ニュートリノ（ニュートリノの反粒子）を放出して陽子になる。対して陽子がベータ崩壊すると陽電子とニュートリノを放出して中性子になる。それぞれの遷移確率を彼は、「フェルミの黄金律」と呼ばれる方程式によって表した。

まだ観測されていなかったが、ニュートリノの存在を謳うパウリの主張をフェルミは支持していた。だが実際に、質量が極めて軽く（フェルミは質量がないと考えていた）、電荷を帯びないとされるニュートリノが存在するとしても、その性質を考えれば簡単に測定できないことは誰の目にも明らかだった。想定上は、地球全体がまるでティッシュペーパーでできているかのように、苦もなく貫通してしまうのである。

フェルミのベータ崩壊の理論は非常に優れていたが、不十分な点もいくつか見受けられた。まずベータ崩壊の過程を正確に記述しきれていなかった。電磁気力の相互作用を媒介するのは光子である。事実、同じ電荷を持つ粒子間の斥力や、異なる電荷をもつ粒子間の引力は、光子によって伝播される。その点を踏まえ、スティーブン・ワインバーグとアブドゥッサラーム、シェルドン・グラショーの3人の物理学者によって、フェルミの理論は数十年後、電弱相互作用の理論に拡張された。つまり電磁気力と弱い相互作用の電弱統一理論である。複数の粒子が関与する様々なベータ崩壊を、3人は弱い相互作用に基づいて一般化。弱い相互作用は、W^+ボソンとW^-ボソン（それぞれ正負の電荷を持ち、ベータ崩壊の異なるモードに関わるボソン）、そしてZ^0ボソン（中性のボソン）の3つのボソンのいずれかが媒介するとした。

また、ニュートリノが実際に検出されないことも、マイナス要素だった。新たな自然法則を提唱することと、測定結果によって理論が完璧に裏付けられることとは別の話なのだ。だが多才なフェルミはその後、実験屋としての能力も発揮し、次第に別の原子核現象へと研究対象を移す。そして、第二次世界大戦中には、核分裂による連鎖反応の研究に乗り出した。

対照的に、パウリは実験によって自説を実証しようとしなかった。ところが、パウリとその俗に言う実験とは相性が悪かった。彼が実験施設に立ち入ったり、測定機器の近くを通ったりすると、装置に不具合の生じることがしばしばで、周囲から「パウリ効果」と恐れられたほど。機械は故障し、測定器は作動せず、現場に混乱を招くのである。事実、実験物理学者のオットー・シュテルンはパウリを自らの研究施設に招こうとしなかった。理論物理学者のジョージ・ガモフはこう形容する。

「一流の理論物理学者たる者、精巧な実験機器に触れただけで機械に不具合をもたらす、と言われている。その言葉に照らせば、パウリは有能な理論物理学者だ。彼が施設を訪れただけで、装置が壊れ、誤作動を起こし、ひいては全く動かなくなったり、燃えたりするんだ」[9]

最も有名な事件は、パウリが1950年2月、プリンストン大学を訪ねた時のことである。プリンストン大学のパーマー物理研究所の地下にある高エネルギー・サイクロトロン（円形粒子加速器）が火事になり、6時間以上燃えたのだ。もちろん研究所の建物には煙が充満し、あちこちがすすだらけとなった。パウリは現場ではなく、大学の敷地内にいただけだったが、その後やり玉にあげられたことは言うまでもない。
また、彼が列車でゲッティンゲンを通過していた時にも事件は起きた。乗車する列車が駅に停車していたところ、ゲッティンゲン大学の実験装置が理由もなく爆発したのである。一方、何も起こらない、というパウリ効果もあった。彼の周囲で無理に何かを起こそうとして、失敗に終わった例である。それは、パウリがイタリアで出席した会議での出来事だった。彼が入口のドアを開けると、頭上のシャンデリアが落下するといういたずらを学生たちが計画。だが実際にはロープが絡まり、シャンデリアは微動だにしなかったのである。当のパウリは、反例を得たことにご満悦だったという。[10]
物理学者のスタンレー・デザーも、パウリ効果による機械の故障を実体験した1人である。
「1950年代、デザーがコペンハーゲンを訪問した時の話。「愛車のスポーツカーでパウリをニールス・ボーア研究所近くまで送ろうとしたのさ。そしたら愛車が故障してね。まさしくパウリ効果だったよ」[11]
1956年、ニュートリノはついに発見された。クライド・カワンとフレデリック・ライネスの2人の物理学者によって観測され、パウリの予想と、フェルミの理論の一部が実証されたのである。発見されたのは、ベータ崩壊に関わる「電子ニュートリノ」で、その数十年後には別の2つのニュートリノも測定された。ミューニュートリノとタウニュートリノである。ミューニュートリノとタウニュートリノは、それぞれミュー粒子とタウ粒子に関連するニュートリノだ。ミュー粒子とタウ粒子は、いずれも電子と同類だが、電子よりもはるかに質量の大きな粒子である。

電子ニュートリノやミューニュートリノ、タウニュートリノなどのニュートリノは、「レプトン」と呼ばれるグループに大別される。レプトンは、強い力――粒子同士を結びつけて原子核を形成する、自然界に存在する力の1つ――の影響を受けない素粒子群を指す。反対に、強い力に影響される粒子は「ハドロン」といい、陽子や中性子が含まれる。なお、1960年代にアメリカの物理学者マレー・ゲルマンによって、ハドロン粒子の構成要素が発見され、「クォーク」と名付けられた。

もつれた経緯

対称性という概念は、ニュートリノの発見の他にも、素粒子物理学に多くの進展をもたらした。たとえばディラック方程式――シュレーディンガー方程式を拡張して、スピンが半整数のフェルミオンを記述した方程式――では、2つの相対する解を得ることができた。正のエネルギーの解と、負のエネルギーの解である。負のエネルギーの解に対してディラックは、負のエネルギーの電子で限りなく満たされた海に存在する正のエネルギーの「空孔」との解釈を与えた。そして、質量の大きなある粒子を空孔に対応させたが、当該粒子ではなく、正しくは陽電子（電子の反物質）であることがのちに判明した。

物質と反物質は、一部の特性に関して全く同じでありながら、一部の特性については鏡像対称性を示す。たとえば荷電粒子の反物質は、電荷を逆転させた粒子となる。負に帯電する電子ならば、正の電荷をもつ電子がその反物質だ。両者は衝突すると対消滅を起こし、電荷を帯びない光子を放出して、その分のエネルギーを失う。物理学では、「レプトン数」という保存量が定義される。電子やニュートリノなどのレプトンであれば、レプトン数は1で、その反物質のレプトン数は-1となる。電子と陽電子の対消滅を考えると、電子のレプトン数（+1）と、陽電子のレプトン数（-1）を合計すればゼロとなる。これは、放出される光子のレプトン数（光子を含む非レプトンのレプトン数はゼロ）と一致する。

ベータ崩壊を見ても、レプトン数の保存則が成り立つのがわかる。たとえば、中性子がベータ崩壊すると、電子と反ニュートリノ（レプトン数は-1）を放出して陽子になるが、反応前後のレプトン数を計算すると等しくなるだろう。かくして、レプトン数は保存されるのである。

物質と反物質はレプトン数や電荷が互いに逆となるが、共通する面も持つ——たとえば質量や、重力との作用はいずれも同じだ。反物質は実験装置において生成し、閉じ込めることができる。だが、対となる物質といつでも簡単に反応してしまうため、通常は短い時間しか存在できない。

対称性の多くは、抽象的なヒルベルト空間上の回転としてうまく表現できる。土台となるのは「群論」という数学理論だ。たとえば、スピンの対称性も、回転として記述できる。外部の磁場などの影響で、「アップ」と「ダウン」の重ね合わせの状態から、「アップ」もしくは「ダウン」のいずれかの純粋状態にスピンが変化する時、その変化はヒルベルト空間上の回転と同意である。

スピンの状態の表記は一般に、ベクトルに似た「スピノル」という量を単位とする。その中で、パウリのスピン行列と呼ばれる二次正方行列の組み合わせによって、スピンの状態は記述される。単位行列（整数の1に相当する行列）を含めた4つの行列の組み合わせとして、だ。そのパウリのスピン行列は、アイルランドの数学者ウィリアム・ハミルトンの体系化した「四《し》元《げん》数《すう》」という数学的対象と深く結びつく。なお、四元数は複素数（実数と虚数で表される数）を拡張した概念で、量子力学をはじめ多くの分野で使われている。

抽象的空間上の回転として位置付けられる対称性には、「アイソスピン」（かつては「同位体のスピン」と呼ばれていた）という物理量もある。陽子と中性子の間で対称をなす量として、1932年にハイゼンベルクによって導入された。相対するアイソスピンを持つ2つの粒子に関して、一方のアイソスピンの状態を抽象的空間上で回転させると、他方のアイソスピンの状態となる。仏教の教えにちなんで、ハイゼンベルクはその概念を「八道説」と呼んだ。その後、アイソスピン対称性はゲル・マンによって、陽子や中性子と比べて質量の大きな粒子にも拡張され、より一般的な対称性を意味するようになった。

観測によって新たな事実が浮上すれば、既存の物理法則は見直され、覆される可能性がある。非局所的な相関は、かつて、重力の本質を見抜けなかった古典力学により、歴史の闇に葬られようとしていた。だがその後、量子力学によって救われた——力の作用を介さない相関として。遠く離れた2つの粒子間において、切っても切れない相関が存在するのである。

シュレーディンガーはそのような状態を「もつれ」と呼んだ。量子力学でいう「もつれ」とは、多粒子系——ヘリウム原子の基底状態にある対電子の系など——において、任意の粒子の物理量が自ら以外の粒子の物理量と相関する状態をいう。興味深いことに、この「量子もつれ」は物理的な距離を意に介さない。実験を重ねれば重ねるほど、「量子もつれ」を認める2点間の距離は広がるばかりである。原子の世界に留まらず、一方が河川を飛び越え、宇宙空間に至っても、他方との相関は変わらないのだ。「量子もつれ」は、決して抽象的概念ではなく、現実において極めて有用性が高い。人間が目にすることのなかったであろう物質の状態を生み出すからだ。たとえば、いずれも超低温下で出現する、全く滑らかに流れる粘性のない超流体や、完全に電導する電気抵抗のない超電導体がそうである。

超自然現象への抗い

アインシュタインの考察に通底するのは「局所実在性」である（36頁）。客観的に実在する物理量が、局所的な作用を受けて変化する。それこそ、すべての自然現象を司る真理だと、彼は信じていた。その局所実在性は、局所性と客観性の2つの要素に立脚する。局所性は、遠隔作用を否定する考え方で、作用の伝播に「場《ば》」という仲介役を必要とする。前述した通り、場は、時空の任意の点において物理量を定める地図である。各地の風の強さや向きを伝える気象予報図のようなものだ。場の所与の点に粒子があるならば、その後の振る舞いは一義的に定まる。

対照的に、ニュートンの記述した重力理論では、天体同士が見えない糸でつながっているかのように運動する。太陽と惑星の間において重力を伝える媒介者は存在しない。真空中で広域に作用する力として重力は位置付けられている。つまり、遠隔作用だ。ただし、ニュートン自身も、そのような位置付けは論理に欠けると自覚していた。のちに力を伝える仲介役を見出そうとした所以である（実際に物理学史においてニュートンの理論は場の理論へと発展する――時空中の各点において重力を伝える重力場という概念が生まれるのだ）。

また、同じくアインシュタインのこだわった客観性は、いかなる物理量も観測の有無を問わず、あらかじめ決まっているとの見方だ。ニュートン力学においても、考察対象の物理量は明らかに客観性を有する。質量や速度などが代表例だ。すなわち、客観性に関しては、アインシュタインは素直に継承したのである。その上で、すべての物理学理論は客観性に基づき、予測を与えるべきだと主張した——自然の真理は人間とは無関係との考えである。

さて、森の中で木が1本倒れていたとしよう。

誰も木が倒れた音を耳にしていない。それでも倒れた時に木は音を発したのか？　と聞かれたら、あなたはどう答えるか。これは、有名な哲学的命題である。木の倒れる音は、空気分子の乱流が原因で発生する。その点を踏まえれば、アインシュタインならば「イエス」と答えただろう。

ある林業従事者が森の中で発見した倒木に関していえば、木が倒れる過程で周囲の空気分子に与えたエネルギーは、算出可能な量である。とすれば、音の大きさも推定できる。高性能のコンピュータがあれば、倒れる瞬間から、関与するすべての空気分子の位置と速度も追跡できるだろう。

もちろん物理学の金字塔、一般相対性理論も局所実在性を採用している。一般相対性理論に従えば、時空における任意の事象は実質、局所的かつ客観的な条件のもとで形成される独自の世界――つまり、局所的領域における時空そのものの「形」――なのである。その局所的領域の形を次々とつなぎあわせていけば、宇宙の全体像ができ上がるというわけだ。

たとえば、太陽の周りを地球が公転する理由について考えてみる。ニュートンに従えば、太陽と地球を結ぶ重力は見えざる糸のようなものだ。対してアインシュタインは、まず、質量の大きい太陽によって太陽系の時空が歪むと唱えた。そして、各点における湾曲具合は、太陽の客観的な質量とエネルギーによって決まると主張。もし時空に歪《ゆが》みがなければ、地球は一直線上を直進するとした。だが実際には、時空に歪みが生じるため、地球の軌道もカーブを描く。そのため、競輪場を走る自転車のように、地球も既定コースを周回するのだ。要するに、局所的かつ客観的な条件のもとで、地球は太陽を公転するわけである。

量子力学において、「量子もつれ」は2つの粒子間に成り立つれっきとした相関だ。たとえお互いが離れていたとしても、同じ量子状態を共有する。だが、アインシュタインにとって、一方の物理量の決定により他方の物理量が決まるとの考え方は、テレパシーも同然だった。超常現象はヘンリー・スレイド（161頁）のようなペテン師の仕業だと多くの科学者が指摘する時代に（ツェルナーのように信じ込む科学者も少数いたが）、アインシュタインは物理学者としての道に進んだ。そのため「読心術」まがいの現象であればすべて、容赦なく疑惑の目を向けたのである。

その証拠に、カリフォルニア工科大学の「Einstein Papers Project（アインシュタイン論文プロジェクト）」の責任者兼編集長の科学史家ダイアナ・コルモス・ブッフバルトは、収集したアインシュタインの資料を見る限り、「超常現象や神秘主義を思わせる内容は一切ない」と話す。[12]

そんなアインシュタインは、1930年代初頭に南カリフォルニアを訪れた際、「読心術師」の能力を認めてほしいとの驚くべき依頼を受けている。鷹揚な性格の持ち主だった彼は、超常現象を肯定する見方に対しても柔らかく批判するのみだった。そのため、彼の穏やかな反対姿勢は時に、神秘主義への理解の表れとして曲解された。

たとえば1930年には、テレパシーの真価を讃える『Mental Radio（メンタル・ラジオ）』を上梓した人気作家、アプトン・シンクレア（代表作に『ジャングル』など）から、友人の1人として推薦文の寄稿を求められている。『メンタル・ラジオ』には、失くしたものの場所を言い当てるシンクレアの妻の不思議な能力などが、非科学的に記述されている。つまりアインシュタインが推薦するのに、ふさわしくない内容といえた。にもかかわらず、彼は推薦文の寄稿を快諾した。『メンタル・ラジオ』の序文で、こう記している。

テレパシーなどの検証結果をわかりやすく詳説する当書の内容は、自然現象を研究する者にとって、想像をはるかに上回る記述が含まれる。その一方で、著者であるアプトン・

シンクレア氏のすばらしい眼識によって、読者の期待を超える作品に仕上がっていることは論を俟たない。その誠実で真摯な筆致は、私が触れるまでもないだろう。意図的なテレパシーだけではなく、催眠状態下における無意識のうちの思念伝達も題材としており、心理学の面からも非常に興味深く読むことができる。［13］

また、1932年3月には、自らを予知能力者と称するジーン・デニスの疑わしい能力をアインシュタインが認めたとの記事が『New Republic（ニュー・リパブリック）』誌に掲載された。カリフォルニア州のパーム・スプリングスで休暇中のアインシュタインが、デニスと自動車に乗った際、彼女の予知能力を本物として認めたとのこと。おそらく、アインシュタインは彼女に礼儀正しく接したのだろう。「アインシュタイン博士、どうした！」との見出しで、2人のやりとりが報じられた。すると、シンクレアがすぐさま擁護したのだが、それはアインシュタインにとって余計な対応とも言えた。見解が間違っていたのである。

「アインシュタイン博士は以前から超常現象に関心を持っており、その分野において、ある研究に取り組んでいるのです」［14］

いわゆる超自然現象と呼ばれるものへの嫌悪感が手伝って、アインシュタインは、以前にも増して、量子力学の非局所的かつ非因果的な考え方を強く拒むようになったのかもしれない。時代の潮流をよそに、自然現象はすべて明確で直接的な結びつきによるとの立場を一貫して崩さなかった。そして、観察とは無縁の客観性こそ真理と信じ続けたことで、周囲との溝が次第に深まっていったのである。

第7章

シンクロニシティへの道

ユングとパウリの対話

アインシュタイン博士を何度か夕食に招いたことがありました。……だいぶ昔のことで、特殊相対性理論が発表される頃の話です。……そのなかで非常に感銘を受けたのは、研究者としてのシンプルで端的な考察です。博士の考え方は、その後の私の研究活動に大きな影響を与えました。時間や空間の相対性、また超自然現象の条件について考えるようになったのも、博士との交流がきっかけです。そして30年以上経った今、パウリ博士との親交に結びつき、超自然現象のシンクロニシティの理論を著すに至ったのです。

——カール・ユング

（1953年2月25日、カール・シーリグに宛てた手紙にて）

SYNCHRONICITY

アインシュタインは、ニュートンの「遠隔作用」を棄却したこと（164頁）が、自身の主な功績の1つだと考えていた。

従来の理論では、恒星が爆発したとすると、爆発直前の恒星の光が惑星に届かぬうちに、惑星の運動が変化することになる。しかし、相対性理論は、作用の伝播に速度制限を設けることで、そのような不可思議な状況を回避することに成功した。したがって、粒子の物理量も天体のそれと同じく客観性を持ち、局所的領域を次々と伝わる因果作用によって変化すると、アインシュタインは信じていた。しかし量子力学は、自然の振る舞いを正確に予測するものの、局所性と客観性に立脚して可観測量を表すわけではない。彼が量子力学を不完全な理論とみなした理由は、正にその点にあった。

ゆえに、観測しなくとも物理量は決まっているとし、既存の量子力学を修正しようとする。そのような物理量は、ギアとチェーンの連動によって自転車が走るように、近傍の条件によってのみ変化する値と言えた。そして、量子もつれの成立機序のために、「隠れた変数」と呼ばれる観測不能な因果律の連鎖が想定されたのである。

自然界を1つの理論で表す統一的理論の必要性など、多くの点でアインシュタインに賛同するパウリだったが、量子力学に関しては全く異なる見地だった。彼にしてみれば、量子の世界の織りなす相補性や不確定性、量子もつれなどの真新しい現象は、自然の真理そのものだった。事実、それらの現象を貴重な契機として、自然に潜む対称性などの数学的結びつきが明らかになった。加えて、観測による影響を主題とする量子測定理論により、自然現象だけではなく人間の意志を踏まえた大局的な見地が形成されつつあった。

このような時代背景に、現代物理学に関心を持ち、普段からその意義を認めるユングにとって、パウリは精神と物質の関係性について意見交換する格好の相手だった。対話を通じて、科学的考察を深めることができたからである。自然界における対称性の役割だけではなく、いわゆる超常現象と呼ばれる奇妙な出来事にも話題は及んだ。ただしパウリは、自らの超常現象への関心を他の物理学者に話そうとはしなかった（同じく超常現象に興味を持つ友人、パスクアル・ヨルダンだけは別だった）。一貫して自然界に客観性を求めるアインシュタインの存在が、その消極的な姿勢に拍車をかけた。当然、観測の影響を考慮すべきだとアインシュタインに助言することもなかった。そして、パウリの推察通り、アインシュタインは生涯、量子力学の表す奇妙な世界を自然の真の姿として認めなかったのである。

もつれを繙《ひもと》く

量子もつれの非局所性を許容できず、その記述を不完全とみなしたアインシュタイン（Einstein）は、１９３５年、助手のボリス・ポドルスキー（Podolsky）とネイサン・ローゼン（Rosen）と共に、「ＥＰＲ」（３人の名前の頭文字をとった）と呼ばれる論文を発表し、波紋を広げた（のちにポドルスキーが論文の著者であることが判明。39頁）。３人で発表したＥ

PRは、〝量子もつれ〟を現す粒子の位置と運動量に関する思考実験だったが、のちに物理学者のデヴィッド・ボームによって、スピンを対象とした内容に単純化される。

ボーム版のEPRでは、量子もつれを呈する2つの電子をそれぞれ反対方向に放出してから、スピンを観測する場面を想定していた（たとえば、基底状態のヘリウム原子からそれぞれ逆方向に勢いよく放出された2つの電子など）。その場合、一方の電子のスピンを観測すると、たちまち他方の電子のスピンが判明する。1つのスピンがダウンならば、もう1つのスピンは必ずアップなのだ。

ではどのようにして、2つの粒子間でスピンに関する情報を瞬時にやりとりするのだろうか？

不可解な点はそれだけではなかった。有名な「シュテルン＝ゲルラッハの実験（訳注：1922年に初めて行われたAgの原子ビームを「不均一な磁場」の中に通過させ、その進路の曲がる度合で、電子のスピンの向きを測定する実験）」において、測定に用いる磁場の方向を表す空間軸（通常はx軸、y軸、z軸）の中で、1つの軸のスピンしか特定できないことが明らかになった。たとえば、ある電子についてz軸のスピンがダウンと判明した場合、x軸とy軸のスピンの測定は不可能となる。すなわち、ボームの再提案したEPRに照らせば、2つの電子のうち後に観測される電子は、最初に観測される電子のスピン軸も瞬時に「察知する」のである。

ボームは、アインシュタインに感化され、正統的解釈とは異なる切り口で量子力学を説明しようとした。かつてのルイ・ド・ブロイの考察をもとに、量子世界の裏に見えない「パイロット波」を想定して、実在の粒子はその見えないパイロット波に乗って空間を移動すると主張し、シュレーディンガー方程式に類似する決定論的な方程式でパイロット波を表し、量子もつれを導く隠れた変数として位置付けた。しかし結局は、アインシュタインから独立した理論として認められるも、支持を得るまでには至らなかった。決定論に根ざす反面、(アインシュタインが年を追うごとに世の理として支持するようになっていった) 局所実在性に欠けていたからである。このことからアインシュタインは、「(ボームの) 考察は、極めて表層的だと思います」とボルンへの書簡に記している。[1] そして、かわりに一般相対性理論を拡張して究極的な統一場理論を築けば、量子力学の裏に潜む真理を導くことができると考えた。

パウリの見方はさらに厳しく、ボーム本人に宛てた手紙で次のように綴った。

「内容に価値がありません……。新しさという意味では、なおさら価値がありません」[2]

彼がかつて批判したド・ブロイの理論を基礎としていた点に、矛先を向けたのである。

このように、局所性にこだわるアインシュタインだったが、非局所性を現し得る現象を一般相対性理論から予想している。ローゼンと共に1936年、質量とエネルギーによって時空が歪み、2つの異なる領域が直結すると提唱したのだ。

2つの領域をつなぐ経路はのちに、アインシュタイン=ローゼン橋、もしくはワームホールと呼ばれるようになった。ちなみにワームホールという言葉は、宇宙空間を「リンゴ」に見立て、リンゴ表面の対極する2点を虫食い穴のように貫くトンネルを連想して名付けられた。

量子力学は完全ではないとの主張をアインシュタインは生涯、曲げなかった。その姿勢は実質、他の物理学者たちとの対立でもあった。自らの主張に賛同を得られなかったアインシュタインは、一般相対性理論をもとに、あらゆる自然現象を網羅する統一場理論を完成させ、量子力学の不完全な記述を補完しようとする。究極的な統一場理論において、量子力学の奇怪な現象を、美しい数学的表現の中の例外として――とうとうと流れる水流から、時折、自然発生する擾乱《じょうらん》のように――、記述しようと考えたのである。

1つの理論によって自然をあまねく表現しようとする試みは、ピタゴラス学派の思想に端を発するといってよい。ピタゴラス学派は、自然の構成単位を数とみなし、1から10までの整数を重視した。現代に入ると、その試みは、電気力と磁気力を統合したマクスウェルの電磁力へと飛躍する。さらにマクスウェルは、電磁気力と重力との間に共通点を見出し、統一的理論を実現させる足がかりとなる可能性を指摘した――しかし、自らその構築に挑むことはなかった。

アインシュタインによって一般相対性理論が発表されると、ほどなくして、3人の研究者が相対性理論の電磁気力への拡張に挑んだ。そのうちの1人であるヘルマン・ヴァイル（ネーターの友人で、ゲッティンゲン大学の同僚）は、「ゲージ」と呼ばれる可変の尺度水準を採用し、四次元時空における長さの定義を改めようとした。結局、ヴァイルは、相対性理論と電磁気学の融合を果たせなかったが、のちにゲージという概念を場の量子論に応用する――エネルギー場に、任意の方向を指すダイヤル指針さながら、不規則に振る舞う要素があることを示した。

また、アーサー・エディントン（207頁）は、歪曲した空間におけるベクトル演算を再定義し、電磁気力に関連する新たな概念を導入することで、数学者のテオドール・カルツァは、測定できない5つ目の次元を四次元時空に加えることで、マクスウェルの電磁気力との関係を示そうとした。

それらの試みに関心を抱いたアインシュタインは晩年、自らもエディントンとカルツァの発想をもとに相対性理論と電磁気学の融合を図った。そして皮肉なことに、量子力学の実在性の欠如に首を傾げたにもかかわらず、五次元の存在に統一場理論構築の可能性を見出す。ヒルベルト空間という完全に抽象的な空間ではなく、現実の時空において隠れた結びつきを想定し、非局所的な相関を説明しようとしたのである。そうすれば、自らにとって絶大な意味を持つ因果性と連続性を担保できたのだ。

皮肉屋兼毒舌家

パウリも同じく、統一的理論の構築に並々ならぬ関心を寄せた。理論の欠陥を指摘するため、楽しんで目を光らせているかのようだった。アインシュタインにとってパウリは、様々な理論体系において、自らの考えの是非を問う「ご意見番」だった。ただし、パウリは必ずと言ってよいほど、非を指摘した。アインシュタインの理論発表の多さをやり玉にあげることさえあった。

ある学術評論の中で「有名な言い回しを借りるならば」と前置きしてから、彼はこう述べている。「その論題に関して彼が新たな理論を発表すれば、人々は叫ぶだろう。『アインシュタインの既存の理論は死んだ。アインシュタインの新理論万歳！』、と」[3]

統一場理論に向けた試行錯誤の中で、パウリが皮肉を浴びせた例は他にもある。たとえば五次元という枠組みのもと、量子力学と関連付けながら独自に電磁気力と重力の統合を図ったスウェーデンの物理学者オスカル・クラインに対しては、カルツァによる前例を遠慮なく指摘した。そして五次元を棄却し、ディラック方程式（294頁）のような妥当性の高い解釈を採用するように求めた。クラインと夕食を共にした時には、五次元理論の行き詰まりに対してワインボトルを開けたほどである。[4] しばらく後、さらに冷たく言い放つのだった。「あなたの才能は、新たな自然法則を発見し、物理学の進むべき道を示すこととは別のところにある」[5]

他の理論物理学者に対するパウリの辛辣《しんらつ》な態度は、広く知れ渡るようになった。なるほど、発想があまりにもひどいとして「お粗末とも言えない」と酷評することも。若手の研究者に対しては、「若くて実績がない」として高圧的に振る舞った。自らの悪評を心得ていた彼は、よく書簡の文末に「der fürchterliche Pauli（残忍なパウリ）」、または「die Geissel Gottes（災いの神）」と添えた。1950年代にパウリと直接会ったことのある量子物理学者カート・ゴットフリートは、「彼は気難しいことで有名だった」と回顧する。［6］

プリンストンのIAS（高等研究所）でパウリと共に過ごした理論物理学者のスタンレー・デザー（293頁）は、セミナーでのパウリの容赦ない批評について証言する。彼の人格を知らない者はおらず、誰しも批判を覚悟していた点が唯一の救いだったという。以下、デザーの談だ。

パウリが周囲の人を貶めるのは日常茶飯事だった。あまりにこっぴどく叱責するため、涙ながらにセミナー会場を後にする者もいたよ。だが、彼はもともとそのような人柄だから、誰も根にもたなかった――一時的に悪く思う人はいたかもしれないが。

（パウリは）優れた才能の持ち主だったが、常識的な礼節に欠けていた。私はしばらく前に、彼からの返信の手紙を見つけてね。私がコペンハーゲンに向かう際、彼のいるチューリッヒを訪ねれば、有意義な時間を過ごせるかもしれないと思って、事前に了承を求めたのさ。返信にはこう書いてあった。「残念ながら私はスイス政府当局の人間ではないから、あなたのビザを失効させることはできません。それでもチューリッヒに来たいのであれば、その事実をしかと受け止めていただきたい」。その内容を読んで、私はチューリッヒ行きを断念したんだ。だが、のちに誰かに言われたよ。

それはパウリにしてみれば大歓迎の意味なのさ、ってね。［7］

パウリの毒気に当てられた人たちには、内向的で繊細な、そして謎めいた彼の横顔を想像できなかっただろう。他者の理論を厳しく批評する一方で、彼は数秘術や超自然現象との結びつきを意欲的に探究した。その傾倒を揺るぎないものとしたのが、カール・グスタフ・ユングである。

精神の偽らざる姿

ユングは、1875年7月26日、スイスのケスヴィルという小さな街に生まれた。バーゼル大学医学部を卒業後、精神医学の道を志す。学位論文の題材は、様々な患者の変性意識に関する症例研究だった。死の恐怖に憑りつかれた女性が寝たまま墓地に行き、死者の魂《たましい》と亡骸《なきがら》の幻覚を見た症例などを対象とした。それは心霊現象に対する自らの興味の表れでもあった。ユングはその後も、心霊体験に対して強い関心を持ち続けた。

通称ブルクヘルツリと呼ばれるチューリッヒ大学精神病院で、オイゲン・ブロイラー――「統合失調症」という用語の生みの親で、深層心理学を築いた著名な精神科医——の助手として働き始めると、すぐさま有能なセラピストとの評判を得る。気鋭の精神科医として注目されたユングは、より能動的な心理療法を考案した。言語の相互作用によって深層心理の問題をあぶりだす治療方法も、その1つである。患者がある単語を聞いて、はじめに連想した言葉から問題を探る手法は実質、対話療法の定石となった。また「内向型」と「外向型」という言葉を使って、興味の対象を自己の内面に置く人と、自己以外の外部に置く人とを類別したのもユングである。ひと言でいえば、彼は極めて先鋭的な精神科医だった。

ユングの活躍は、やがてジークムント・フロイトの目に留まる。はたして、ユングはフロイトに師事するようになり、盛り上がりを見せる精神分析運動の一翼を担った。2人が初めて出会ったのは1907年、ウィーンでのことである。その後6年間、お互いに連携しながら研究を進めるうち、2人揃って無意識の中に重要性を見出した。1910年、フロイトが国際精神分析協会を創設した際には、発足を支援したユングが初代会長に就いた。

しかし1913年、精神分析の反対派に対するフロイトの狭量に耐えかね、ユングはきっぱりと袂を分かつ。その後、幼少期の性的傾向ではなく、「集合的無意識」に着目して、無意識の動機付けを説明した。集合的無意識とは、集団に共通する意識のことで——のちに彼は、「元型」と呼んだ——、源泉は1つだが、1人ひとりの人間によって個性化する。元型の例としては、童話や民族伝承、道徳的禁忌、象徴的表現、宗教儀式、精神的理想などがあげられる。一般に、解消されなかった幼少期の悩みよりも、元型のほうが成人後の人格にはるかに大きく影響するとユングは考えたのだ。彼は自らの主張を裏付けるため、超自然主義にまつわる文献の研究に乗り出す。錬金術やグノーシス主義、新プラトン主義の各教派、仏教、ヒンズー教などの書物を精読し、神話学の第一人者となった。そして、様々な超自然主義の間に、超越的真理の探究や神との一体化への渇望といった共通点を見出した。はたしてユングは、個人の感情と集合的無意識に潜む関係性を解明すべく、ウィーンを中心とする精神分析運動から離れ、分析心理学という新たな深層心理学の学派をスイスに立ち上げた。

しかしフロイトとの決別は、ユングにとって精神的不調の始まりでもあった。

国際精神分析協会の会長職を辞しただけでなく、チューリッヒ大学の講師の役職も退任。さらには、1903年に結婚した妻のエンマ・ユング・ラウシェンバッハと婚姻関係を続けながら、元患者で助手のアントニア（トニー）・ヴォルフと関係を持つように。ヴォルフとのいわば愛人関係は40年続いた。追い討ちをかけるように、就寝中、強烈な夢を見るようになる。そのためユングは、無意識に対する探求心をより強くした。当時の内面の葛藤や幻想を綴ったものは2009年に『赤の書』として刊行された。数々の絵とあわせ、ユング自らカリグラフィー（訳注：字を美しく見せる書法）を用いて、鮮やかな筆致で綴った想像力豊かな日記が、死後ほぼ半世紀を経て初めて世に出たのである。

ユングにはフロイトと別れる数年前、当時チューリッヒに住んでいたアインシュタインと数度にわたって対話する貴重な機会があった。のちに心理学と物理学の両面から精神と肉体を統一的に表した彼は、アインシュタインとの時間がその主な動機になったと話している。歴史に残る2人の共演は、アインシュタインがまだ科学者となって日が浅い、特殊相対性理論の加速度系への拡張を目指していた頃の話だった。

アインシュタインはスイスの特許局を辞した後、1909年10月に、チューリッヒ大学で初めて教職に就いた。その際、アルノルト・ゾンマーフェルト（203頁）のもとで博士号を収めたばかりのルートヴィヒ・ホプを助手として採用した。ホプは主に乱流（流体の速度や圧力などが不規則に変動する流れ）を研究していたが、人間の感情の流れや渦についても漠然と興味を抱いていた。喜ばしいことに、彼はピアノが得意だった。バイオリン演奏を趣味とするアインシュタインは、研究の合間に合奏を楽しむことができたのである。

心理学にも関心を寄せるホプは、フロイトの精神分析理論などを学ぶうちに、ユングと交流を深めた。そしてチューリッヒに住んでいる間、彼をアインシュタインに紹介する機会が訪れる。やがてユングは、まだ無名だったアインシュタインを快く自宅に招くようになり、2人は夕食をとりながら意見を交わす間柄となった。その夕食には、ブロイラーや、精神分析理論に関心を持つスイスのプロテスタント神学者アドルフ・ケラーが参加することもあった。

ユングによれば、会食の中でアインシュタインは、時空という相対的な概念を一同に説明したという。対してユングは、数式に苦手意識を持ちながらも、なんとか概要を把握しようと耳を傾けたとのこと。しかし、その後、アインシュタインがチューリッヒを去り、プラハ、ベルリンと居を移すと、2人の交流はすっかり途絶えてしまった。

この意見交換を機に、ユングは現代物理学の表す世界に惹かれるようになった。そして量子もつれの概念が生まれる何年も前に、非局所的な作用について探究し始めた。局所性を前提とするアインシュタインとは対照的に、客観的現実の知覚に伴う非局所的なつながりに陶酔したのである。

シンクロニシティの登場

ユングの心理学に照らせば、人間1人ひとりの精神は、代々受け継がれる共通の無意識的体験がつくる「客観的精神」の個々の解釈である。様々な宗教や信念体系に通底する思想は、そのような世代を超えた精神の源に由来すると考えられる。母親への思慕や、ヘビや暗闇に対する恐怖心、人殺しを非とする倫理観などは、いずれも普遍的体験といえるだろう。それらは精神の核から生まれるのである。

彼によると、男性の無意識には、女性らしさを象徴する「アニマ」と呼ばれる女性像の元型が根ざす。アニマは普段、意識的に抑制されており、心理療法によって解放される。対して、女性の無意識に潜むのは、アニムスと呼ばれる男性像の元型だ。ユングは当時の古い価値観に従って、アニマをむきだしの感情に、アニムスを洗練された知性に関連付けた。そして、両者のバランスこそが、性別を問わず肝要であると説いた。

ユングは錬金術やオカルトに関する文献の中に、様々な元型や像の存在を認めた。それらは彼にとって普遍性を意味していた。各個人の精神は、夢や幻想、反芻思考の中で、集合的無意識と通じることができる。そして集合的無意識は、状況に応じて知見や希望、恐怖を各個人にもたらす。つまり「自己」の元型によって、夢の中の対象に投影されるのが、人間1人ひとりの精神なのだ。

また、ユングによれば、「影《シャドー》」も元型の1つで、精神の闇を表す。善悪にかかわらず、人間の個性として表出するが、普段の生活において認知されることはなく、夢の描写の中で、非常に認識しづらい形で現れるのみだ。たとえば、幼少期に妹を冷たくあしらったことはあっても、大人になれば感情を抑え、そのようなことはしないだろう。だが夢の中では、妹の象徴が現れ、意識的に忘却した個性を蘇らせるかもしれないということだ。

ただし彼の理論はあくまで推察の域を出ず、元型という概念を裏打ちする科学的証拠は存在しない。存在するのは、事例研究による間接的な証拠のみである。しかし、人間の精神に関するユングの考察は、歴史や哲学、また文化の面において、非常に示唆に富む内容といえる。

　ユングは1923年、『易経《えききょう》』のドイツ語への翻訳で知られる著名な中国研究家リヒアルト・ヴィルヘルムを、チューリッヒの心理学クラブに講演者として招いた。『易経』には、六十四《ろくじゅうし》卦《け》と呼ばれる、特定の符号の並びに基づく中国古来の占術が記されている。六十四卦は本来、決められた手順に従って、ノコギリソウの茎——代用として竹の棒——を操作して行う。基本となる符号は64種類あり、いずれも長短2本の横棒（道教の相対する要素、陽と陰を象徴する）の様々な組み合わせとして表される。ある意味、モールス符号のようなものだ。その符号の並びが、将来起こり得る一連の出来事を暗示する。そのうち偶然選ばれた1つの形が、運命を示唆するという。ただしその選択の過程もまた、異なる道に進んだ場合の行く末を予言する。『易経』には、このような易占の手法と六十四卦の意味が余すところなく記されている。

　ヴィルヘルムによる翻訳書が擦りきれるほど、ユングは六十四卦による易占を繰り返し検証した。何度もノコギリソウを集めては、符号の並びの意味するところを確かめ、その結果と自らの見た夢、反芻思考の内容、実際の出来事を照らし合わせた。すると次第に、意味のある偶然の一致が見つかることが多くなった。だが、それは必ずしも、ノコギリソウによる占いが通常考えられるよりも高い頻度で的中するという意味ではなかった。単にユングが、的中ありきで見ていたのである。偶然の一致を意識して物事を捉えれば、何かしら見つかるものだ。それは、符合に敏感になった人間の脳のなせる業である。

時間を例にとって、その要領を確かめてみよう。

現在、午前6時だとする。その後、数字の6を念頭に置いて、生活の中で6にまつわる対象をすべて記録する。すると、該当する対象の多さに驚くだろう。確認した時刻が6時ではなかったとしても、結果は同じはずだ。これを毎日繰り返すとなると、日常がいかに偶然の一致で溢れているか痛感させられるかもしれない。そのような思い込みが、ユングを誤った結論に導いたのだ。

彼は自伝の中で、こう綴っている。

「その年の夏の休暇中、私は常に頭を悩ませていた。『易経』の示す答えに、意味はあるのだろうか？　もしあるならば、占術の表す事象と現実の出来事はどのように結びつくのだろうか？　私はこれまで驚異ともいえる偶然に幾度となく遭遇した。それは、非因果的な並行性を表すように思えるのである（のちに私はその現象をシンクロニシティと名付けた）」

ユングは実際に、一部の患者を対象に検証に臨んだ。すると『易経』の示す予見が診療に役立つことがわかった。たとえば患者の1人に「マザー・コンプレックス（訳注：日本語の意味とは異なり、母親による精神的、肉体的暴力の影響を指す）」を持つ男性がいて、結婚を考える女性が、もしかしたら母親と同じく「攻撃的」かもしれないと悩んでいた。そのため彼はユングにアドバイスを求めた。ユングは試しに六十四卦で患者の将来を占った。すると「相手の女性は暴力的。そのような女性とは結婚すべきではない」との判断が出たという。[8]
中国の易占の力にますます感心する彼は、中国研究家のヴィルヘルムと親交を深めた。ヴィルヘルムの著書2冊についても、喜んで序文を執筆した。また、チューリッヒ湖に臨むキュスナハトの豪邸に、しばしば彼を招き、妻と共に歓待して道教などの東洋思想について意見を交わした。だが悲しいことに、ヴィルヘルムはキュスナハトに滞在中、赤痢に罹患してしまう。自宅のあるフランクフルトに戻ったが、入院加療が必要と診断され、その数カ月後に帰らぬ人となった。1930年3月のことである。

5月に行われたヴィルヘルムの追悼式でユングは、非因果的連関の原理を指して、シンクロニシティという言葉を使った。そして、意味のある偶然の一致は、期せずして現れる自然の真理だと強調した。なるほど、私たち人間は、因果律のみに根ざした決定論的な宇宙に対して、時空を伝わる因果的作用を超越する遠隔的な影響にも目を向けなければならないだろう。
ユングが白羽の矢を立てたのは「道教」だった。西洋において精神の相互作用は、経験則が語るように、身近な環境との関わりに過ぎなかった。だが彼は道教の教えを通じて、多くの元型や伝承に代表される人類共通の集合的無意識と、各個人の精神とのやりとりとして認識した。したがって、睡眠中の夢は現実の出来事に対応する――それぞれ異なる場所で同時に進行する――と考えたのである。たとえば、都会に住む1人の少女が大火事の夢を見たならば、その瞬間、ある地方の少年が納屋の干し草に火をつけようとする、といった具合にだ。2人の間に直接的な因果関係は成立しないが、普遍的精神とのやりとりを通じて、非因果的に結びつくのである。その後数十年かけてユングは自らの考察を掘り下げ、1952年にその内容を『シンクロニシティ：非因果的連関の原理』と題して発表した。

当時、意味のある偶然の一致に関して研究する学者は、ユングだけではなかった。事実、ユングはパウル・カンメラー――獲得形質の遺伝の実証を巡って論争を呼んだオーストリアの生物学者――の理論を一部参考にしている。カンメラーが、様々な人の証言をもとに記した1919年の著書『The Law of Series（連続の法則）』には、事象が連鎖する驚異的な例がいくつも紹介されている。ただしカンメラーはユングと異なり、非因果性を伴う予期せぬ事象の連鎖を、集合的無意識などの普遍的要素とは結びつけなかった。彼は、複雑系に隠された原理の表出とみなしたのである。［9］複雑系の源流である決定論的カオス理論の構築が1970年代以降に本格化することを考えれば、その端緒を見出したカンメラーには先見の明があったといえる。さらに彼は、生物のパターン形成が次世代に伝わりやすいことも発見した。しかし残念なことに1926年、自ら命を絶ってしまう。よってカンメラーが、ユングの考察に対して助言する機会は訪れなかった。

源を一にする非因果的連関というユングの概念から、量子もつれの並行性――ほぼ同時代に認知された現象――を連想しても、何ら不思議はないだろう。2つの粒子が量子状態を共有するならば、双方が離れても物理量は相関すると、量子もつれは語るのである。だがそうはいっても、ユングの非因果的連関と量子もつれとの間には、決定的な違いが存在する。量子もつれが設定に万全を期す数々の実験によって実証されたのに対して、ユングの非因果的連関は根拠に乏しく、心理学界で幅広い支持を得るには至らなかった。人間の精神において代々伝承される集合的無意識の存在は今もなお、神経科学によって示されていない。

しかし、局所性や因果性を凌駕するユングの世界観は、彼が積極的に物理学者と交流を図ったおかげで、現代科学に広く浸透した。アインシュタインとの夕食をきっかけに芽吹いた彼の物理学への興味は、パウリとの出会いによって一気に花開くのである。

パウリの受難

1930年の終わり、パウリは、研究者として絶頂期を迎えながらも、極度の精神的不調を味わっていた。10年前、ゾンマーフェルトに神童として将来を嘱望された彼は、すでに最も実績のある偉大な理論物理学者の1人となっていた。特に排他原理の確立（4つ目の量子数であるスピンの発見によって証明された）や、ニュートリノの予想（まだ観測されていなかったが、ベータ崩壊の解明に大きく寄与した）といった業績により、天才物理学者としての名を確たるものにしていた。しかし、量子力学が順調に進展するのをよそに、彼自身の私生活は苦境を迎えるのである。

相次ぐ苦難の始まりは、それより3年前、敬愛する母親が48歳の若さで自害したことだった。父親の不貞が原因だった。その父親は1年も経たないうちに、20代後半の――パウリとほぼ同い年の――芸術家の女性と再婚を果たす。彼は父親の決断を非難し、再婚相手を「悪魔の継母」と呼んだ。〔10〕

スイス連邦工科大学チューリッヒ校（ETH）で教授職に就き、社会的地位を築く一方で、精神失調は悪化の一途を辿った。1929年5月には、詳細な理由は判然としないが、生来のカトリック信仰を捨て、教会を正式に脱退した。

その頃、パウリはベルリンを頻繁に訪れた。アインシュタインやシュレーディンガー、プランクなどの名だたる研究者たちが拠点とするベルリンは、当時、理論物理学の中心地だった。そしてベルリン訪問中に、キャバレーの踊り子ケーテ・デプナーと出会い、交際するようになる。彼女にはすでに化学者の交際相手がいたが、パウリの誘いに応じたのだ。やがて彼は、デプナーにプロポーズした。彼女にとってパウリは理想の男性とは言い難かったが、最終的にパウリのプロポーズは実を結んだ。2人は1929年12月に結婚した。

結婚生活は、当初から波乱含みだった。かつての交際相手である化学者の男性に未練を残していたデプナーが、その男性と定期的に会っていたのである。そして、結婚数週間後には、パウリの言葉に耳を貸さなくなった。翌年、パウリは主にチューリッヒで過ごしたが、彼女はベルリンに留まった。結局、1930年11月、2人は離婚する。その後、デプナーは化学者と一緒になり、パウリを消沈させた。

「相手が勇ましい男なら、まだ納得できるが、大した実績のない一介の化学者なんて……」[11]

失意に暮れるパウリは、酒とたばこに慰めを求めた。

メアリーズ・オールドタイマーズ・バーというチューリッヒの飲み屋に連日のように通う。アメリカ禁酒時代の無許可バーを彷彿させる佇まいの店だった。なお驚くことに、彼がニュートリノ仮説を発表したのは、ちょうどその頃である。自らの私生活が苦境に陥っても、物理学への情熱を絶やさなかったのだ。

やがて見かねた父親から、ユングによる心理療法を勧められる。ユングは当時、パウリが勤めるETHで頻繁に講師を務めており、パウリは彼の理論について聞き及んでいた。また、パウリ自身もどうにか気持ちを立て直そうと考え始めていたため、父親の提案に従い、連絡を取って、診療を受ける決断をした。

だが、担当として彼を出迎えたのは、精神分析学の創始者本人ではなく、助手を務めるエルナ・ローゼンバウムだった。女性を巡る一連の問題を鑑みて、はじめは女性による分析が適切であるとのユングの判断だった。当時まだ学生だったローゼンバウムには、ほとんど臨床経験

スイス・キュスナハトにあるカール・ユングの特注デザインの豪邸。精神分析用の部屋が複数あり、ヴォルフガング・パウリなど多くの患者が治療を受けた（撮影＝著者）

はなかったが、経験の有無は関係なかった。彼女に課せられた仕事は、パウリが睡眠中に見た夢を自ら記録できるようになるまで、本人に代わって書き留めることだった。ローゼンバウムは1932年2月から5カ月間ほどパウリの治療を担当した。その後、本人に記録役が委ねられ、自己分析のような期間が約3カ月続いた。そして最後にユングが引き継ぎ、2年にわたって精神分析を進めた。ユングが直接診る段にはすでに300以上もの夢が記録されており、パウリに対して心理療法を行う上で貴重な資料となった。パウリは夢の内容だけではなく、自身の不安定な感情や異常な行動、アルコール依存、女性関係などについてもユングに吐露した。

夢や幻想の役割とあわせて、集合的無意識の精神への影響について研究するユングは、優れた記憶力をもつ被験者を探していた。また、シンクロニシティの体系化については、アインシュタインの時空という力学的概念を土台に、物理学者の意見を参考にしながら、考察を掘り下げていた。したがって、複雑な夢を見て、その内容を明確に記憶し、なおかつ著名な量子力学者の肩書を持つ〝患者〟パウリは、まさしくユングの探し求める相手だったのである。

ただ、精神を病んではいるもののパウリは有能な学者である。分析を通じて秘匿情報を共有することになる可能性があるため、ユングは情報管理に注意を払った。彼の心理療法はフロイトのそれと比べてはるかに積極的に患者と関わる診療として有名だった。そのため、情報操作や行動介入などと、他の精神科医から非難されないように万全を期した。夢の回想に介入したり影響を与えたりしないように忠告した上で、パウリをローゼンバウムにまず担当させたのも、その点を踏まえてのことだった。本人以外による記述も含め、パウリの夢の記録は最終的におよそ1300にのぼり、ユングはすべてを研究資料として（個人情報の保護を徹底しつつ）活用した。ユング研究で知られるビバリー・ザブリスキーは、冗談まじりにこう記している。
「読者のみなさん……、ヴォルフガング・パウリについてユングの知り得たこととは、普段の姿でも物理学の実績でもなく、彼の無意識なのです」［12］

それほど多くの夢を仔細に描写したパウリの能力は、驚異的だと言えるだろう。間違いなく、彼は優れた記憶力の持ち主だったが、回想を繰り返すうちにその能力をさらに伸ばしたとも考えられる。ともかく彼の夢の記録は、ユングが理論を築く上でまたとない資料となった。だが、もちろん理論構築が本来の目的ではなかった。パウリに自らの抑圧された感情にしっかり目を向けてほしいと、ユングは真剣に考えていた。

知性のみを優先するあまり、アニマの象徴する感情的な自己が抑圧されていると判断したユングは、本人にそう認識させることを治療の本筋とした。その甲斐あってパウリは、自らの偏った生き方を自覚するようになる。そして2年以上に及ぶ治療の中で、精神的な落ち着き――少なくとも一時的な安定――を徐々に取り戻すようになった。ひいては、1934年にロンドン在住のフランシスカ（フランカ）・バートラムと再婚を果たし、平穏な日々を過ごすようになった。自ら治療を終える決断を下したのは、その頃である。一時的ではあるが禁酒にも取り組むほど、精神状態は回復をみせた。パウリはもはや患者ではなくなったが、ユングとの親交はその後も続き、夢の内容を伝えることもあった。その中で2人は、自らの存在意義や元型とのつながりについて意見を交えた。

理論物理学の難題を解決し続けるだけの優れた数学力を考えれば、パウリの夢の中に幾何学的対象や抽象的符号が頻繁に登場しても不思議はなかった。その多くは直線と円が対称的に配置された図形だったが、ユングはそれらを元型の概念に照らして解釈した。数理物理学に根ざしたパウリの描写を、古代の象徴主義と結びつけて考えたのである。そのように類似の基本概念になぞらえることで、2人はそれぞれの研究分野の融合を図った。

たとえば、パウリが1935年10月にユングに宛てた書簡には、関係者が一堂に会する物理学会議の夢について記されている。その夢には、電気双極子（正と負の2つの電荷が平衡して並ぶ配置）や、磁場におけるスペクトル線の分裂といった、分極（1つの対象が対極をなす2つの対象に分かれる現象）と呼ばれる現象のイメージが数多く出現したとのこと。その内容に対してユングは、「男女関係のような自動制御系における補完関係」を象徴する可能性があるとパウリに返信した。〔13〕

フロイトの言ったとされる言葉に「葉巻は時に葉巻でしかない」（訳注：葉巻を多く吸うか

らといって乳児期の母親との関係が影響しているわけではなく、常に心理学的背景を求めるは誤りとの意。なおフロイト自身は葉巻の愛好家だった）との文句がある。［14］その真意に従えば、物理学者のパウリが物理学に関する夢を見ても、何ら不思議はないだろう。一般論として、双極子が1組の男女を表すというよりも、「双極子は、時に双極子でしかない」と考えられないだろうか？　もちろん、一理あった。したがってユングもフロイトにならい、結論ありきで分析しないように夢分析には慎重を期した。

またパウリの夢には、ウロボロスと呼ばれる古代のシンボルが登場したこともあった。ウロボロスとは、己の尾を噛んで環をつくるヘビを図案化したものである。道教の陰陽にも通じるそのようなシンボルは、破壊と再生を永遠に繰り返す世の理を象徴する。四季の移ろいや自然環境の循環などが具体例としてあげられるだろう。いずれも、パウリなどが量子力学に採用した回転対称性を伴う。東洋思想でいえば、曼荼羅《まんだら》の表す真理の象徴にあたる。

ユングは東洋思想の研究を通じて——ヴィルヘルムの翻訳書『黄金の華の秘密』に解説を付し、序文を記したことで——、曼荼羅という概念に精通するようになった。砂や小石などを材料にして描かれる曼荼羅の対称的な図像は、宇宙の全体像を象徴する。その普遍的な思想は、ヒンズー教や仏教、ジャイナ教（インドの宗教の一つ）だけではなく、アメリカ先住民の多様な文化にも通底すると、ユングは鋭く指摘した。曼荼羅は瞑想の場を神聖化し、瞑想者の内なる動揺を排除して、かわりに超越的真理を導くとされる。ユングは曼荼羅の意義を次のように記した。

「（曼荼羅は）人間の内面に秩序をもたらす――だからこそ、世の流れの中で、争いや動揺に象徴される無秩序な混乱に続くのである。意味するところは、安寧の地や、精神の調和や統一といった概念だ」〔15〕

曼荼羅の図像の一例が、パウリの夢に登場した「世界時計」である。そのイメージは、本人だけではなくユングにも強烈な印象を残した。ユングはこう説明している。

同じ大きさの2つの円が中心を1つにして、それぞれ垂直に交差する図形。それが世界時計である。下には黒い鳥がいて、時計を支える。

垂直方向の円は青色で……、等分割され……、全部で32の領域に分かれる。その中を指針が回転する。

水平方向の円は4等分され、それぞれ異なる色で塗られている。4つの領域には、振り子を手にした小人が1人ずつ立っている。また輪が外側を囲み、黄金に輝いたり暗くなったりする……。

世界時計には、3種の「時計」リズムがある。

1．小リズム：青色の垂直円の指針が1／32進むごとに刻む拍子
2．中リズム：青色の垂直円の指針が1周するごとに刻む拍子。中リズムが1拍刻む間に水平円が1／32回る
3．大リズム：中リズム32回を1拍とする。その間に黄金の輪が一回転する［16］

パウリによれば、世界時計の動きの調和によって心に安らぎが得られたという。自らが中心となって構築した原子モデルを彷彿させたのかもしれない。ユングにとって世界時計は、初めて出合う曼荼羅の立体図像だった。そして、世界時計をもとに、重要な元型の1つ――穏やかな瞑想の象徴――と、現代物理学の時空との結びつきを想定した。はたして彼は、物理学への関心をますます強くしたのである。

パウリは普段、夢分析の被験者であることを他人に話そうとはしなかった。ユングが分析内容を書籍として著す時も、自身の名前を出さないとの条件で許可した（ただし、発刊協力者として名を連ねており、分析に関わっていることは明らかだった）。次第に強くする超自然現象への関心についても、表立って話すことはなかった。

しかし、最も信頼できる研究協力者であり友人でもあるパスクアル・ヨルダン（40頁）だけは例外だった。ヨルダンだけには、超自然現象への情熱を打ち明けたのである。

超心理学と懐疑派

ヨルダンは、数学の才能に秀でた物理学者であり、ヨーロッパの科学界において中心的な存在だった。顕著な発話障害があり、人前で話すことを苦手としていた分、数多くの書物を著した。量子物理学から宇宙論まで、多岐にわたる主題について、自らの考えを文章に残したのである。

ただし政治に関しては、賢明な道を選んだとは言えなかった。1933年、ヨルダンが入党したのはナチ党だった。その決断についてのちに、ナチ党のイデオロギーを支持したのではなく、学者としてのキャリアのためだったと述懐している。ナチ党に属した科学者の中で、彼は相対性理論を支持した数少ない1人で、相対性理論に対する否定的な見方を政権内部から変えようと考えていた。その後、第二次世界大戦が終わると、西ドイツで「非ナチ化」が進められたが、パウリによって身の上が保証され、研究職に復帰するに至った。

ヨルダンは1936年、量子力学の入門書『Anschauliche Quantentheorie（直観的量子論）』を上梓した。現代の読者にとって、最終章の内容がテレパシー実験の検証であることは驚きに値するかもしれない。[17] だが、彼は1930年代から、超心理学に強い関心を寄せていた。超心理学（非科学的な超自然現象とされる対象を研究する分野）は当時、生物学者から転身したアメリカの科学者J・B（ジョゼフ・バンクス）・ラインによって創設されたばかりで、物議を醸していた。なおラインは、通称ESPと呼ばれる「超感覚的知覚」という言葉の生みの親としても知られる。

ちなみに、1934年のユング宛ての手紙にある通り、パウリは当初、超心理学を肯定するヨルダンの姿勢に懐疑的だった――発話障害が学者としての仕事に支障をきたすことにイラ立ち、超心理学に傾倒したと勝手に想像したのである。例によって、冷ややかに断じている。

（ヨルダンは）非常に知能が高く、優れた理論物理学者であり、尊敬されるべき人物だといえるでしょう。したがって私には、彼がテレパシーにまつわる現象に関心を寄せる理由が理解できないのです。ですが、超自然現象や無意識全般に対する彼の強い興味は、個人的問題に起因すると考えれば得心できます。その問題は発話障害（吃音）という症状の中に見てとることができますが、彼は発話障害ゆえに物理学者としての仕事が困難になったのです。そして知的活動に分裂が生じ、テレパシーに惹かれるようになったと考えられます。［18］

ただし、ラインの実験に対するヨルダンの興味は、それより半世紀前にヘンリー・スレイド

（161頁）の四次元の降霊術を信じたカール・フリードリッヒ・ツェルナーの好奇心よりも、理にかなっていた。第一に、ラインはれっきとした科学者だった。そのため、超常現象の研究においても、実験室のような厳格な条件（あくまで彼個人の基準に照らして）のもとで、わざわざ検証を行った。実験方法の欠点などを指摘する声もあったが、大衆を欺く――スレイドのような――悪者として非難する人間は誰一人いなかった。そのため、超自然現象に関する彼の研究は、より信頼を得たのである。疑い深いパウリでさえも、ラインの実験結果に注目するようになった。

「ピアース・プラット遠隔ESP実験シリーズ」と銘打ったラインの初期の実験は、ウィリアム・マクドゥーガル（アプトン・シンクレアの著書『Mental Radio（メンタル・ラジオ）』にアインシュタインと共に序文を寄稿した心理学者）と共同でノースカロライナ州のデューク大学に創設した心理学研究所において、1933年から翌年にかけて行われた。被験者はヒューバート・ピアースという牧師を志すデューク神学校の学生だった。ピアースは母親に透視能力があり、自らもその能力を受け継いでいると信じていた。そして、千里眼と思われる己の感覚に興味を持ちつつも、恐れを抱いていた。そのため、ラインのもとを訪ねたのである。相談を受けたラインは、実験室のような厳格なルールのもと、安全に検証することを約束した。

ラインは大学院生だったジョセフ・ゲイザー・プラットに協力を仰ぎ、それぞれ異なる記号を付した「ESPカード」を使って検証実験を進めた。プラットは、好きなカードを引く役である。

カードのデザインは簡単に区別できるもので、星、四角、円、罰点、二重波線の5つ。5枚のカードの中からプラットが他者に見せないように好きな1枚を選び、離れた場所にいるピアースがそのカードを当てる。ピアースの位置については、プラットから比較的近い場所から始め、だんだんと距離を取るようにして最終的には大学キャンパスの異なる建物に設定した。物理学棟にいるプラットに対して、ピアースは図書館、といった具合である。

カードの記号の的中確率は通常20パーセントである。ラインによれば、ピアースの正解率は30パーセントを上回ったという。ラインはその数字をピアースのESP（超感覚的知覚）の裏付けとみなした。そして、その超常的な現象に対して、ギリシア文字のプサイをあてた（興味深いことに、偶然にもプサイは量子力学において波動関数を表す記号でもある）。


心理学の実験において、1組の研究者が1人の被験者を対象に検証することは稀である（ピアース以外にも被験者候補は数人いたが、ピアースの能力が最も有力視された）。加えて、他の研究者たちがピアースを被験者に含めて実験しても、同様の結果は得られなかった。そのため、科学者の多くはラインの検証結果に疑惑の目を向けた。だが彼はその後も、プサイの存在を実証すべく、様々な被験者を対象に実験を重ねた。

1966年、イギリスの心理学者、C・E・M（チャールズ・エドワード・マーク）・ハンセルは、自著『ESP：A Scientific Evaluation（ESPの科学的評価）』を刊行し、ラインの実験手法に疑問を呈した。ピアースにとって比較的不正しやすい環境だったとの指摘である。たとえば、すばやく待機場所を離れ、建物の窓からカードを引く様子を目視する、といった具合にだ。それに対して、ラインとプラット、ピアースの3人は、実験のいかなる過程においても不正はなかったと反論した。

また同じく超心理学の懐疑派の1人であるアメリカの作家マーティン・ガードナーは、検証過程を疑問視する声を受けてラインが実験方法を改善すればするほど、超自然現象の裏付けに乏しい統計結果になったと指摘した。

「次第に実験環境を厳重に管理するようになると」ガードナーの1998年の記事はそう前置きした上で、次のように報じている。

「プサイの実証とは離れた数字が出始めたのだ。いずれにせよ、懐疑派にも再現できる実験ではない限り、すべての心理学者を納得させることは不可能である。そして現在まで、そのような実験は行われていない」〔19〕

一方、非常に肯定的に受け止めた科学者もいた。肯定派の1人として有名なのが、1950年代、ロンドンのクイーンズ病院に勤めていた精神科医のJ・R・スミシーズである。スミシーズの研究対象は主にメスカリンなどの幻覚物質の統合失調症への治療効果だった。彼は1952年発表の「Minds and Higher Dimensions（心と高次元）」〔20〕と題した論文の中で、ラインの実験によって、意識が高次元界にてつながる別個の物質であることが示されたと主張した。そして集合的無意識は継承されるのではなく、カルツァ＝クライン理論（訳注：五次元以上の時空を仮定して重力と電磁気力を統一的に記述した理論）の時空のような高次元界に存在するとした。

そのスミシーズの論文は、パウリの関心を引いた。1952年3月、パウリはヨルダンについて、こう記している。

「聞いたところによると……、イギリスの心霊現象研究協会の機関誌に、ラインの実験に関する数学的考察が掲載されているとのことです。何かご存知ありませんか？」［21］

その年の終わり、スミシーズはユングのもとを訪れた。以下、彼の回想である。

「1952年のある日、チューリッヒでユングと過ごしたことがあった。メスカリンの幻覚症状や集合的無意識などについて語り合ったのを覚えている。ただし、高次元界に対する彼の意見については記憶が定かではない」［22］

ユングもラインに書簡を送り、直に意見を交わしている。ラインの実験に重要な意義を見出し、集合的無意識の実証になり得ると考えたのだ。実験結果はユングにとって、時空の境界に裂け目が生じた証拠だった。シンクロニシティに関する1951年の講演で、次のように見解を述べている。

「ラインの実験は、時空と因果律が棄却できる要素であることを示しています。つまり、奇跡ともとれる非因果的な現象は現実に起こり得るのです」[23]

ラインは1980年に亡くなるまで、自らの研究の正当性を訴え続けた。さておき、心理学ではその後、実験環境の統制や厳格な統計手法に一層重点が置かれるようになった。

ノーベル賞

第二次世界大戦の無慈悲な戦禍によって、物理学の世界も二分され、多くの学者が研究環境の変化を余儀なくされた。ナチ党に入ったヨルダンと違って、ハイゼンベルクはファシズムや反ユダヤ主義に強く反対し、努めて政治と距離を置いた。しかしながら、政権を握ったナチ党ではなく母国に忠誠を誓う格好で、ドイツ国内に留まることを選択し、技術責任者として核開発の指揮をとった。

パウリは、もともとドイツ人ではなかった。

1938年のドイツによるオーストリア併合の影響で、オーストリア人としてのパスポートが失効してしまう。父方の祖父母がユダヤ人であることを考えると、ドイツ当局にパスポートの発行を求めるのはあまりに危険だった。そのためスイスの市民権を得ようと考え、2度申請するが、いずれも認められなかった。著名な物理学者として、そのままスイスに残れたかもしれないが、身を危うくする可能性もあった。最終的にパウリは、アインシュタインが1933年から所属するアメリカのプリンストン高等研究所で客員研究員の役職を得る。かくして大戦下のヨーロッパを離れ、平和な土地に拠点を移した。彼はそこで、約5年を過ごした。

1945年の夏、第二次世界大戦は終戦を迎えた。その年の終わり、喜ばしいことに、パウリのノーベル物理学賞の受賞が決まる。だが当時、アメリカ市民権の申請中だったパウリは、アメリカを離れようとはせず、スウェーデンで行われた授賞式を欠席した。そのため、アインシュタインをはじめとするプリンストン高等研究所の同僚たちが、彼のために祝賀会を開いた。その祝賀会場で、アインシュタインが賛辞を贈る姿に、パウリは感銘を受ける。彼にとっては、アインシュタインから世界最高の物理学者の称号を譲り受けたも同然だった。その他にも、ジョン・ホイーラーなどのアメリカ在住の物理学者数人によって、「ノーベル賞受賞記念のビールの夕べ」と題したパーティーが企画され、非公式な場ではあるが、パウリの功績は讃えられた。

また1956年には、ドイツ・バイエルン州のリンダウ島で行われた第6回リンダウ・ノーベル賞受賞者会議に招かれ、時を経て、改めて喜びをかみしめた。会議に出席したパウリは、会場となったホテルから、通称メイ・バグと呼ばれる昆虫、ヨーロッパ・コフキコガネ（訳注：コガネムシ科の昆虫。なお夢にコガネムシが現れると運気が高まると言われる）の形のチョコレートを贈呈され、驚くと同時に喜んだという。それはある意味、食べ物としてではなく、夢の世界の対象として彼が待ち望むべき存在だったからだ——密かに注目する夢の世界の対象として、である。

1946年はじめ、パウリはようやくアメリカ市民権を取得した。ところが一転、妻のフランカと共にチューリッヒに戻る決断を下し、再びスイス連邦工科大学チューリッヒ校（ETH）で教職に就く。自然豊かで閑静なプリンストンよりも、格段に賑やかなチューリッヒのほうが性に合ったこともあり、慣れ親しんだヨーロッパでの生活を最終的に選んだのである。

無事にチューリッヒに戻ったパウリは、1946年の終わり頃、後期ルネサンスの2人の天文学者の宇宙論に着目した。ロバート・フラッドとヨハネス・ケプラーである。既述の通り、フラッドとケプラーの太陽系モデルは、互いに相容れない内容だ。地球と太陽の2つの天体が――加えて神も――、宇宙の中心だと唱えたのがフラッドである。一方、ケプラーは、著書『宇宙の神秘』の中で、宇宙をキリスト教の三位一体説と結びつけ、数や図形をもとに宇宙像を描いた。だが、いずれも神秘主義に立脚しており、パウリはその点に惹かれたのである。両者の宇宙の描像を、ユングのように分析しようと考えたのだ。

ユングへの手紙に記されている通り、パウリを駆り立てたのは、奇妙な夢だった。ある夜、ジョルダーノ・ブルーノやガリレオ・ガリレイなどの天文学者が、ローマの異端審問によって弾圧される夢を見たのである。夢の中で彼自身も審問にかけられており、慌てて妻のフランカに状況を書き送る。担当者によって私信は届けられ、すぐさまフランカが審問所に現れたかと思いきや、彼に不満をぶつけるのだ。「私に何も言わずに寝たわね」と。［24］審問官だけではなく、妻にも苦しめられるのである！

その後、背の高いブロンドの男性から、自転と公転を知らない審問官にそれぞれについて説明するように求められる。彼のよく知る初歩的な概念であっても審問官にとってははじめて聞く言葉だった。はたしてパウリは審問官が天文学者に厳しい理由を悟る。そしてフランカに天文学者の受難を嘆き、最後におやすみ、といって夢は終わるのだ。

パウリは自らの夢をこう解釈した。客観性を前提とする現代科学が進展するなかで、男性の科学者たちが、妻の象徴するアニマの世界を看過している、と。その分析を機に、フラッドとケプラーの宇宙観の違いを探究するようになったのである。ケプラーの三位一体の解釈（前述の通り、中心点と球面、その間の領域に分けて考える宇宙観）は、精神を決定論的世界の一部にならしめ、アニマを意識体験（つまり太陽系に対する考察）に組み込もうとするものだった。

精神世界の回転という特徴（世界時計のような曼荼羅の立体図像）を、物質世界（現実の太陽系）の姿に投影した所以である。パウリはそれを「回転の客体化」と呼んだ。したがって、夢の世界では、回転は意味のある対象なのである。

対してフラッドは、地球と太陽、神にそれぞれ異なる役割を与え、精神と物質の一方に偏ることなく、宇宙の全体像を描いた。その描写の中に、回転の客体化は認められない。つまり彼は、回転という概念を用いずに宇宙像を表現したのである。フラッドの宇宙観は、ケプラーの純粋理性に対する神秘主義的批判であり、彼の宇宙観を補完するものだとパウリは主張した。

最終的にパウリは、そのような考えを量子力学に落とし込み、観測する側と観測される側——精神と物質——を統一的に表す必要があると信じるようになった。その観点からして、精神世界を幾何学的に記述し、物質世界の対象として具現化したケプラーの考察は、パウリにとっては後退を意味した。そして、量子力学誕生の数世紀前にもかかわらず、その後退を埋め合わせたのが、フラッドの理論だった（ケプラーの理論を貶《おとし》める意図のないことを付記しておく。彼のすばらしい功績は以前記した通りで、ここでは比較対象として紹介しているに過ぎない）。

精神と物質を統一的に記述する必要性を説くパウリに、ユングはいたく賛同した。さらに、アインシュタインとの夕食やリヒアルト・ヴィルヘルム（３２０頁）との議論を経て、ユング自身もそのような理論を望みはじめていた。彼は、精神と物質の統一を「Unus mundus（ウヌス・ムンドゥス）」と呼んだ。

ラテン語で「１つの世界」との意味である。

研究所での洪水

１９４７年、ユングは自身の夢の１つを実現させた。スイスに心理学の研究所を創設したの

スイス・チューリッヒの心理学クラブ。カール・ユングやヴォルフガング・パウリなどが講演を行った（写真撮影＝著者）

である。

ユング研究所を設立するにあたり、パウリ（当時、ノーベル賞受賞者として多くの尊敬を集めていた）にも後援者としての協力を仰いだ。ユングに恩義を感じ、共同で研究する機会を増やしたいと考えていたパウリは、ユングの依頼を快諾した。

また、心理学クラブにも招かれ、その年の2月28日と3月6日に講演を行った。パウリは会場で、フラッドやケプラー、そして元型に関する自らの見解を喜んで説明した。科学者にとって講演は、一般に、論文を著す前に自らの考察を整理する良い機会となる。彼は当時、「The Influence of Archetypal Ideas on Kepler's Theories（元型的観念がケプラーの科学理論に与えた影響）」と題した長編論文を執筆中で、いずれ何らかの形で公表したいと考えていた。

ユング研究所の開所初日となった１９４８年4月24日、記念セレモニーが盛大に開催された。もちろん、パウリも来賓の１人として招待された。セレモニーはすべて順調に運び、盛況のうちに閉会するかに思われた。ところが……。

突然、会場に何かの割れる音が響き渡った。思いもよらないことに、棚に固定されていたはずの中国の高級花瓶が、勝手に落下したのである。花瓶は床に落ちて粉々に砕け散り、あたりは水浸しになった。ユング研究所は、まさしく洗礼を受ける格好となったのである。


さて、「パウリ効果」を覚えているだろうか？

姿を現しただけで実験装置を故障させる能力は、この頃にはすでに彼の特技として広く認知されていた。ただし彼自身は、もはや軽く捉えることができず、いたって真剣に悩んでいた。ドイツ語で「洪水」のことを「Flut（フルート）」という——Robert Fludd（ロバート・フラッド）の「Fludd」のドイツ語読みとほぼ同じ発音である。英語でも、洪水を意味する「Flood」と「Fludd」は、ほぼ同じ響きだ。パウリは会場で起きた些細な洪水と自らの研究との間に、意味のある偶然の一致を認め、驚愕した。単なる偶然の出来事だったかもしれない「パウリ効果」を、彼はユングの唱えた非因果的連関と結びつけ、もはや冗談とはみなさなかったのである。

フラッドとケプラーの理論と元型に関する考察を論文にまとめる中で、パウリは開所式典での奇妙な出来事について深く考えるようになった。そしてユングに対して、シンクロニシティに関する考察を掘り下げ、整理した上で論文に著すことを勧める。ユングの考察に大きな意義を見出そうとしたのである。

当時のパウリの関心と精神状態について、フリーマン・ダイソンはこう回想する。

私は1951年の夏、チューリッヒのスイス連邦工科大学チューリッヒ校（ETH）でパウリと共に過ごした。客員研究員は私1人だけだったので、彼はよく昼食後に私を散歩に誘ってくれた。歩きながら彼は、物理学や心理学、文学、政治など、当時興味を抱いていたことについて話してくれたよ。途中、カフェに立ち寄るのがお決まりだったが、医

師から禁じられていたアイスクリームをよく注文していたっけ。その夏、彼の精神状態はいつになく落ち着いていたんだ。［25］

ノーベル賞を手にしたパウリに、それ以上自らの才能を示す余地は残されていなかった。それでも彼を駆り立てたのは、アインシュタインと同様、世界を統《す》べる統一的理論への挑戦だった。長きにわたるユングとの親交が、彼をその挑戦へと誘ったのである。

すべては2と4のもとに

パウリとユングのやりとりが生んだ大きな功績の1つは、2人が最も親交を深める1950年代はじめにかけて、双方の研究分野が融合を見ることである。パウリのおかげでユングは、確率的表現や観測による影響といった、量子力学の表す内容に精通するようになった。逆にユングのおかげでパウリは、神秘主義や数秘術、そして古代の象徴主義の研究に心を奪われるようになった。

やがて2人は、かつてのピタゴラス学派と同じく、特定の数に価値を見出す。その1つが、「2」だった。波と粒子、観測者と観測対象といった二重性を自然の真理としたボーアの相補性の原理は、両者にとって革新的な概念だった。そのボーアはオランダの哲学者セーレン・キルケゴールの著作（『あれか・これか』など）の中の二分法に感化されたとみられ、一族の家紋に陰陽を表す太極図を取り入れている。またハイゼンベルクの不確定性原理は、位置と運動量、エネルギーと時間といった2つの要素からなる組に対して、一方が判明すると他方が判明しないと謳い、二重性を表現していた。

パウリはユングによる精神治療を通じて、二重性の元型という概念の妥当性を認めるようになった。男性は己の女性らしさ（アニマ）を、女性は己の男性らしさ（アニムス）をそれぞれ抑制しているとのユングの主張を支持するようになったのである。つまりは、夢の描写の多くはそのような抑制を象徴するというユングの説明を受け入れたのだった。

それは彼にとって、荷電共役対称性（正負の電荷の変換に伴う対称性）やパリティ対称性（鏡像対称性）、時間反転対称性などの二重性を、物理学において探究する契機となった。ひいては、ボーアの古希の祝いを翌年に控えた1954年、画期的なCPT定理（リューダース＝パウリの定理、もしくはシュウィンガー＝リューダース＝パウリの定理とも呼ばれる）を提唱者の1人として表すに至る。CPT定理とは、荷電とパリティ、時間を同時に変換しても1つの絶対的不変量が存在するという定理である。

数に関して二重性以上にパウリとユングが重視したのが、「quaternnio（クワテルニオ）」だった。ラテン語で、4つ1組の意だ。その概念はエンペドクレスの四元素説に源を発し、そこから錬金術や、ピタゴラス学派のシンボルであるテトラクテュス（1から4までの整数を構成要素とする三角形）へと派生した。

また、プラトン立体の中で最も基本的な図形は正四面体である。カバラなどのヘブライの神秘主義では、口述を慎むべき神聖なる神の名は4文字で表記されるため、神聖四文字を意味するテトラグラマトンという言葉が間接的に使われる。曼荼羅の図像において、一般にその対称性の基準は中央に位置する正四角形だ。

物理学ではその他にも、4という数字が頻繁に登場する。パウリの主な業績の1つに、パウリのスピン行列と呼ばれる4つの行列（単位行列も含めて）の組があったことを思い出してほしい――ウィリアム・ハミルトンの四元数に似た概念である。また、自然界には4つの基本相互作用が存在する。時空を構成するのは4つの次元だ。一般相対性理論の定式化を可能とした数学的概念の1つ、リーマンテンソルは4つの添え字を持つ、等々。

パウリは2や4という数字に着目しただけではなく、他の著名な物理学者――エディントンやボルン、ディラックなど――と共に、各物理定数がそれぞれ決まった値を持つことに対して、数学的根拠を与えようとした。その最終的な目標は、ゾンマーフェルトの導入した微細構造定数――素数である137の逆数に近い値――を、測定に頼らず理論的に算出することだった。そしてまずエディントンが1929年、物理定数相互の関連性を想定し、全宇宙に存在する陽子の数と微細構造定数は相関すると主張した。しかし、微細構造定数を正確に1／137とした彼の考えは誤[…]トンはその誤った前提のもと、算出方法を定めたのである。

科学史家のアーサー・I・ミ[…]ラーが記す通り、パウリは１９３４年にハイゼンベルクに宛てた書簡や、大学での講義の中で、微細構造定数の値に根拠を見出す必要性を説いている。「ユングの心理療法を通じて神秘主義に傾倒するようになった影響」[26]が、パウリのその主張に見え隠れするとミラーは記述する。

ただ奇しくも、１３７という数字に神秘主義的な背景を想定したのは、パウリではなく、彼の教え子であるヴィクター（ヴィキ）・ワイスコフだった。ワイスコフは、ゲマトリア（ヘブライ文字の数秘術）において１３７が「カバラ」の語そのものを表すと著名な宗教史家ゲルショム・ショーレムから教わったのである。[27] パウリ自身は、数秘術や神秘主義に感化されながらも、微細構造定数の背景にそのような思想との結びつきを求めなかった。

非因果的連関の原理

１９５０年、ユングは論文発表を視野に、シンクロニシティに関する考察を掘り下げる。パウリから助言を得ながら、心理学における主要原理として表現しようとした。その中で、自らの思想の中心に位置付けるクワテルニオを、自然の摂理として採用する方法を模索する。

パウリに送ったクワテルニオの図

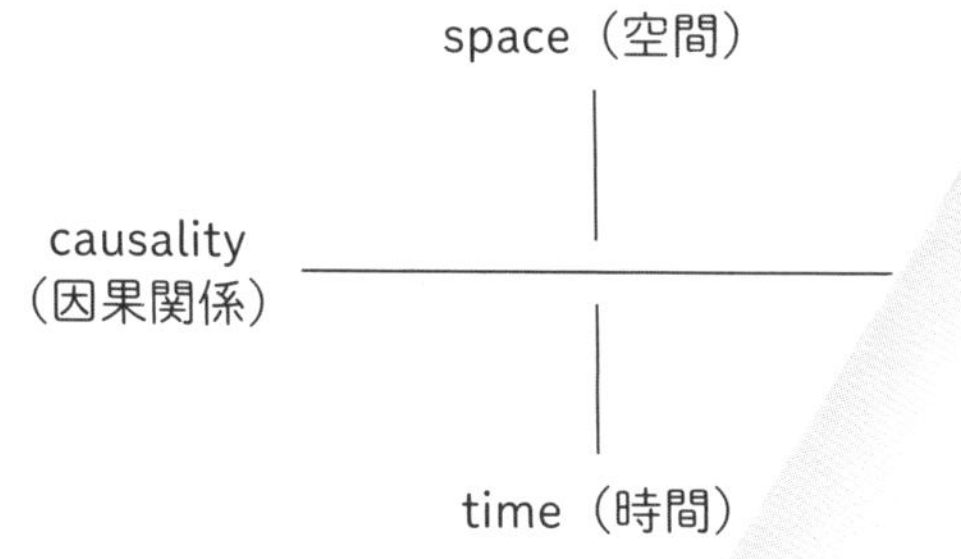

パウリが手直しした図

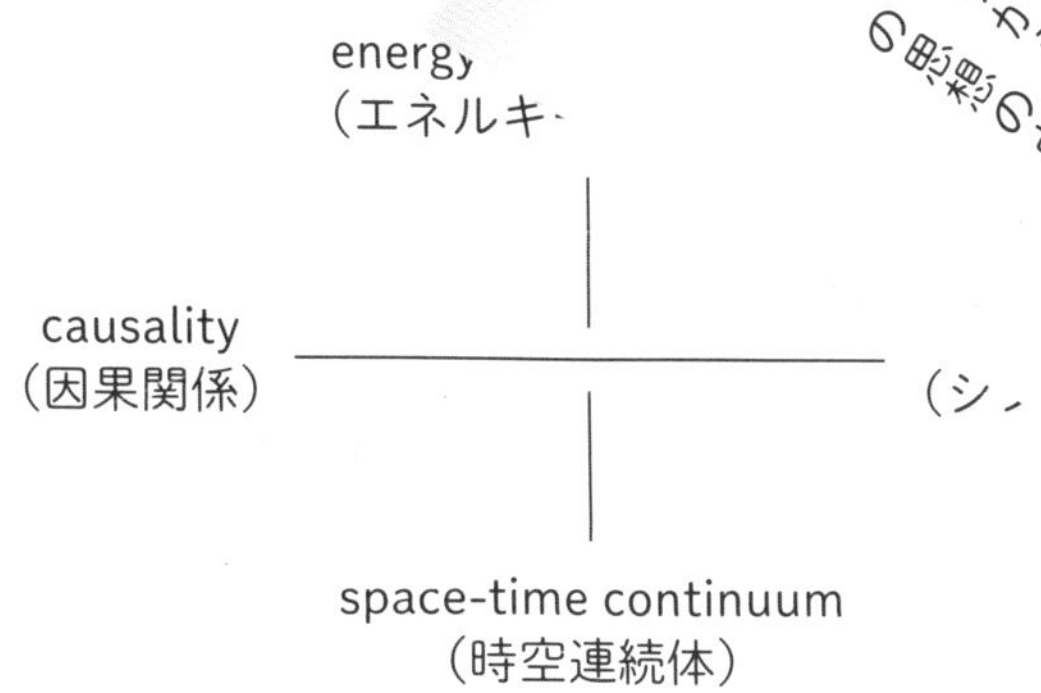

関係を認めることができる。

翻って、パウリはユング宛ての返信の中で、シンクロニシティとラインの透視能力実験をこう結びつけた。

「先生自身がおっしゃる通り、シンクロニシティの理論はラインの実験の結果によってその真価が問われるでしょう。実験に根ざした理論こそが、優れた理論であるとの意見に私も同感です」[29]

パウリの後押しを受けて、「シンクロニシティの一般化」という難題に果敢に挑んだユングは、最終的に精神的要素を排除した上で、非因果的な作用としてシンクロニシティを表現した——つまり、純粋に物理的な相互作用として記述したのである。明記されてはいないが、「量子もつれ」の概念ももちろん含まれていた。皮肉なことに、ユングの一般化したシンクロニシティの定義は、ラインの実験結果が示すシンクロニシティとは一致を見なかったが、ユングとパウリの2人は双方とも事実として受け入れた。そして、非因果的連関としてのシンクロニシティの横断的な定義は物理学において、因果律の連鎖とは異なる対称性などの新たな機序に、宇宙の真理を求める潮流を生んだ。

いくつかの条件を付しつつも、パウリはユングが一般化したシンクロニシティの概念に価値を見出した。ただし、物理学に拡張する際には、元型などの心理学用語は不適切であり、回避すべきだと強調した。1950年12月12日、ユングに宛てこう記している。

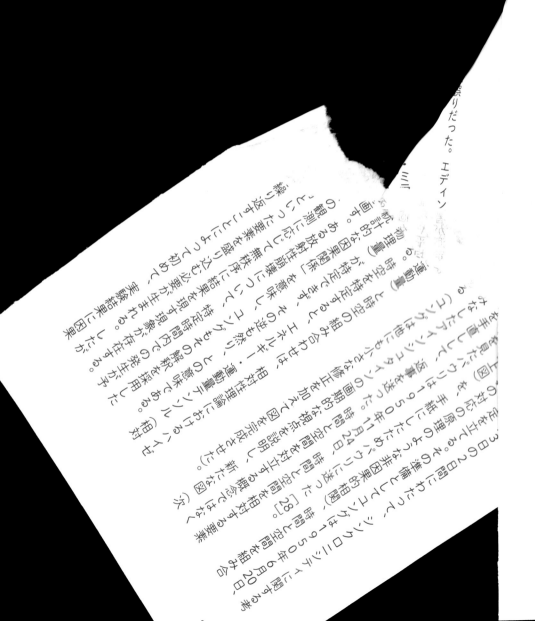

「より一般的な論点として、自然の摂理が現すシンクロニシティ以外の遠隔的かつ非因果的な現象と、その発生条件があげられます。そのような現象は自然に起こるか、もしくは『導かれる』と考えられます——人間が考案し、実施する観測によって導かれると推察できるのです」〔30〕

ユングとパウリは1952年、2人の研究の集大成として共著、『自然現象と心の構造』を発刊した。その共著は2つの論文で構成されている。ユングによる「シンクロニシティ：非因果的連関の原理」と、パウリによる「元型的観念がケプラーの科学理論に与えた影響」だ。2人の協力関係から、ユングの夢の分析相手がパウリであると（注意深く読んだ読者にとっては）容易に想像できた。数十年後には、前編（ユングの論文内容）がペーパーバックとして出版され、人気を博した。その中には、ユングが「シンクロニシティ」と関連付けた「意味のある偶然の一致」の例として、有名なコガネムシの逸話が記載されている。

患者である1人の若い女性が、治療の成否が決まる重要な時期に、ある夢について話していた。その夢の中で、彼女は黄金のコガネムシを受け取ったという。私は閉めた窓を背にして耳を傾けていた。すると突然、窓を小さくたたく音が聞こえたのである。振り返ると、外側から窓をたたく昆虫の姿が目に入った。窓を開けるやいなや部屋に入ってきたその生き物を、私は手で捕まえた。手の中を覗くと、その地域に生息するコガネムシのうち、最も黄金に近い種のコガネムシだった……。[31]

科学界では、そのような逸話があるからといって、ユングの主張が正しいと認められるわけではない。様々な患者の幾多もの夢を分析する精神科医であれば、単に確率の問題として、夢の描写と現実の出来事との間に偶然の一致を見出すこともあるだろう。黄金のコガネムシが実際現れるように、である。たしかに、それぞれの出来事に対して独自の解釈を与えることはユングの裁量である——読者に規則性を示したかっただけだとしても。

物理学の非因果的相関（量子もつれや対称性など）を網羅するシンクロニシティの一般化に、より重きを置いていれば、非因果的な相関を考慮する必要性について、多くの議論を呼んだかもしれない。しかし実際には、現実の事象と夢、神秘主義の組み合わせに焦点が当てられたため、科学者からほとんど支持を得られなかった。ただ1人、パウリを除いては。ある有名な数学者はユングとパウリの共著に対して匿名でこう評した。

「何カ月もかけて熟読した今、はっきり言えることは、2人とも頭がおかしいということだ」[32]

関係の終焉

１９５７年８月５日、長きにわたる書簡の往復の中で最後となるやりとりが行われた。

物理学の対称性に関して長考を余儀なくされ、当月が極めて長いひと月になったと、パウリはユングに記した。手紙をしたためている時、彼の心は波立っていた。不変だと信じてきた対称性の１つ、パリティ対称性が、弱い相互作用の関与する特定のベータ崩壊において破れることが実証されたのである。彼にとって、破れの有無に金銭を賭けていないことだけが救いだった。

パリティ対称性の破れは、運動方向に対して決まった回転方向のスピンしか持たない粒子の存在を示していた。パウリは、その奇妙な事実を、「神は弱い相互作用において左利きだった」と表現した。いわば、左利き用のグローブしか存在しなかったようなものである。ショックを受けた彼は、『ＣＰＴ定理』の成立は周知の事実である」［33］ことに慰めを求めた。自然界の様々な対称性のうち、１つについては破れが実証されたが、残りについては保存則が成立するものだとパウリは疑わなかったのである。

最後の手紙には、１９５４年に見た夢についても記されていた。パウリが怪しげな女性と共に室内にいる夢である。２人は物理学の実験をいくつか見学する。その中に、反射に関する実験があった。だがなぜか、鏡に映る像が偽物だと知っているのは当の２人だけなのだ。他の人たちは、鏡像が本物だと勘違いするのである。その夢の場面を回想して、自分が鏡像という概念に憑りつかれている証だと説明した。

手紙を読んだユングは、おおいに関心を持った。パウリの夢の内容については、精神と肉体のように対をなす対象同士の融合という解釈を与えた。また、弱い相互作用におけるパリティ対称性の破れに関しては、対称性を表出するために2者の間を取り持つ媒介者――ユングは「第3のもの」と呼んだ――に起因すると説明した。たとえば、第3のものが肉体よりも精神をわずかにひいきしたばかりに両者の対称性が崩れる、といった具合である。ユングの返書にはその他、新たな関心対象であるＵＦＯ（未確認飛行物体）について詳しく書かれていた。現実の物体（宇宙からの飛翔体）か、独自の元型を持つ新たな神話だろうと彼は結論付けていた。

それにしても、前段のようなやりとりからパウリが亡くなるまで1年以上あったにもかかわらず、なぜ、２人の長きにわたる往復書簡は突如、途絶えてしまったのだろうか？

その理由は、はっきりとはわかっていない。連絡を取り合う親しい仲でも、時には数カ月、もしくは数年、やりとりのないことだってあるかもしれない。

さらに、自らの神秘主義への興味を他の物理学者にあまり話さなかったことからもわかる通り、パウリはユングの話を真に信じたわけではなかった。いかなる理論にも厳しい目を向けるパウリにとって、ユングの理論も例外ではなかったのである。
ユングの不明確な筋立てについて、ボーア宛ての書簡でこう嘆いている。
「ユングの思想は、フロイトに比べて幅広い領域を対象としますが、その分、明確さに欠けます。最も不満を覚える点は、「精神」という概念が、明確な定義のないまま曖昧に用いられていることです。論理的にも矛盾が認められるのです」〔34〕
またパウリは、ラインの実験手法にも疑問を抱き始めていた。自らの死後に受け取られることとなった1957年2月25日付のライン宛ての手紙の中で、自身が聞き及んだ超心理学を批判する論文について尋ねている。手紙を読んだラインは不満を覚え、ユングに文面を伝えた。ユングはパウリの指したと思われる論文を探したが、結局その存在を突き止めるには至らなかった。〔35〕

パウリとユングの2人の距離が離れたのは、ユングのUFOに対する強い関心も一因だった。パウリもUFOに興味を示したが、ユングが期待するほど、時間をかけて研究することはなかった。

当時パウリは、ハイゼンベルクと共に、統一場理論の構築に力を注いでいる最中だった。加えて、膵《すい》臓がんと診断される前年とあって、体力に衰えが見え始めていた。

このように、様々な要素が絡んだことで、パウリとユングの長く、有意義な対話は終焉を迎

えたのである。〔36〕

第8章

ふぞろいの姿

異を映す鏡のなかへ

物理学を専攻する現在の学生たちには、かつてタブー視されていたとは想像できないかもしれませんが……、当時は「パリティ変換」や「荷電共役変換」「時間反転」に伴う対称性に、破れの可能性を求めることなど、もってのほかでした。そのようなよこしまな考えを、実験をもって証明しようとする行為は、神を冒涜するも同然だったのです。今でも鮮明に覚えていますが、私が同僚と共に……、偏極したコバルト60においてパリティ対称性の破れを測定した後でさえ、ヴォルフガング・パウリ先生から次のようなお便りが届いたのです。私たちが目的とする現象は決して測定されないはずだ、との文面でした。……優れた物理学者であるリチャード・ファインマンは、公然と金銭を賭けて……、パリティ対称性の破れは測定できないと主張しました。……パウリ先生はその後、破れの有無に大金を賭けなくてよかった、と話されました。

――『History of Original Ideas and Basic Discoveries in Particle Physics（素粒子物理学における新理論と主要な発見の歴史）』（ハービー・B・ニューマン、トーマス・イプシランティス共著、プレナムプレス、1996年）の中のウー・チェンシュンの「パリティ対称性の破れ」に関する談話より）[1]

対称性などの厳然たる数学原理に基づくエレガントな理論は、高貴なガラス花瓶のようなものである。

精巧につくられたガラス花瓶は、その対称的な美しさをもって、何年も観る者の目を飽きさせない。新鮮な切り花を生ければ、精緻なデザインと共に、日常に彩りをもたらすはずだ。しかしそのような美しい花瓶でさえも、ひびが入れば水が漏れ出てしまう。となると、対称的な美しさは変わらずとも、用途の変更を余儀なくされる。ほんの一ヵ所ひび割れたおかげで、募金入れに生まれ変わったり、ごみ箱行きになったりするのである。もしくは、補修テープで補って、見た目の美しさと引き換えに、実用性を担保する手もあるだろう。

物理学も同じだ。理論に欠陥が見つかれば、全体を棄却するか、もしくは部分的に補正して理論を生かすかのどちらかである。

理論の提唱者は往々にして、自らの理論に欠陥があったとしても認めないものだ。認めたとしても、思い入れが強いため、解決策を客観的に導くことが難しい。

たとえばシュレーディンガーは、自らつくった波動関数の元来の解釈——物質波の力学的運動を表すとの解釈——に拘泥《こうでい》した。実験によって当初の解釈とは異なる結果が示されたにもかかわらず、である。

マックス・ボルン（220頁）やジョン・フォン・ノイマン（249頁）たちは、彼の立場を尊重して、波動関数の数式をいじることなく実験結果と照合するようにその解釈を補正した。

しかし、波動力学を構築しノーベル賞に輝くほどの頭脳の持ち主であっても、そのような修正は受け入れ難いものだった。したがって、シュレーディンガーは講義や論文の中で反論した。1952年発表の論文、「Are There Quantum Jumps?（量子跳躍は真実か？）」［2］では、量子の遷移について、ボーアやハイゼンベルクによる離散的な概念を否定して、連続的な説明の必要性を訴えている。

また、同じくノーベル賞受賞者のパウリも、晩年、自らが尊ぶ自然の一面にこだわった。他者の理論に対して批判的な姿勢を貫いたように、対称性こそ世の理とする考えに、頑なにこだわり続けたのである。

その森羅万象をシーソーに見立てた宇宙観ではすべてのものが対をなす。一方のスピンがアップであれば他方のスピンはダウンを示す。正の電荷を引きつけるのは負の電荷だ。シンクロニシティのもたらす非因果性は、因果性に背反する。未来から過去への時間方向は、過去から未来への時間方向とペアを組む。実物は鏡像と相反する。

ピタゴラス、プラトン、ケプラーと受け継がれてきた思想を汲み、パウリは対称性に真理を求めた——彼にとって、対称性こそ高貴なガラス花瓶だったのである。

なるほど、対称性は保存則と結びつき、自然界において非局所的な基本作用を導く。そして、決定論の司る世界を補完すると同時に、新たな真理を示唆するのだ。それゆえパウリは、対称性に基づく統一的理論の構築に執念を燃やしたのである。事実、特定の弱い相互作用においてパリティ対称性の破れが実証されても、対称性に根ざしたハイゼンベルクの統一的理論を支持し、追い続けた。最終的に、他の物理学者から矛盾点を指摘され、断念することになるのだが。

ウー夫人の情熱

その昔、理論物理学において対称性が神聖視されたのに対して、男女間の非対称性は、悪夢として意欲的な女性物理学者の前に立ちはだかった。ほぼ20世紀を通して、女性が研究者として身を立てることは、極めて困難だった。

女性科学者といえば真っ先に思い浮かぶ、放射能の発見者であり女性初の二度のノーベル賞受賞者である、あの偉大なマリ・キュリーでさえ、性差別の壁に直面し、女性であるがゆえに不遇をかこった。1911年には、女性であることを理由に、フランス科学アカデミーへの参加を拒否されている。当時、キュリーはすでにノーベル物理学賞を受賞した上、化学賞の候補者に名を連ねていたにもかかわらず、である。

また、女性として2人目となるノーベル物理学賞受賞者のマリア・ゲッパート＝メイヤーも、男性偏重に苦しめられた1人である。彼女は、すでに夫が教授職にあるとして、久しく無給での仕事を余儀なくされた。

前述したように、エミー・ネーター（268頁）もゲッティンゲン大学で教職を得るまで、苦難の道のりを歩んでいる。

だが、自然の成り立ちに興味を持つ少女が、必ずしもそのような男女格差を気にするわけではないだろう。むしろ、全く気にせず大きな夢を抱く女の子もいるかもしれない。なかには、男女間の壁をものともせず神聖視された対称性を打ち破ることになる少女も。

のちに「ウー夫人」と呼ばれる中国人の女性物理学者ウー・チェンシュンは1912年5月31日、上海近郊の街で生まれた。

彼女にとって幸いしたのは、父親が平等主義者だったことである。父親が創設した明徳学校は当時、女性の入学できる数少ない学校の1つだった。彼女もそこで学び、所定の課程を終えると、名門の南京《なんきん》大学——偶然にもキュリーの教え子が教員の1人だった——に進み、物理学の学位を取得した。

1936年、ウーはアメリカに渡り、カリフォルニア大学バークレー校に入学した。1940年に博士号を収めたが、すぐには教授職に就くことができなかった。複数の大学で講師（彼女が持つ資格より下位の教職）を務め、マンハッタン計画（第二次大戦中の米国の原爆開発・製造計画）に加わった後、ようやくコロンビア大学で教授職を得た。そしてコロンビア大学での研究を通じて、ベータ崩壊の第一人者として名を馳せ、フェルミのベータ崩壊理論を立証した。

地球に飛来する宇宙線から1950年代はじめに発見された新粒子の中に、2種類の中間子（スピンが整数のハドロン。訳注：ハドロンは、スピンが半整数のバリオンと、スピンが整数の中間子に大別される）が存在した。2種類の中間子は概ね同じ特徴を示したが、崩壊過程に差異を認めた。そして、3つのパイ中間子（発見された中間子とは別の中間子）に崩壊する種は「τ《タウ》中間子」、2つのパイ中間子に崩壊する種は「θ《シータ》中間子」と名付けられた。いずれの崩壊過程においても、電荷量を含め、ほぼすべての物理量が保存されたが、空間的特徴だけは別だった。

1956年、リー・チョンダオとヤン・チェンニン（フランク）の2人の若手物理学者が、画期的な論文、「Question of Parity Conservation in Weak Interactions（弱い相互作用におけるパリティ対称性の真偽）」を発表して、τ中間子とθ中間子が同じ粒子であると予想した――のちに同一粒子であることが実証され、K《ケー》中間子、またはケーオンと呼ばれるようになる。ともかく、τ中間子とθ中間子の崩壊過程はお互いに、全く同一でもなく、鏡像対称でもなかった。そのためリーとヤンの2人は、電磁相互作用と強い相互作用では必ず保存されるパリティ対称性（鏡像対称性）が、特定の弱い相互作用では破れると推測した。そして、その仮説を裏付けるべく、中間子崩壊実験の実施を提案したのである。

コロンビア大学で研究するリーは、理論を構築する際に、同僚であるウーに意見を求めた。パリティ対称性の破れを唱える仮説に対し、ウーは即座にその実証実験に関心を抱いた。そし

実験物理学者のウー・チェンシュン（右）と理論物理学者のヴォルフガング・パウリ。ウーは、弱い相互作用によるベータ崩壊においてパリティ対称性が破れることを実証した（データ提供＝アメリカ物理学協会エミリオセグレビジュアルアーカイブ）

て、具体的な方法を巡ってリーと議論する中で、偏極した（スピンの向きが偏った）コバルト60を放射性崩壊させるという手法を考案する。ウーは当時、ワシントンにあるアメリカ国立標準局（NBS）（訳注：現アメリカ国立標準技術研究所）で、よく共同実験を行っていたが、NBSの施設は、高い精度が求められる実験に最適の場所だった。

その後、リーとヤンによる論文が発表され、検証実験が行われるのも時間の問題となった。ウーは当初、クリスマス休暇を利用して、夫と共に中国に帰省する予定だった。客船のクイーン・エリザベス号のチケットを2枚、すでに確保し、あとは長い航海に臨むだけだった。しかし、リーとヤンの仮説の重要性を再認識し、検証実験について、他の研究チームに先を越されることに不安を覚えた。ウーは結局、自らの帰省をキャンセルして、客船に乗り込む夫を見送り、その足で検証実験をするために港から1人、列車でNBSに舞い戻ったのである。[3]

コバルト60を偏極するには、絶対零度に近い超低温下で、強い磁場に置く必要があった。そうするとコバルト原子核のスピン（原子核を構成する陽子と中性子のそれぞれのスピンの重ね合わせ）は一般に、磁場の向きに整列し、総エネルギー量が最も小さな値を取る。ウーの研究チームは、そのような条件下で、コバルト60のベータ崩壊によって放出される電子の方向を測定。原子核のスピンの向きに対して同一方向、もしくは反対方向に放出される電子の割合をそれぞれ求めたところ、測定結果に大きな偏りがあることがわかった。自然はベータ崩壊に関して、対称性よりも偏りを好んだのである。

コバルト60は、まるで片面だけに散水が集中するスプリンクラーのようだった。なぜか一方の芝生だけ水浸しで、他方の芝生は多少湿る程度なのである——もしくは、両利きのピッチャーがとりあえず左投げを好むようなものかもしれない。ともかくコバルト60全体の対称性は保たれているにもかかわらず、電子の放出方向が非対称なのだ。すなわち、リーとヤンの2人は正しかった。特定の弱い相互作用において、パリティ対称性は破れていたのである。

ウーはコロンビア大学に向かい、リーに実験結果を報告した。リーは勇躍しながら、仮説が立証されたことをヤンに伝えた。また、物理学部の研究員たちが参加する毎週恒例の中華ランチの席上でも、ウーの実験結果を話題にした。すると、ランチを共にしていたレオン・レーダーマンが、ミュー粒子（質量の高い電子のような粒子）を使ってパリティ対称性の破れを検証する方法をとっさに思いつく。そして彼は実際に、先輩研究者のリチャード・ガーウィンと、指導する大学院生マルセル・ワインリッヒと共に、その実験方法を試したところ、やはりパリティ対称性の破れを確認したのである。ただし、最初に測定したウーのチームを尊重し、彼女が実験結果を公表するのを待ってから、レーダーマンは自らの論文を世に出した。ともあれパリティ対称性の破れに関して、ノーベル賞が贈られたのは結局、仮説を提唱したリーとヤンの2人だけだった。以後、ウーの受賞漏れは、女性科学者に対する偏見の象徴として語り継がれている。

ただしウーは、アメリカ国家科学賞を受賞しただけではなく、女性として初めてアメリカ物理学会の会長を務めるなど、生涯にわたって、数多くの輝かしい栄誉に浴した。

ニュートリノという名のサウスポー

ウーのチームによる実験結果は、ほどなくしてパウリの耳にも届いた。たまたまヨーロッパを訪れていたアメリカ国立標準局（NBS）の研究員、ジョルジュ・M・テマーから伝えられたのである。パリティ対称性の破れを示す実験結果を知ったパウリは、「そんなはずはない！」と話したとのこと。「実験は確かに破れの存在を示しています」とテマーが返しても、「ならば、再現される必要がある」と言い張ったという。［4］

パリティ対称性のような主要な対称性に破れが発見されたことは、対称性に真理を見出すパウリにとって痛恨の出来事だった。しかし、彼の憧れるケプラーがかつて、天体の軌道を真円とした自らの考察を否定された時のように、パウリもまた、科学の示す現実を受け入れるようになる。弱い相互作用におけるパリティ対称性の破れが次々と実証されるに伴い、破れの存在を認めるようになった。

だが皮肉にも、パリティ変換において非対称性を備える粒子の代表格が、自らの提唱したニュートリノであることが判明する。既述した通り、パリティ対称性と密接に関わるのがカイラリティ、すなわち掌性だ。観測されるニュートリノの掌性は、いずれも左巻きだった。スピンの状態と運動方向が常に逆相関を示すのである。野球のピッチャーにたとえるならば、ニュートリノは全員「サウスポー」なのだ。対して、反ニュートリノは常に右巻きだった。したがって、ニュートリノや反ニュートリノを放出するベータ崩壊といった弱い相互作用による崩壊では、一方の掌性しか現れずパリティ対称性が成立しないのである。

たとえば、共に左利きの双子の姉妹が、面と向かって立ち、両者の間にまるで鏡があるかのように振る舞うとしよう。ところが、それぞれが左手にグローブをはめたいと主張する。それでは鏡があるように見えないため、姉が妹に右利き用のグローブを持ってくるように求める。妹は右利き用のグローブを探すが見当たらない。そのため結局は、左手にグローブをはめる。当然、パリティ対称性は成立しない。ニュートリノとの相互作用で対称性が成立しないのも、同じような理由である。

一方で電子をはじめ、ほとんどの素粒子には、右利きと左利きの両者が存在する。ニュートリノにサウスポーしかいない理由は、まだ解明されておらず、全くもって謎なのだ。

特定の弱い相互作用による崩壊でパリティ対称性の破れることが示された後も、類似の時間反転対称性については破れが存在しないとの見方が一般的だった。だが、運命の定めなのか、その考えも誤りであることが1964年、ヴァル・フィッチとジェイムズ・クローニンによる

K中間子の崩壊実験で示される。

時間反転対称性という概念には古い歴史があり、その源流は古典力学まで遡る。たとえばニュートンの運動の法則は、時間の向きを反転させても全く問題ない。つまり、古典的な粒子の微視的な挙動を録画して、その映像を再生しても、逆再生の映像と見分けがつかないということだ。しかし19世紀には、エントロピー（147頁）の増大則によって、時間経過に従い巨視的レベルでエネルギー損失が増大することが示された。

微視的対象の挙動を記述する量子力学の主要な方程式も、同じく、時間反転に伴う不変量の存在を表す。だが波動関数は、観測という行為によって崩壊し、時間発展を生み出す。したがって、時間発展の生みの親は、巨視的世界の観測者であると考えることもできる。換言すれば、微視的世界の自然の振る舞いは、あくまで時間方向とは無関係であり、巨視的世界の人間が観察することで時間経過が生まれるとの見方だ。

1950年代はじめ、パウリやジュリアン・シュウィンガー、ゲアハルト・リューダース、ジョン・スチュワート・ベルなどの複数の理論物理学者たちがそれぞれ別個に、CPT（荷電共役変換、パリティ変換、時間反転の3つの同時変換）に伴う対称性が保存されると提唱した。荷電共役変換は、正負の電荷を入れ替える変換である。なお、中性の物質は、荷電共役変換しても変わらない。CPT対称性は、荷電共役変換とパリティ変換（鏡像変換）、時間反転の3つの操作を同時に行っても、元の特徴が保たれる性質をいう。相互作用の領域に向かって進む陽電子の例を見ればわかる通り、3つすべての変換を行うと、必ず同じ特徴を持つ像が現れる。陽電子の電荷を負に変換し、運動方向を逆向きにして、時間を反転させると、現れるのは、時間を逆行しながら相互作用の領域から離れる電子である——すなわち元の陽電子の特徴が保存されるのだ。

CPT対称性の保存は、現在まで、自然の真理として多くの支持を得てきた。しかしながら、その概念の一部に関して例外のあることも実証されている。CPT対称性の保存は、もしCP対称性が破れるならば、T対称性にも破れが生じることを含意する。そして、CP対称性は実際に1964年、フィッチ＝クローニンの実験によって破れることが示された。つまり、T対称性にも破れが存在するわけである。

自然の織りなす純然たる対称性の、なんとはかないことか。消えゆく一片の雪然り、萎れゆく晩夏の向日葵《ひまわり》然り。時の流れもまた無常なのだ。

超絶の力

量子力学の奇妙な現象は、何も微視的な世界だけを舞台にするとは限らない。

1950年代半ば、多くの物理学者がほぼ一斉に、対称性の破れを研究し始めたことで、量子力学は急速な進展を見せ、物質の呈する異常な状態――量子コヒーレンス（268頁）と呼ばれる現象の一例である超伝導や超流動――の真相が明らかになりつつあった。

超伝導体とは、ある一定温度以下に冷却して、電気抵抗がゼロになった物質をいう。白熱電球のフィラメントのような一般的な抵抗では、物質内を移動する自由電子が、まるでピンボールのように物質を構成する原子にぶつかることで、電流の流れにくさが発生する。その過程で電子の失うエネルギーは、白熱電球のフィラメントであれば、明るい光に変身する。一方で、超伝導体の場合は、物質内にまるで障害がないかのように電流が流れる。エネルギー状態の観点から、電子がクーパー対と呼ばれるペアを組むようになり、ボソンとして振る舞うためだ。一般に、超伝導を生む超低温下では、エネルギーギャップが出現するため、クーパー対はペアを組むことができる――ペアを解消させるだけの熱エネルギーが不足するのだ。また、フェルミオンと異なり、ボソンは同一の量子状態を共有することができる。そのため、電子対は周囲の環境に依存することなく、量子コヒーレンスの物質内を一体となって移動できるのである。まるで海千山千の兵士たちが、一糸乱れず隊列を組んで、泰然と戦闘地に向かうように。

超伝導という現象は、1911年、オランダの物理学者ヘイケ・カメルリング・オネスの行った実験で発見された。ただし、その仕組みが完全に解明されたのは約半世紀後のことである。

1957年、レオン・クーパー（Cooper）の築いた電子対の概念と、ジョン・バーディーン（Bardeen）とジョン・ロバート・シュリーファー（Schrieffer）の提唱した超伝導に関する理論が見事に融合し、3人による画期的な共同論文、「BCS理論」（3人の名前の頭文字から命名）が発表されたのだ。彼ら3人は、1972年にノーベル賞を受賞した。

超伝導と極めて近い現象に、超流動という状態がある。同じく超低温下で起こり、全く粘性のない状態を表す。つまり超流体は、完全な流体との意味だ。ヘリウム4やその希な同位体であるヘリウム3を超低温下で液化すると、超流体となる。超流体を回転させると量子渦が発生するが、粘性がないため、量子渦はいつまでもその運動を続ける。超伝導と同じく、超流動は多数のボソンが同じ量子状態を共有することで成立する現象だ。

超伝導や超流動といった凝縮した状態は、驚くべきことに、極めて広範囲に、そして超低温下だけではなく超高温下においても、適当な条件のもとで出現する。たとえば、中性子星の内部は、数億℃という超高温下にもかかわらず、超流体のような状態を呈すると近年考えられるようになった。中性子星とは、高質量の恒星が爆発し、その中心核が圧縮されてできた、高密度の天体のことである。もし推測が正しければ、凝縮した状態は数キロメートルに及ぶ計算だ。

量子コヒーレンスの現す超伝導や超流動などの現象は、共時性を伴う相関——シンクロニシティの概念のなかでパウリとユングが想定したつながり——が、因果関係と並んで自然の真理であることを物語る。往々にして自然は、信号の伝播ではなく量子状態の共有による結びつきを好むのだ。
宇宙を駆け巡る光は、自然界のつながりの一部を表すに過ぎないのである。

統一を巡る課題

物質の通常の状態から超伝導や超流動への変化は、いずれも相転移――突如として物質の秩序が変化し、対称性が失われること――を伴う。あらゆる相転移は、それぞれ独自の臨界温度で起こり、その数字は、粒子（もしくは粒子対）の平均熱エネルギーが既存の対称性を解消する温度であることを示す。相転移には、超伝導などの現象よりも身近な例が存在する。たとえば融点に達した氷が、結晶構造を崩して水に変化する現象が一例である。また蒸し暑い日に気温が一気に下がって、大雨が降り始める状況も相転移に該当する。

自然界の相互作用を統一的に記述しようとする試みは1950年代から1960年代にかけて始まり、やがて、場の量子論における対称性の破れの研究へとつながる。その中で理論物理学者たちは、誕生まもない高温の宇宙には、現在の宇宙と比べてはるかに多くの対称性が存在したと考えるようになった。そして、対称性の破れを悲観するのではなく、宇宙発展に必要な要素として位置付け、宇宙が究極の1点から、幾多もの粒子が複雑に絡み合う現在の姿へと発展する過程を説明しようとしている。

その考察に基づけば、宇宙が誕生してまだまもない頃は、粒子と反粒子は同じ数だけ存在したことになる。しかし、ある種の対称性が破れたことで、両者の平衡関係も崩れ、偏りが生じた。はたして、現在私たちの見る天体のほとんどが、反物質ではなく物質で構成されるようになった、というわけだ。

また、理論の統一を図る中で生まれた無質量場に関する概念も、対称性の破れを根拠とする。その考えによると、宇宙が冷却されていくうちに、光子などの質量を獲得しない対象が存在する一方で、静止質量を獲得する場が現れる。その過程を詳説する理論は、1960年代初頭から半ばにかけて、複数の研究チームによって構築され、のちにヒッグス機構――提唱者の1人であるピーター・ヒッグスに由来する――として知られるようになった。ヒッグス機構では、真空状態の変化がヒッグス場というエネルギー場を誘導し、既存の対称性に自発的な破れをもたらす。そして、多くの基本粒子は、そのヒッグス場との相互作用を通じて質量を獲得する。

たしかに、均一的な美しさは、人間を魅了するかもしれない。だが、宇宙の現在の姿があるのは、対称性の破れによる不均一性のおかげなのだ。もし、完全なる対称性がそのまま保たれていれば、この世に生命は存在し得なかっただろう。相互作用が複数の種類に分かれることも、物質が反物質に対して優勢になることもなかった。

私たちが今こうして生きているのは、均一性が崩れたからこそ、なのである。

アインシュタインが1955年4月に亡くなってから数年の間に、統一的理論の研究が一気に進展したのは決して偶然ではないかもしれない。それまでの統一的理論に向けた取り組みといえば、アインシュタインによる不可解な切り口やその行き詰まりの印象が強かった。強い相互作用や弱い相互作用、量子過程、次々と発見される素粒子などには目もくれず、重力と電磁気力の統合を図る彼の無謀な姿勢に、多くの学者は疑問を抱き、また困惑した。そして、統一的理論への挑戦を尻込みしたのである。オスカル・クラインやパウリ、シュレーディンガーなどの数人の物理学者が、統一的記述に力を注ぎ、やむなくアインシュタインのそれと比較されるだけだった。したがって、彼の死がある意味、新たな発想の呼び水になったといえる。

1957年、ハイゼンベルクはとうに名の通った物理学者だった。不確定性原理を唱えて約30年が過ぎていたが、依然その提唱者として彼の名は広く知られていた。また、ノーベル賞の栄誉にも浴していた。しかし、彼の最も有名な実績は、科学史に汚点を残すものだ。第二次世界大戦中、ヒトラーのもとで核兵器開発を主導したのである。のちに彼は、やむを得ない選択で、原子爆弾の開発には消極的だったと主張したが、一部の学者からは疑いの目を向けられ、村八分にされた。

ただし、本人にしてみれば、批判はお門違いだった。彼は特定の政治思想に傾倒したわけでも、ナチ党に加わったわけでもなかった。ましてや反ユダヤ主義者でもない。しかも戦時中には、反対に、フィリップ・レーナルトのようなナチ党を熱心に支持する科学者たちから、ユダヤ人であるアインシュタインの理論を擁護したとして非難されていた。

こうしたことからハイゼンベルクは、戦争が終わると、平和主義を強く標榜し、国際協力の活動に精を出すようになった。１９５４年の欧州原子核研究機構（ＣＥＲＮ）創設にあたっても、協力を惜しまず、主要施設のあるジュネーブに頻繁に足を運んだ。スイス滞在中、彼はよくチューリッヒに立ち寄り、パウリと意見を交えた。

ハイゼンベルクは晩年、哲学的な考察を書き表すことが多くなった。若い頃に読んだ哲学書の内容に基づき、アリストテレスやプラトンの考えなど、古代ギリシアの思想に照らして自然の摂理を考えるようになったのである。はたして対称性などの原理に基づき、実在性や因果律を超越する世界を想定する。そして、量子力学をイデアの世界と幾何学的美しさに真理を見出したプラトン哲学の拡張とみなした。

科学史家のデヴィッド・キャシディは次のように記す。

若かりし日にプラトンを読んで考察を重ねたとの回想が認められるのは、西ドイツがまだ混乱の収拾に奔走している戦後間もない頃である。ハイゼンベルクは、プラトンの理想主義とアリストテレスの「物質観」が、戦後の素粒子物理学に直結したと唱えた。また、ギリシア哲学を自らの物理学研究に取り入れようとする動きが最も顕著に認められるのも、この時期である。ただし、たとえ認められるにしても、それは表層的だった――あくまで表向きな動きで、真に理論を築くことはなかった。[5]

ハイゼンベルクは、デモクリトスの古典的な原子論を、アリストテレスとプラトンの抽象的概念と比較した上で、量子力学が超越した唯物論や決定論の源に過ぎないとして一蹴した。まるで新プラトン主義をそれぞれ独自に解釈した古き科学者たちに仲間入りしたかのように。

後年の著作で彼は記している。

「現代物理学における粒子という存在は、(略)プラトン哲学の中の対称性をなす天体と同じ位置付けで、つまりは対称性の象徴である」[6]

「哲学者」と称される現代の人物の中で、彼がその背中を追ったのは、アインシュタインだった。量子力学の不明確な一面を嫌悪する点には同意しかねたものの、哲学者アインシュタインの傑出した才能に絶えず敬服の念を抱いていた。よって、自然界の力を統一的に表そうとする姿勢に感化され、追随するように統一的理論の構築に挑んだ。ただしハイゼンベルクは、古典的理論の補完ではなく、場の量子論の拡張に活路を見出した。

アインシュタインの最終的な目標の1つは、既知の粒子や相互作用を純粋な幾何学的表現によってあまねく記述することだった。時空という連続体を伝播するさざ波のように、である。

一方、ハイゼンベルクが白羽の矢を立てたのは、普遍的なエネルギー場という概念だった。ハイゼンベルクの考えでは、あらゆる粒子や相互作用は、観測という行為に応じて、エネルギー場の特徴として己の存在を示す。個々の粒子や場は実際に存在するわけではなく、あくまで普遍的な場における1つの特徴に過ぎない。その中で、様々な相互作用の表す散乱したデータに対して、「S行列」または散乱行列と呼ばれる数学の行列式を適用すると、エネルギー場において対称性などの特徴が表出する。つまり、量子力学の世界において、私たちが目にするものは真実ではなく、真実の間接的な投影に過ぎないというわけだ。

場の量子論では、物理学では意味をなさない無限という概念が頻繁に登場する。その一般的な解決方法として知られるのが、「くりこみ」（場の反作用と真空の分極などの効果を質量や電荷に取り入れること）という手段である。ただし、ハイゼンベルクが考案した場の理論は非線形だった（方程式に2乗より高次のべき乗が含まれ、個別解の線形和が一般解にならない）ため、「くりこみ理論」を適用できなかった。そこで彼は長さの最小単位を導入し、ゼロを分母とする割り算を回避することで、無限の問題を解決した。

自らの考察に関して、彼は何度かパウリに意見を求めた。当初、エネルギー場の対称性を巡って2人の見解が分かれる箇所がいくつか存在した。しかし、議論を重ねる中でそれらの相違点は解決を見た。

1957年の晩秋には、ハイゼンベルクは持論の正しさに自信を深め、チューリッヒのパウリのもとを訪れ、スピンやアイソスピン、ローレンツ対称性（特殊相対性理論の基礎をなす対称性）などの数多くの対称性を採用しながらも、リーとヤン、ウーの3人が示したパリティ対称性の破れについても肯定可能な非線形場の理論を披露した。その理論に基づけば、私たちの目に映る粒子は、非線形場の確たる安定状態として凝縮している。湖が凍てついて巨大な氷塊と化しているようなものだ。そして、自然界の相互作用は、特定の相転位が起こる確率に基づいて出現する。

他者の理論に常に批判的なパウリにしては珍しく、ハイゼンベルクの構想に統一的理論への可能性を見出し、数学的に補完することを約束した。2人は協力して、理論の細部を詰めた。いつしかパウリは、アインシュタインが手にできなかった普遍的な方程式を得られるかもしれないと考えるようになっていた。

相互作用のなす業

一般相対性理論と量子力学は、それぞれ1910年代半ばから1920年代半ばにかけての10年の間に誕生している。

一般相対性理論は、時空を主な舞台とし、その歪みによって光や粒子の進行方向を定める。

量子力学は、特にハイゼンベルクの提唱した解釈において、抽象的なヒルベルト空間を中心に展開する。実験施設の研究員などのような合理的な考えの科学者であれば、いずれも物理学を理解する上で欠かせない理論であるとの認識だろう。理論物理学の重要な分野の1つとして、相対論的な場の量子論——一般相対性理論と量子力学のそれぞれの枠組みを維持しながら統合を図る理論——が存在する所以である。双方の原理を損なうことなく2つの理論の統合を図る試みは、ボーアの主張に端を発する。古典的世界（高速度や強力な重力場などの極限状態においても相対性理論に従う世界）にいる人間が微視的世界に介入する観測という行為の重要性を強く訴えたのがボーアだった。

しかし、アインシュタインやハイゼンベルク、パウリといった巨匠たちが追い求めたのは、微視的世界から人間の日常的な世界、そして宇宙規模の世界までを、単純な原理によって網羅する横断的な理論だった。アインシュタインは、非量子的な手法で（古典的な一般相対性理論を拡張して）、量子力学の原理を説明しようとした。対して、全く異なる方法を独自に考案したのがハイゼンベルクだった。彼は、対称群となるヒルベルト空間のエネルギー場に適当な条件を与えることで、自然界の様々な相互作用の再現を目指した。

アインシュタインの理論では、宇宙は時空という1つの実体である。ただし、任意の点において光円錐の描写が可能で、2点間の結びつきに因果律を伴う。また、少なくとも局所的に、光速を超える作用の伝播が禁じられる（時空連続体が歪曲し別々の領域をつなぐワームホールなどの場合に限って、非局所的に超光速が許される）。かくして、因果律が実世界の構成原理として組み込まれるのだ。

一方、ハイゼンベルクとパウリの理論では、まず、ヒルベルト空間のエネルギー場を介した共時性を伴う相関が想定される。ただし、ハイゼンベルクがユングの信奉者ではないことからもわかる通り、集合的無意識に通じるシンクロニシティとは明らかに異なる概念だ。とはいっても、プラトンの唱えたイデアの世界を彷彿させる、一種の普遍的原理のようなものではある。そのため、超光速で伝わる相互作用を強く制限することで、因果律という原理を新たに組み込む必要があった。車の運転にたとえれば、もともと路面が悪くて一定以上のスピードが出せない状態がアインシュタインの理論で、スピードを出すことができる整備された路面ではあるものの、あえて法定速度を守るためにスピードを抑えている状態がハイゼンベルクの理論である。場の量子論には、そのような制限を課す理論が他にもあり、ハイゼンベルクの発想自体は珍しくなかった。

2人の理論が他と決定的に異なる点は、物質やエネルギー、相互作用のすべてが、普遍的なフェルミオン場から特定の条件のもと、いちどきに現れると考えたことだった。電子や陽子、ニュートリノなどの粒子は、それぞれが存在を約束されているわけではなく、普遍的な場が特定の条件を備えた時にのみ表出し、存在し得る。また、電磁気力などの相互作用は、粒子同士を結ぶ相関の確率の高さに応じて発生する。したがって光は、粒子間の相互作用が織りなす幻影に過ぎない。そして、その出現する時間差が、人間が光速として知る速さの要する時間とほぼ一致するわけである。「ネーターの定理」（271頁）を適用すれば、普遍的な場が備える対称性によって、既知の保存則をすべて説明できる。パリティ対称性の破れについても、特殊な例として説明が可能だ。つまりは、2人の考察によれば、「現実の世界」は究極の幻影ということになる。

理論構築の中でハイゼンベルクが満足を覚えた点は、イデアの世界に通じる発想をもってして、プラトン哲学を自らの理論に反映したことだった。一方のパウリは、対称性や普遍性、非因果的相関を主眼とした点に、無上の喜びを見出した。さらに2人の理論は、ゾンマーフェルトの提唱した微細構造定数の解明に端緒を開く理論としても期待が寄せられた。137の逆数という神聖な定数——パウリを筆頭に多くの研究者が、その真相を追い求めた数字である。

統一への狂騒

1958年1月、ニールス・ボーアをはじめとする世界各国の著名な物理学者たちが、アメリカ物理学会（APS）の年次会議に参加するため、ニューヨークに一堂に会した。その時宜を捉えて、妻のフランカと共に事前に渡米する予定のあったパウリは、コロンビア大学物理学部に電報を送り、ハイゼンベルクとの共同研究について講演する機会を求めた。パリティ対称性の破れに端を発した物理学の新たな見地に、パウリが言及することを期待したのか、連絡を受けたウーは2つ返事で快諾し便宜を図ったという。

年次会議の会場から地下鉄やタクシーを使ってすぐの場所で行われたパウリの講演には、多くの聴講者が押し寄せた。ボーアも講演に詰めかけた1人だった。だが、当日の参加者が語るに、講演が進むにつれ、普段の人物評からは想像のつかないほどはっきりと、パウリがうろたえ始めたという。言葉を発するごとに、どんどん自信を失っていくようだった。

同じく聴講したスタンレー・デザーは、こう回顧する。

「不幸にもまだ若くしてこの世を去ったパウリの最後の逸話は、1958年に残されたものだ。ハイゼンベルクのフェルミオン場という空想的な考えに、不覚にも真理を見出した彼は、APSの特別講演でその考えを披露したのである。そして話を進めるにつれ、全くばかげた内容であることに気づき始めたのだ。その彼の姿を、参加者は一生忘れないだろう！」［7］

物理学者のフリーマン・ダイソンとジェレミー・バーンスタインも当日、聴講席に座っていた。バーンスタインによれば、ダイソンがたまりかねて彼の耳元でこうささやいたという。

「まるで高貴な生き物の最期を見届けているかのようだよ」［8］

講演の終わりにパウリは聴衆に対して、自ら話した内容が奇想天外に聞こえたかもしれない、と何度も断ったという。かつて自らが唱えたニュートリノ予想（年次会議直前にその存在が実証された）などに対する初期の反応を暗にほのめかしたとも考えられた。さておき、彼の言い分にボーアはこう返した。

「きみの話した内容が奇想天外であることに私たちはみな同意するだろう。ただし、正しい可能性が少しでもある奇想天外なのか、もしくは全くない奇想天外なのか、意見が分かれるところだ」［9］

講演はパウリの晩節を汚すものだったとの評価が、衆目の一致するところだった。そしてパウリもまた、当該理論に対する情熱を一気に失っていった。なるほど、輝かしい対称性とは裏腹に、実世界の現象を予測するのには難があった。幅広い条件を意図的に設けなければ、微視的世界に認められる現象を再現できなかったのである。質量の獲得を見事に説明するヒッグス機構は、当時、まだ考案されていなかった。ヒッグス機構と違って、粒子によって質量の有無に差が生まれる理由も全く説明できなかったのだ。

当然、パウリはそのような不備に思い至らなかった点を悔やんだ。考察が不十分だと自ら認めざるを得なかった理論は、完成には程遠い状態だった。しかしながら、査読して修正を加えるとの条件で、プリプリント（刊行前の論文）を著すことを、すでにハイゼンベルクに許可していた。

一方、ハイゼンベルクはドイツでプリプリントの作成に力を注いでいた。彼の論文公表への意気込みは、パウリの想像を上回るものだった。脱稿したプリプリントを印刷して主要な物理学者に配布し、しばらく後の2月に、ゲッティンゲンで講演を行った。すると、たまたま会場に居合わせた新聞記者が、彼の講演内容に過剰なほど反応した。まもなく、ハイゼンベルクの理論を「宇宙の公式」とみなした記事が新聞紙面を賑わせるようになり、中には「ハイゼンベルク教授とその助手のパウリ教授が宇宙の真理を表す公式を発見した」と伝える記事もあった。〔10〕

ハイゼンベルクのかつての先輩にあたるパウリにとって、「助手」という表現は屈辱ともいえた。さらに痛恨だったのは、ハイゼンベルクがラジオに出演し、くだんの理論について「専門的な細部」を詰めさえすれば発表できると語ったことである。考察が全く不十分であるにもかかわらず、完成間近と曲解しているハイゼンベルクにパウリは愕然《がくぜん》とした。

当時の教え子チャールズ・エンズにこう伝えている。

「きみは……、ラジオや新聞などでハイゼンベルクが積極的にアピールしていることを知っていますか？　彼はまるで、アインシュタインを超えたような気でいます。伝説上の天才にでもなったかのように。自らの理論をいくら宣伝しても足りないのでしょう」〔11〕

パウリは些細な抵抗を試みた。１枚の紙に、絵画の入っていない額縁を思わせる長方形を描き、その下に「私にティツィアーノ（訳注：ルネサンス期を代表するイタリアの画家）のような画力のあることを示しています。専門的な細部がまだ描かれていないだけです」と添えて、その用紙を印刷し、ジョージ・ガモフをはじめ、多くの有名な物理学者に送った。[12]またそのような皮肉とは別に、プリプリントの送付先すべてに書簡を宛て、ハイゼンベルクの場の理論への支持を撤回する旨を伝えた。

こうして生まれた2人の間の溝がより深まったのは、その年の7月に開かれた欧州原子核研究機構（CERN）の会合だった。パウリが進行役を務めた意見交換の場には、話者の1人としてハイゼンベルクの姿もあった。なんとパウリは、会場でハイゼンベルクを紹介する際、次のように貶めたのである。

「本日は、場の理論の『根本的な考え』をハイゼンベルク氏にお話しいただく予定でしたが、彼の話す内容が根本的な考えではない点にご留意ください。同様に、私の考えも根本的な考えとはいえません。したがって、ご聴講の皆さまには、2種類の無知をご確認いただけると存じます。熟慮を重ねた上での私の無知と、浅はかなハイゼンベルク氏の無知です」[13]

見解の食い違いが2人の関係に暗い影を落としたのである。そして運命の定めか、その数カ月後にパウリはがんのため早すぎる死を遂げる。ハイゼンベルクは、パウリの生前の批判を根に持ち、彼の死後しばらく経っても無慈悲な言葉を並べていたという。もちろん葬儀の席に旧知の友であるハイゼンベルクの姿はなかった。

〈参考　パウリの最期〉

１９５８年12月5日の金曜日、毎週定例の会議で話していたところ、パウリは急激な胃痛に襲われた。急いで帰宅して安静を図ったが、痛みは夜通し続き、翌朝、チューリッヒの赤十字病院を受診し、そのまま入院する運びとなった。

ユングとの交流を通じて、数字の意味するところを積極的に探究するようになったパウリは、自身の入院する部屋の番号が、ゾンマーフェルトの微細構造定数の逆数「１３７」であることにすぐ気がついた。[14]だが、微細構造定数の解明の難航を暗示していると考えたのか、彼はその部屋番号を歓迎しなかった（微細構造定数の解明については、今日まで、多くの物理学者がその謎に挑むも、微細構造定数が、一見なんの変哲もない整数の逆数の近似値である理由はわかっていない）。

末期の膵《すい》臓がんと診断されたパウリの予後は、決して良好とはいえなかった。当然、彼は悲嘆に暮れた。ただし、見舞いに訪れた教え子のエンズに対し、皮肉を披露することも忘れていなかった。いずれハイゼンベルクが自らの統一的理論をひっさげて訪問する相手は、汎アラブ主義を掲げるエジプト大統領のガマール・アブドゥル＝ナーセルだ、などと語ったという（エジプトとシリアを統合したことでナーセルは当時渦中の人物だった）。この時、パウリは、ユングの秘書に連絡をとって、自らの人生に大きな影響を与えた精神科医との面会も望んだが、再会は叶わなかった。

12月13日の土曜日、担当の外科医がパウリの膵臓をむしばむ巨大化した腫瘍の摘出手術に臨んだ。しかし、最終的に摘出は困難との判断に至った。2日後の12月15日の朝、パウリは他界し、20日に火葬が執り行われた。物理学研究を長く率いてきた巨匠の突然の訃報に、物理学界は衝撃を受けたのだった。

それから、3年も経たないうちに、今度はカール・ユングがこの世を去った。チューリッヒ郊外の自宅で心不全に見舞われたのだ。1961年6月6日、85歳だった。そして、ハイゼンベルクは腎臓がんと胆嚢《たんのう》がんの病魔に屈し、1976年2月1日に天国へ旅立った。

ちなみに、パウリの妻のフランカは夫の死後、30年ほど長生きして、論文の整理などを通じて、科学史家の研究に助力した。彼女が没したのは1987年7月だった。

＊＊＊

パウリという人物が広く認知されているのは主に物理学界である。排他原理やニュートリノ予想をはじめとする画期的な概念の提唱者として、だ。対して一般世間における認知度は驚くほど低い。ハイゼンベルクやシュレーディンガー、ボーア、そして忘れてならないアインシュタインが、メディアに過熱ぎみに取り上げられるのを目にして、パウリは極力、一般世間への露出を控えていたのである。彼は誤解を招きかねない商業的な論評よりも、学者仲間からの真の評価に生涯、価値を見出した。
仲間に厳しい目を向けたにもかかわらず、学術的な威光を自らの手に収めたパウリ。
そんな彼の威光は、今日まで輝き続けている。

第9章

現実へ挑む

量子もつれと格闘し、量子跳躍をてなずけ、ワームホールに未来を見る

量子もつれに奇怪な面など一切ない。解釈を試みる哲学者が煙幕を張っているだけだ。

——フリーマン・ダイソン

（著者に語った言葉）[1]

数十年後を見ずしてこの世を去ったのは、ヴォルフガング・パウリにとって不運と言えるかもしれない。もし長生きしていれば、その後の科学の発展に彼は目を見張ったことだろう。

パウリの早すぎる死から数十年、特に1960年代から1980年代にかけては、素粒子物理学や場の量子論、量子測定理論に、極めて画期的な発見がもたらされた。パウリが生前、掘り下げた代表的な概念の一部が、物理学研究の中心を担うようになり、対称性の役割や、（ユングと共に目指した）非因果的相関の体系化に関する研究が主流になったのである――後者に関しては、量子もつれの限界や可能性を検証する実験が盛んになっていった。

パウリが長いこと追い求めたのは、対称性に立脚した統一場理論だった。現在、自然界に存在する4つの基本的な相互作用――電磁気力、弱い力、強い力、重力――を、同時に説明するだけの理論はまだ登場していないものの、電磁気力と弱い力の2つの力については、電弱統一理論として見事に融合を果たしている。

また、同じような手法で記述される強い力を含め、3つの力の統一を図る概念は、標準模型と呼ばれる。標準模型は数多くの対称性を基礎とするが、自発的な破れを認めており、特定の弱い相互作用におけるパリティ対称性やCP対称性の破れについても適当な説明が可能だ。一方で、現在標準とされる量子重力理論は、今のところ重力のみを対象とする。したがって、重力は統一的理論にとって最後に残された力なのだ。

強い力の初期のモデル化において、（強い力が働く）フェルミオン同士の相互作用を媒介するボソンを記述するため、エネルギーを伴って振動する「弦《げん》」という概念が導入された。その後、マレー・ゲルマンたちが量子色力学《いろりきがく》を築いたことで、弦理論は衰退を見ながらも、ピエール・ラモンドとアンドレ・ヌボー、ジョン・シュワルツの3人の物理学者たちが1970年代初頭、フェルミオン弦を定義した上で、ボソン弦の概念と融合させ、超対称性と呼ばれる新たな対称性を示した。それによって、パウリの排他原理に従うフェルミオンと、排他原理に従わないボソンを、同時に定式化することが可能となる。そして最終的に、超重力理論や超弦理論、M理論——いずれも当初難題だった無限の問題を回避しつつ、重力を他の力とあわせて統一場理論として記述する試み——が生まれた。ＬＨＣ（Large Hadron Collider：大型ハドロン衝突型加速器）などの測定施設において、超対称性の妥当性を示唆する結果はまだ得られていないが、主に数学的記述の美しさを理由に、多くの理論物理学者が、いずれ実証される可能性が高いと睨んでいる。

ジョン・ベルによる判定試験

パウリの死後、素粒子物理学や場の量子論が飛躍的に進歩する中で、量子過程全般に関する研究も一気に進んだ。その最大の原動力の１つが、物理学者のジョン・スチュワート・ベルが

1964年に表した不等式である。ド・ブロイ（247頁）とボームのパイロット波理論に代表される隠れた変数理論と、量子力学の正統的解釈とを区別して、量子もつれの非局所性の真偽を判定する数式だった。

局所実在性を満たした解釈（アインシュタインの見地）と、非局所性と観測の影響を踏まえた解釈（ボーアの見地）の2つの解釈について、どちらが正しいかを検証する日がついに訪れたのである。

厳密な実験による実証なくして、れっきとした科学理論と上辺だけの推論との区別もないだろう。線引きのあやふやな例は、枚挙《まいきょ》に暇がない。

「反地球」を想定したピタゴラス学派の宇宙論や、精神の構成要素をエーテルとしたテイトの説、そして、四次元との交信を謳ったスレイドの奇術や、自らの妻に超能力があるとしたシンクレアの主張。いずれを見てもわかる通り、厳密な検証実験の欠如は、盲目的な考えを生みかねない。ラインの超心理学に目を転じても、その代表的な実験でさえ、第三者による再現が不可能だったため、科学理論として認められなかった。つまり、提唱者が科学者であることを理由に、確たる証拠もないまま、「量子もつれ」を科学的現象と断じるのは、あまりに早計なのである。

だが幸いにも、ベルによってその真偽を測る手段がもたらされた。

量子物理学者のジョン・スチュワート・ベル（1928〜1990年）と妻のメアリー・ベル。1990年の夏、マサチューセッツ州アマーストにて。（撮影・許可＝カート・ゴットフリート、提供＝アメリカ物理学協会エミリオセグレビジュアルアーカイブ）

ベルは1928年7月28日、北アイルランドのベルファストで生まれた。幼い頃から、科学の仕組みに興味を示したという。

わずか11歳にして、高校の入学試験で好成績を収め、ベルファスト工業高校に進学する。卒業後、技術者として1年間働き、クイーンズ大学に入学。そこで、量子力学の表す奇妙な世界と出合う。やがて、指導教授の物理学者ロバート・スローンからハイゼンベルクの不確定性原理を教わるが、彼は原理の厳密性に疑問を抱いた。ハイゼンベルクの表した数式に従う限り、位置と運動量の値が一義的に定まらないためである。よって、観測結果に基づき、理論の細部を補完する必要があると主張した。スローンがハイゼンベルクの原理の妥当性を説いても、頑として譲らず、逆に教授であるスローンを「不正直だ」と非難した。

「(当時の量子力学の解釈に)誤りがあると考えるには抵抗があった。だが確かに欠陥があった」アメリカの理論物理学者ジェレミー・バーンスタインに対して、ベルはそう語っている。「つまり、真実が何であろうと、その内容を正しく記述する方法を見つけなければならなかったんだ」[2]

現実的な理由から、ベルは量子力学の新たな記述に対する意欲を、いったん心の内に秘める。彼は1949年に大学を卒業後、イギリスのハーウェルに拠点を置く原子力機関に就職した。その原子力機関には、生涯の伴侶となるメアリー・ロスがいた。頭脳明晰で優れた科学者のメアリーと共に、ベルは様々なプロジェクトを手掛け、1954年、彼女と結婚した。

ハーウェルを離れ、バーミンガム大学で理論物理学の研究を始めたのは1951年のことだ。博士号取得は1956年。その博士論文研究と並行して、ベルは独自にCPT定理を提唱した。しかし提唱者として広く認知されたのは、先んじて発表したリューダース（372頁）とパウリの2人だった。

1960年、彼はメアリーと共に欧州原子核研究機構（CERN）の研究施設に移り、そこで自らの代表的な実績を残した。

CERNで長年、ベルと共に研究し、人物像をよく知る物理学者のカート・ゴットフリートはこう振り返る。

「彼は優れた洞察力の持ち主で、非常に深く考察する研究者だった」［3］

量子力学の解釈に関して、ベルは学界の中で少数派に属した。ボーアやハイゼンベルク、ボルン、ジョン・フォン・ノイマンたちが築いた量子力学の正統的解釈に対し、真っ向から異を唱えたのである。アインシュタインの指摘が正しく、量子力学の記述には改善の余地があるとの見解だった。

1952年、デヴィッド・ボームが、スピンのEPR実験を提唱すると共に、隠れた変数に基づく「パイロット波」理論（ド・ブロイの理論の拡張）を発表すると、ベルは快哉を叫んだ。

実験によって、「量子もつれ」の真の機序を実証できると考えたのである。自然の摂理として、因果性と実在性を取り戻すことができる、と。

ただし、不可解な点は、かつてフォン・ノイマンが隠れた変数の妥当性を数学的に否定したにもかかわらず、パイロット波理論が成立したことだった。フォン・ノイマンはその時代の最も優れた数学者の1人であり、ボーアをはじめとする多くの研究者たちから信頼を得ていた。しかしベルは、様々な反例を見出し、フォン・ノイマンの証明が決して完璧ではないことを明らかにした。したがって、パイロット波理論の真偽を確かめるには、新たな方法を考案するしかなかった。そして、いよいよ判定方法の開発に挑むのである。

ベルが編み出した定理を紹介する前に、ボームが表したスピンのEPR思考実験について少し振り返りたい。電子などの、スピンが半整数の粒子（訳注：すなわちフェルミオン）が2つ、量子もつれの状態にあるとする。その2つの粒子を、スピンを測定せずに、それぞれ反対方向に放つ。このとき2つの粒子のスピンは、観測するまで「アップ - ダウン」と「ダウン - アップ」の2つが等しく重なり合った状態（2つの場合の組み合わせ）にある。端的に言えば、互いに逆相関を保つわけだ——ただし、観測しなければ、どちらがどちらの状態にあるかはわからない。なお、それ以外の選択肢——「アップ - アップ」と「ダウン - ダウン」——は想定しなくてもよい。パウリの排他原理によって、2つのフェルミオンが全く同一の量子状態を取ることが禁じられるためである。

続いて、磁場を用いた測定によって、2つの粒子のうち一方のスピンを観測するとしよう。以前紹介した「シュテルン＝ゲルラッハの実験」（308頁）のような要領である。測定装置の磁場方向は幅広い向きに設定できる。x軸やy軸、z軸をはじめ、それらを組み合わせた方向（たとえば、y＝xの斜線方向など）も可能だ。3つの軸の各スピン成分――x軸スピンのs_x、y軸スピンのs_y、z軸スピンのs_z――の演算子は非可換（演算の順序が意味を持ち、$s_x s_y$と$s_y s_x$が等しくならない性質）のため、ハイゼンベルクの不確定性原理が適用される。すなわち、1つの軸のスピンが決定した場合（アップもしくはダウンと判明すると）、残りの2軸のスピンが決定することはない。

　ということは、観測者が測定する磁場方向を定め、一方の電子のスピンを、たとえばアップであると特定したとすると、驚くべきことに他方の電子は即座に測定方向を「察知し」、その軸のスピンについて反対の値を示すことになる。2番目の観測者がはじめの観測者と同方向の磁場を使って、電子のスピンを測定すると、必ず逆の値が得られるのだ。対照的に、一方の測定の向きと垂直方向の――一方がx軸ならばy軸の――磁場を使って、スピンを測定すると、2つの値が無秩序に現れる。

　つまり、アップとダウンの2つの値が等しい確率で現れるのだ。それはまるで、最初に測定したスピンの値を無視するかのような振る舞いである。ゆえにボームは疑問を抱いた。2番目に測定される電子は、どのようにして最初に測定された電子のスピン方向を把握し、またその値を知り得るのだろうか、と。そしてボームは、アインシュタインの唱えた局所実在性の見地から、2つの電子の間に、まだ解明されていない結びつきがあるはずだと考えた——隠れた変数の存在を予想したのである。

ベルはそのようなボームの構想を掘り下げ、量子もつれの解釈において、「局所性」の概念を放棄した。相関を示す2つの粒子は、たとえ極めて遠く離れていたとしても、一方のスピンの方向と値に応じて、他方が適当なスピンを現す。その事実を鑑みれば、量子もつれは局所的な現象とは言えないためだ——さもなければ、超光速の情報伝達を想定しなければならなかった。ベルは1964年発表の論文の中で、こう述べている。

「量子力学の解釈において大きな困難をもたらすのは、局所性の要請である。より厳密に言えば、1つの系における観測結果は、相関にあった別の系と遠く離れると、その系の影響を受けないとの要請だ」

局所性を否定した上で、彼は、隠れた変数理論を有力視していた。2番目に観測する電子のスピンの値は、測定方向によらず、あらかじめ決定していると考えていた——因果性と実在性に根ざした見方である。そして、相互に角度をつけて測定したスピンの統計値によって、そのような解釈と正統的解釈の真偽を確かめる一種の判定システムを構築した。すべての物理量はあらかじめ決まっている、という仮定のもとで成立する「ベルの不等式」を導いたのである——様々な角度で測定したスピンの統計値を当てはめれば、不等式が成立し、隠れた変数の存在が実証されるはずだった。

このベルの定理が誕生したことで、慎重に測定を重ねてスピンの統計値を求めれば、実在性と瞬間的な逆相関という2つの概念のうち、どちらが正しいかを検証することが可能となった。観測せずとも値は決まっているのか、それとも、同じ量子状態を非局所的に共有し、観測して初めて特定の値を表出するのか。後者はまるでマジックのようにも聞こえるが、その後の検証において、ベルの定理は（提唱者の思惑に反して）一貫して現実が後者であることを示した。隠れた変数理論が現実にそぐわないことを裏付け、ベルをおおいに失望させたのである。

光子の逆相関やいかに

電子のスピンを測定する実験手法の設計には、現実的な制約を伴う。量子もつれにある電子対——たとえば、基底状態のヘリウム原子の2つの電子——を特定し、電磁気力などの介入因子の影響をすべて排した上で、対極に位置する2つの測定装置に向かって、それぞれ放出しなければならない。そのような完全なる分離は、理論の上では可能だが、あまり現実的ではないだろう。その上、量子もつれの測定には、より優れた方法が存在するのだ。

その優れた方法とは、量子もつれにある光の粒子、すなわち光子を使った測定である。光子のスピン状態は、左巻きと右巻きという2つの偏光状態として表現できる。ねじに左ねじと右ねじがあるようなものだ。それぞれ、特定の軸に対するスピンの「アップ」と「ダウン」に該当する。ニュートリノと違って、光子には左利きだけではなく右利きの粒子も存在するのだ。量子もつれにある光子対は一般に、2つの状態が等しく重なり合った状態にある。その光子対を偏光させると、特定方向に対して左巻きと右巻き、すなわち直交関係にある2つの偏光に分けることができる。ちなみに偏光を得るのは非常に簡単だ――実際に試してみればわかるが、偏光サングラスをかけるだけで、光の強度は半分に低下する。

光子を用いたEPRの実験では、量子もつれにある2つの光子をそれぞれ逆方向に放ち、その偏光状態を2つの検光子《けんこうし》（訳注：光の偏光の向きや程度を調べる装置）によって測定する。2つの検光子の方向が同じならば、互いに反対の状態が測定されるはずである――たとえば一方が「スピン・アップ」に相当する左巻きならば、他方は即座に「スピン・ダウン」に相当する右巻きを示す。だが一般に、2つの検光子の角度は異なる。しかも、検光子を回転させれば、その角度差は任意に変化することになる。したがって、ベルの不等式は、前述したx軸スピン、y軸スピン、z軸スピンという離散的な表記ではなく、様々な方向に対応し、混合状態を許容する連続的な式に改める必要があった。はたしてベルは、隠れた変数と正統的解釈とを区別する連続的な表記を見出した。すなわち光子による観測実験の下地が整ったのである。もし正統的解釈が正しければ、光子対のスピン方向の相関は、隠れた変数理論が想定するよりも大きく、その角度に依存するはずだった。

千里の道も一歩から——。

科学のどんな実験にも言える言葉だ。

なるほど、光子を用いた量子もつれの実験設計は当初、完璧とは程遠かった。ベルの定理の中で最初に認められた抜け穴の1つは、測定には多少なりとも必ず誤差が生じるとの事実だった。はじめから完璧な装置などないのである。そのため、ジョン・F・クラウザー（Clauser）、マイケル・A・ホーン（Horne）、アブナー・シモニー（Shimony）、リチャード・A・ホルト（Holt）の4人の物理学者は1969年、ベルの定理を拡張し、現実的な測定環境を対象とするCHSH不等式を表した（4人の頭文字を付けた）。CHSH不等式は、やがて、ベルの元来の不等式にかわって広く用いられるようになった。そして1974年、クラウザーとスチュアート・フリードマンによって、隠れた変数v.s.正統的解釈の検証実験が新たな不等式のもとで初めて行われた。結果は、正統的解釈に優勢と思われる内容だったが、十分な量のデータを得ることができず、最終的な結論は持ち越しとなった。

また、一方が測定する前に他方の測定角度を知り得る可能性も、抜け穴として指摘された。たしかに、あらかじめ測定角度を設定するのであれば、そのような状況も考えられた。測定前に他方の情報が伝わってしまうと、実験の意義そのものが否定される。いわば、光子対が事前にスピンの測定角度を把握し、検光子の思惑通りに相関を示すようなものだ。アカデミー賞の授賞式で進行を務める2人が、数週間前に衣装合わせしたにもかかわらず、当日の会場で、偶然衣装が重なったと主張するようなものかもしれない。したがって、検光子の設定を即座に変えられるように工夫する必要があった。

1957年発表の論文の中で、ボームとアハラノフが設定を臨機に変更できる測定装置の開発の必要性を訴えたように、ベルの不等式が登場する以前からそのような指摘は存在した。

ベルをはじめとする研究者たちが最後に認識した抜け穴は、「選択の自由」に関する問題だった。検出器の設定に観測者の意志が介入するため、隠れた変数と正統的解釈の真偽判定は、その目的を達することができないとの指摘である。慎重を期さなければ、観測者の選択という行為に測定結果が左右される恐れがあるというのだ。極端な例として、検光子の測定角度を一定範囲内で周期的に変更するとする。その場合、実験データに規則性が生まれ、自然界に隠れた結びつきがあると誤認しかねないだろう。そのため、実験物理学者たちは、乱数生成器（パターンの存在しない、ランダムな数字や記号の羅列を生成するための計算法または物理デバイスのこと）を使って検出器の設定をランダムに変更できるように改善した。

一連の指摘を鑑みて、物理学者のアラン・アスペは実験設計を見直し、フランス・オルセーにあるパリ大学で、1982年、これまでにない新たなアプローチでベルの不等式に関する大

量子もつれの検証実験で知られるフランスの物理学者アラン・アスペ（左、1947年～）。（提供＝アメリカ物理学協会エミリオセグレビジュアルアーカイブ、許可＝ランドール・ヒューレット）

規模な実験を行った。臨機に設定変更できる高性能の測定装置に加え、レーザー発振器や偏光器、光ファイバーケーブルを活用した実験だった。

はたして、量子もつれの非局所性を裏付ける統計データが示され、多くの物理学者たちがその結果を支持した。隠れた変数という結びつきは否定されたのである。

アスペの実験は完成度が高かったものの、しばらくしてから、抜け穴が完全に排除されているわけではないと一部の学者が指摘した。なかでも、すべての光子を検出していない点が、「測定の抜け穴」として問題視された。それを受け、アスペは、その後も「抜け穴の全くない」設計を追い求め、実験の完成度の向上に努めた。そして、アインシュタインの言う「幽霊のような遠隔作用」が真実で、隠れた変数が誤りであることを実証した主要な人物の1人として名を成したのである。

コズミック・ベル・テスト

オーストリアの物理学者アントン・ツァイリンガー（41頁）も、量子力学の検証実験における先駆者の1人である。

ツァイリンガーは、ベルの不等式を検証するベル・テストだけではなく、量子テレポーテーションに関して数々の画期的な実験を行ったことでも広く知られている。量子テレポーテーシ

オーストリアの量子物理学者アントン・ツァイリンガー（1945年〜）。量子情報や量子テレポーテーションなどの研究分野における多くの画期的な実験で知られる（撮影＝ゲルト・クリージェク、提供＝ウィーン量子光学及び量子情報研究所）

ヨンとは、離れた場所において量子状態を再現することだ――期待する気持ちはわかるが、生き物はおろか、実存する物質を転送することでは決してない。19世紀から20世紀初頭にかけて多くの主要な科学的発見の舞台となったウィーンは今、そのツァイリンガーをはじめ、同世代の物理学者たちの活躍もあって、再び物理学の総本山として脚光を浴び始めている。

ツァイリンガーは1945年に生まれ、生化学者である父親の薫陶《くんとう》を受け、科学に興味を持つようになった。有能な教師との出会いを通じて、さらに興味を強くした彼は、数学と物理学で秀でた成績を収めた。ウィーン大学に進学するが、物理学部が柔軟性に富んだカリキュラムを採用していたため、量子力学の講義を受けることなく総合学力審査の試験を迎えた。それを契機に、量子力学を独学するようになる――そして、夢中になった。彼は、こう述懐する。

「量子力学の教科書を読んですぐ、その数学表現の美しさと奥深さに心を奪われた。だが一方で、真に本質的な問題がまだ解決されていないとも感じた。だから余計に惹かれたんだ」[4]

ツァイリンガーは、これまで数多くの研究プロジェクトに携わってきた。近年でいえば、恒星やクエーサー（銀河の中心の非常に狭い領域が明るく輝いている天体）などの光を活用して非局所的相関を検証する、抜け穴のない観測実験が一例である。通称、「コズミック・ベル・テスト」と呼ばれる。最新の観測機器を使って太古の光を分析するこのコズミック・ベル・テストの構想は、アンドリュー・S・フリードマンやアラン・グース、デイビッド・カイザーな

2017年、中国の量子科学衛星の墨子が、オーストリア・グラーツにある光地上局の上空を通過する様子（提供＝ヨハネス・ハントシュタイナー／ウィーン量子光学及び量子情報研究所）

どのマサチューセッツ工科大学の研究陣をはじめ、他の物理学者たちとツァイリンガーが意見交換する中で生まれた。

共同研究者たちと共に率いる観測チームには、ヨハネス・ハントシュタイナーやドミニク・ラオホといったウィーン大学の博士課程の学生も含まれる。その観測チームは、これまでいくつかの画期的な発見をもたらした。

2017年にはオーストリアで、2つの望遠鏡をそれぞれ1・6キロメートル以上離れた場所に設置し、異なる恒星の光を観測。それぞれの光から検出される色——赤と青——と、偏光器の設定を連動させ、ベル・テストを実施した。極めて離れた2つの天体から数百年前に発せられた光を活用するため、観測者の選択の自由や実験環境が測定結果に介入する余地は全くなかった。はたして実験は、ベルの不等式の破れを明確に示し、隠れた変数理論が改めて強く否定される格好となった。

その後、実験設計が改良され、地球から数十億光年離れたクエーサーの光を使って再度測定が行われた。結果はまたしても、ベルの不等式が成立しないことを明示するものだった。どうやら初期の宇宙についても、アインシュタインではなくボーアの主張に分があるようである。

コズミック・ベル・テストの他にも、ツァイリンガーの研究チームは多くの大学院生や博士

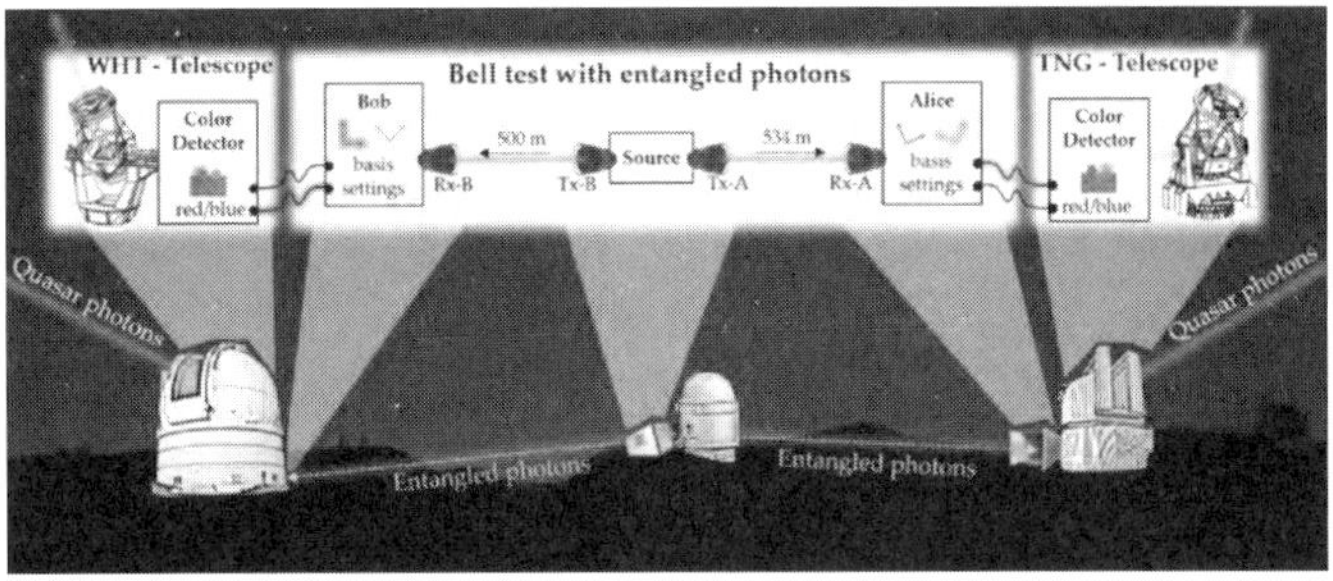

WHT-Telescope　ウィリアム・ハーシェル望遠鏡
Color Detector　色検出器
red/blue　赤／青

Bell test with entangled photons　量子もつれの光子によるベル・テスト
Bob　ボブ（偏光器）
basis settings　基礎設定
Rx-B　受信機B
Tx-B　送信機B
Source　光子源
Tx-A　送信機A
Rx-A　受信機A
Alice　アリス（偏光器）
basis settings　基礎設定

TNG-Telescope　ガリレオ国立望遠鏡
Color Detector　色検出器
red/blue　赤／青

Quasar photons　クエーサーからの光子
Entagled photons　量子もつれの光子

量子もつれの光子によるベル・テストの一例（提供＝ドミニク・ラオホ／ウィーン量子光学及び量子情報研究所）

研究員と共に、様々な研究プロジェクトを精力的に進めている。

たとえば、研究チームの一員であるハントシュタイナーは、自らの博士論文研究の一環として、中国科学院の打ち上げた衛星、墨子の関連プロジェクトに携わった。墨子の打ち上げ目的は、光子による実質的に解読不可能な暗号通信を、宇宙と地上間において実験することだった。墨子のプロジェクトは、量子もつれの実用性の高さを象徴すると言ってよいだろう――暗号通信以外にも、たとえばカフェインなどの分子構造のモデル化が期待されている。

量子の挙動の実用化へ

カフェインが茫洋《ぼうよう》たる量子世界の探究におおいに役立っていることは言うまでもない。どれだけ多くの画期的なアイデアが、ウィーンのカフェの香り豊かなコーヒーによって生まれたことだろうか。一部の物理学者が指摘する通り、量子コンピュータを使ってカフェイン分子をモデル化し、そろそろその恩恵に報いるべき時なのかもしれない。

たしかに量子もつれは、その機序を理解しようとする人間を惑わす一方で、次世代コンピュータの原理としておおいなる可能性を秘めている。

相互に化学結合する24個の原子からなるカフェイン分子は、一見、労せずモデル化できるように映るだろう――その語源となった飲み物を数杯飲んで英気を養えば、なおさらだ。しかし、

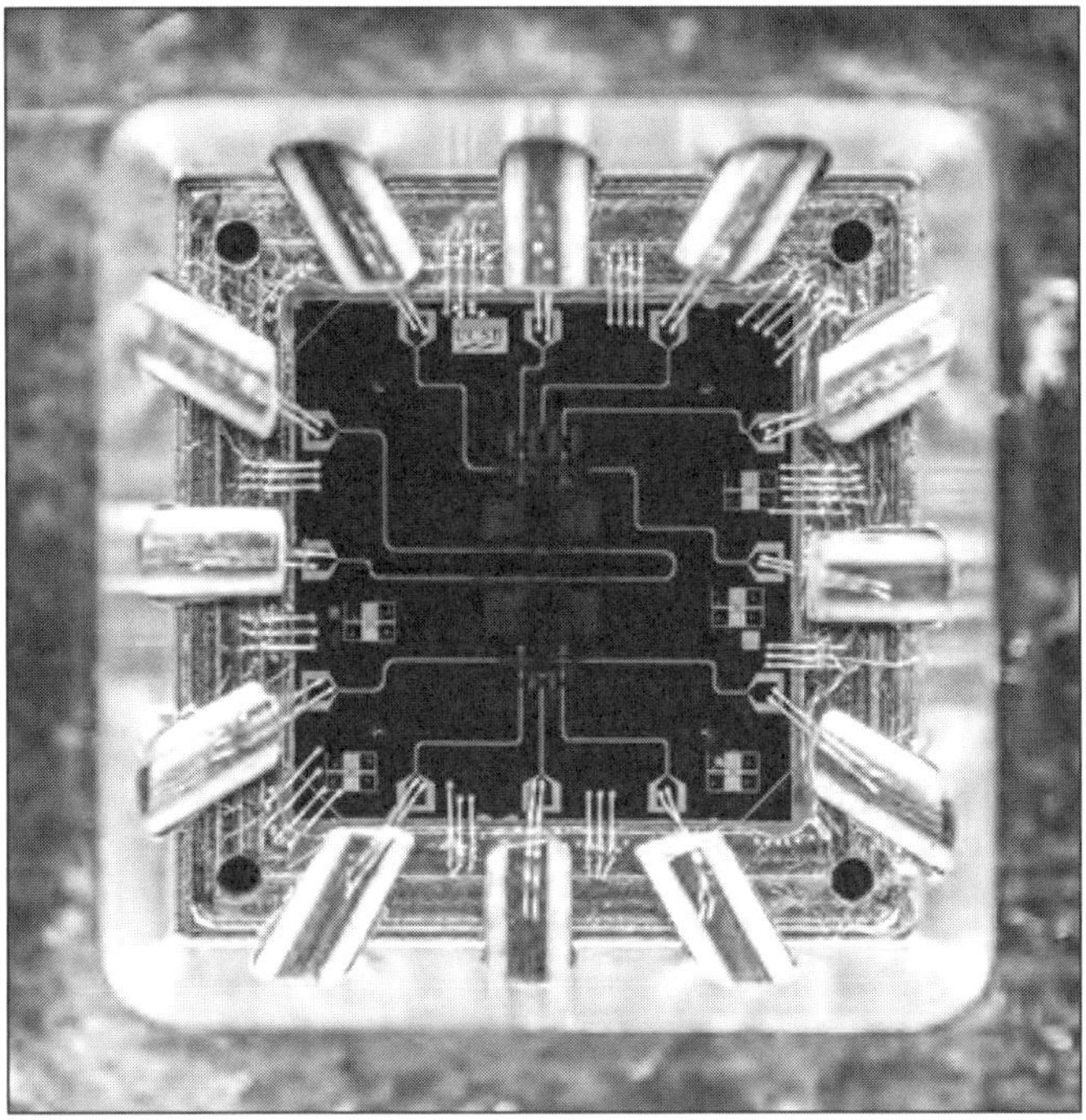

多量子ビットの超伝導チップ。量子コンピュータのプロセッサとして使われる。(提供＝マイケル・ファン／カリフォルニア大学サンタバーバラ校マルティニス研究室)

カフェイン分子はあくまで量子系の対象であり、従来のコンピュータでその特性を再現するには限界がある。

状態の重ね合わせや量子もつれなどの不思議な現象を現す量子系について、リチャード・ファインマンが1981年に提唱した「コンピュータを使用した物理現象のモデル化」は、量子コンピュータによって見事に具現化されるかもしれない。量子コンピュータは、従来のコンピュータが採用する0と1からなるビットではなく、量子系における同一状態——量子ビットとして知られる単位——に基づいて情報を格納し、処理する。

量子ビットは、2つの状態が重なり合った量子情報の最小単位（電子や光子などの粒子が一般に現す状態）である。観測されるまで2つの可能性——たとえばアップとダウン——を内包する、重ね合わせの状態だ。そのため量子コンピュータは、複数系統の情報処理を一度に並列して行うことができる。量子コヒーレンス（268頁）を維持しながら計算を進め、操作に応じて量子状態を崩壊させ、特定の問題に対して答えを示すのである。

量子コンピュータは現在、暗号作成や暗号解読、予測、モデル化などを目的に商業ベースで開発が進められている。カフェイン分子のモデル化であれば、160量子ビットの量子コンピュータが必要になる見通しだ。[5]

大したことのない数字に聞こえるかもしれないが、量子コンピュータはまだ非常に高価で、しかも、その稼働には極めて低温下の環境が求められる。しかし、従来のコンピュータで使わ

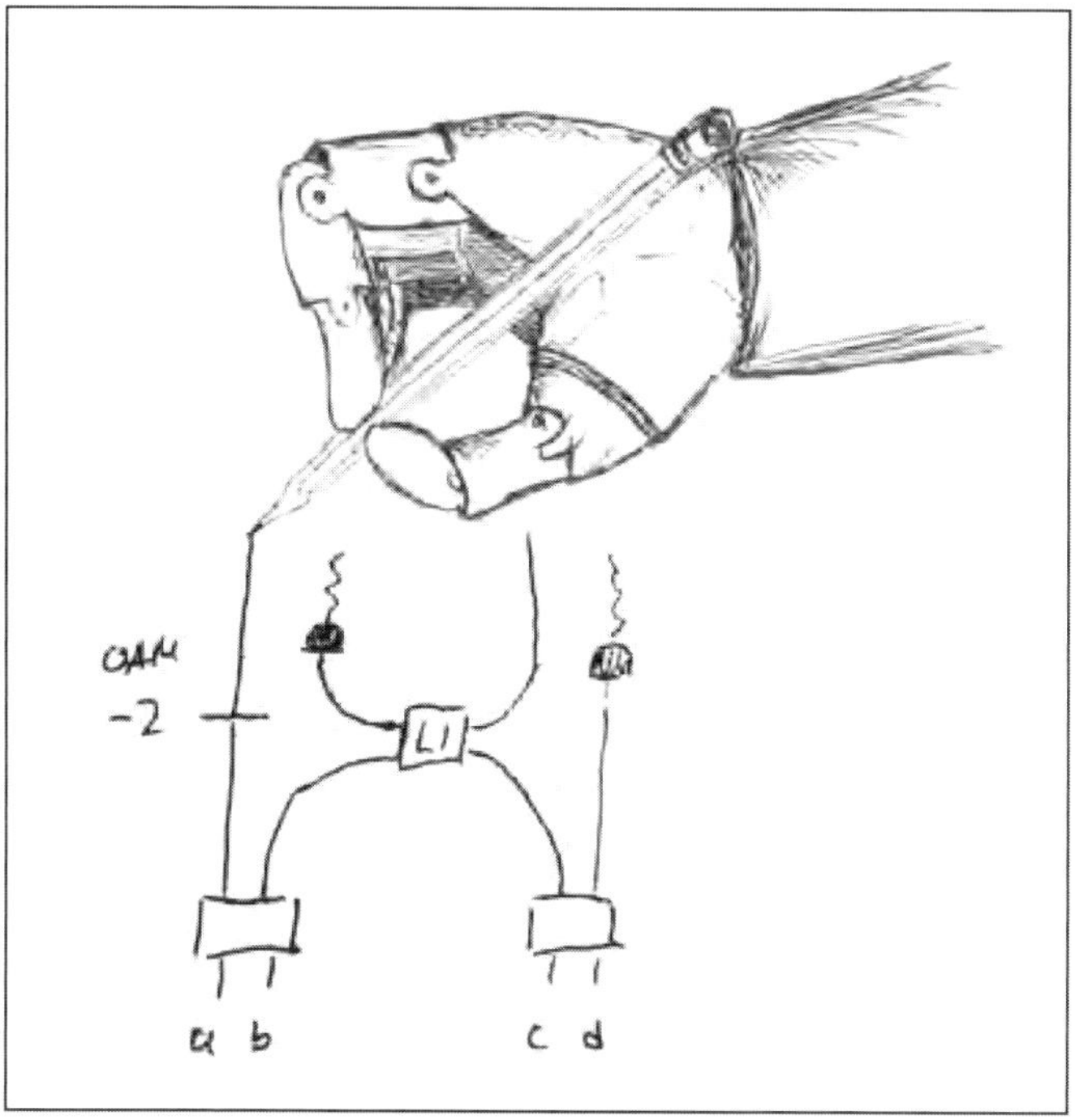

新しい量子コンピュータを自ら設計する量子コンピュータのイメージ図（提供＝ロバート・フィックラー／ウィーン量子光学及び量子情報研究所）

れている集積回路の驚異的な進化を考えれば、量子コンピュータがこの先、飛躍的な進歩を遂げてもおかしくない。

量子コンピュータが自ら新世代の量子コンピュータを開発する日が来れば、相乗的な進化も可能だろう。つまるところ、重ね合わせや量子コヒーレンスといった複数の状態を伴う量子系をモデル化するには、量子デバイスを用いることが最も早道なのだ。そして、その抜群の性能を発揮するには、（少なくとも現在開発中のタイプの量子コンピュータにおいては）ホットコーヒーではなく、超低温の液体ヘリウムが必要となる――だが、残念ながら、液体ヘリウムの値段はさらに高い。

原子モデルの中で最も古い概念の1つは、ボーアが1913年に提唱した理論の中に見てとれる。原子内部の電子が、途中経過を見せずして、1つのエネルギー状態から別のエネルギー状態に飛び移る量子跳躍という考えだ。その様子は、ニューヨークからロンドンに向かう飛行機の深夜便に似ているかもしれない。飛行機は確かに大西洋を横断するが、洋上の船を見て自らの移動を認識する乗客はほとんどいないだろう。

量子跳躍の概念は、まず、ハイゼンベルクが行列式を使って定式化した。次に、シュレーディンガーが、より現実に根ざした解釈として波動力学を表し、電子は衝動的に移動するのではなく、根拠をもって跳躍するとした――奔放なわんぱく坊主ではなく、聞き分けのよい子どもとして描いたのである。しかし、その後、波動力学の確率的解釈をボルンが見出し、元来の提唱者であるシュレーディンガーの無駄な反発を招きながらも、瞬間的な跳躍の可能性を再び示した。シュレーディンガーも結局は、1950年代に入ると、自らの方程式に対する確率的解釈を受け入れた。ただ残念なことに、電子が突如、瞬間的に遷移するか否かを検証する観測技術は、当時まだ存在しなかった。1980年代になって初めて量子跳躍が直接観測されたものの、その過程を一から十まで把握するには至らなかった。

時は進み2019年、ズラトコ・ミネフ率いる研究チームが、イェール大学のミシェル・ドヴォレ研究室と協力して、電子が異なるエネルギー準位に遷移する過程を確認すると同時に、元のエネルギー準位へ戻すことにも成功した。シュレーディンガーの直観は正しかった。高速道路を進む自動車の走行経路がGPSによって追跡されるように、電子の移動経過もまた観測装置によって突き止められたわけである。すなわち「Quantum Trajectory Theory（量子軌道理論）」として知られる概念が実証されたのだった。研究チームは『Nature』誌への投稿の中で、「観測した電子の遷移はいずれも、連続的で、コヒーレントで、なおかつ決定論的だった」と述べた。[6]

しかし、未解決の問題も残った。電子の遷移を観測しない場合である。

量子力学は、観測の影響を抜きにして語れない。観測するのとしないのとでは、事象の現す結果に明確な差が生じるのである。したがって、量子跳躍は瞬間移動なのか、もしくは有限の速度での移動なのか、最終的な審判はいまだに下されていない。

アインシュタインは、瞬間的な相互作用という概念を否定したが、皮肉なことに、彼自身の築いた一般相対性理論の中にその可能性が認められる。物質の移動や情報の伝送に厳格な速度制限を設けた特殊相対性理論とは異なり、時空連続体という見地を採用した一般相対性理論では、はるかに柔軟性に富んだ考察が可能となる。たとえば、オーストリアの数学者クルト・ゲーデルが唱えた通り、時空の回転による時間的閉曲線（ＣＴＣ）を想定すると、過去へのタイムトラベルも夢物語ではなくなるのだ。

アインシュタインが、ネイサン・ローゼンと共に１９３５年に発表した論文、「The Particle Problem in the General Theory of Relativity（一般相対性理論における粒子問題）」は、同年にポドルスキーも含めて著したＥＰＲ論文に対して、よくＥＲ論文と呼ばれる。そのＥＲ論文をもとに示されたのが、２つの離れた領域を結ぶ時空構造である。当初、アインシュタイン＝ローゼン橋と呼ばれたが、のちにジョン・ホイーラーによって「ワームホール」と名付けられた。ワームホールとは元来、通過可能な概念ではなかったが、１９８０年代後半、キップ・ソーンと彼の教え子であるマイケル・モリスによって、通過可能なワームホールが表された。ソーン率いるカリフォルニア工科大学の研究チームは、さらに、特別な条件のもとで構築したワームホールが、時間の逆行を許容するＣＴＣとして振る舞う可能性を指摘。特定の環境下において、逆因果律が成立し得ると唱えた。逆因果律とは、未来の事象が過去の事象に影響を及ぼすという概念である。

ワームホールの名付け親であるホイーラーは、長く逆因果律を提唱した1人で、マクスウェルの電磁気力の方程式などの自然法則は、完全に時間反転対称性を示すと主張した。そして、時間の流れを逆にしても、ボーアの相補性の原理が成立するとし、その検証方法として、「遅延選択実験」という思考実験を提案した。遅延選択実験に従えば、現在の観測者が観測を実施すると、過去において量子崩壊が発生する。つまりは、過去を操作することができるのだ。

ケンブリッジ大学で研究するオーストラリア出身の哲学者ヒュー・プライスは、2012年、逆因果律は量子力学の特徴——量子力学が採用する時間反転対称性の一部——として位置付けられると主張した。私たちの日常である古典的世界において、原因と結果の反転は一般に認められないが（時間反転対称性が成り立つ微視的世界の方程式はさておき）、明らかな非局所性といった量子力学の奇妙な現象を説明するためには、逆因果律の概念が欠かせないと唱えたのである。

チャップマン大学のマシュー・ライファーとペリメーター研究所のマシュー・ピュゼーは2017年、プライスの仮説を拡張して、逆因果律に立脚しながらも実在性を担保する手法を見出し、その中で量子もつれを説明した。異なる量子状態が瞬間的に非局所的な相関を示すのではなく、観測という作用に応じて、未来もしくは過去に情報が伝達されるとの趣旨である。

2人によれば、時空を連続体とみなす一般相対性理論のブロック宇宙において、量子力学は現在と過去、未来を分け隔てなく記述する必要がある。そのためには、時間を相対的対象として捉えたアインシュタインの宇宙観に、量子力学の記述を合致させなくてはならないのだ。

根源的な物理学理論の構築を目指すのであれば、一般相対性理論と量子力学を矛盾なく融合させることが求められる。ただし、2つの異なる枠組みの統一は、ある意味、恋人の2人が新たに同棲を始めるようなものだ。万事従来通り、というわけにはいかないのである。

まず、それぞれの習慣や理想とする生活が全く異なる可能性がある。

一方は、都会の高層マンションで抜群の眺望を味わう生活を理想とするかもしれない。対してもう一方は、広大な土地の広がる田舎での平屋暮らしに憧れを持つかもしれない。また一方は、休暇中に洋上でのクルージングを望み、もう一方は、アンデス山脈の牧場にすむアルパカの世話を希望するかもしれない。だが、いずれにしても、同棲を決めたからには、相互に歩み寄る姿勢が必要だろう。

同様に、一般相対性理論と量子力学の融合に関しても、それぞれの内容を首尾よく一致させるには、新しい基本原則を考えなくてはならない。たとえば、一般的な時空をもとに理論を築くのか、それとも、抽象的なヒルベルト空間を舞台とするのか？　すなわち、自然を描写する枠組みには、私たち人間が知覚する物理的な空間がふさわしいのか？　はたまた、量子状態を表現するヒルベルト空間が適しているのか？

では、一般相対性理論の描く物理的な時空が、より的確に現実を表すと仮定する。その場合、量子もつれといった非局所的な相関はどのように説明されるべきだろうか？ワームホールなどの抜け道によって、別々の時空が直結する現象は、舞台裏にひしめく隠れた結びつきによるものなのだろうか？

ファン・マルダセナとスタンフォード大学のレオナルド・サスキンドの2人の著名な物理学者は2013年、ER理論とEPR理論が相互に結びつく可能性を指摘した。つまり、量子もつれを、ワームホールを介した現象として説明したのである。アインシュタイン自身は決してそのような結論を導くことはなかったが、1935年に彼が残したこの2つの実績が、実は密接に関連した内容であるとの見解は今、多くの注目を浴びている。

マルダセナとサスキンドの2人は、ワームホールを通して転送される波動関数によって、量子テレポーテーションや量子もつれなどの相関を記述できるのではないか、と着想したのである。宇宙空間には、観測できないほど非常に小さなワームホールが無数に散りばめられており、それらのワームホールを介した相関によって量子現象が現れると考えたのだ。なるほど、非常に興味深い発想である。

対照的に、純然たるヒルベルト空間を真の舞台として、そこから物理的な時空が派生するとの見方もある。その場合、量子もつれが根源的な現象であり、一般相対性理論などが表す現実の相互作用はあくまで副次的な位置付けだ。
もし今日、アインシュタインが生きていて、一般相対性理論が量子力学の枠組みの中に組み込まれようとする様を知ったならば、愕然とするだろう。その逆に挑んだ自らの研究は結実しなかったのだから、なおさらである。

量子物理学者のチャスラフ・ブルクネルは、次のように述べている。

> 不確定性を伴う可観測量や対称性の存在は、「幾何学的」概念が抽象的な量子力学に由来することを示しているのかもしれない。はたして、測定装置のボタンを押すだけで、量子世界から近傍や隔たり、空間といった概念に達することは可能なのだろうか？ ひいては、それらの概念を含む相対性理論や場の量子論、素粒子物理学などの理論に辿り着くことは可能なのだろうか？ そもそも、物理学の理論を築く上で、そのような概念を前提とすることは必要なのだろうか？ 一連の問いは私にとって、量子力学の本質を巡る最も難しい問題の一つである。[7]

エンペドクレスやピタゴラスの時代と比べ、自然界の結びつきに対する人類の理解は格段に深まった。それは、アインシュタインやボーアの時代と比べても、同じことが言える。

しかしながら、一部の結びつきには上限速度があり、一部の結びつきには瞬間的な表出が許されるという事実に対し、答えを見出すには、まだ長い道のりが残されている。

パウリとユングの2人による対話は、厳密な意味で科学的とは言えなかったが、二重性という自然界の中心的概念を導いた。因果的な相互作用と、非因果的な相関。両者を同時に説明する統一的理論が現れた時、人類は確かな英知を手にするだろう。

終章

宇宙のもつれを繙く

今、

私たちが生きる場所は、1つの惑星である。

そのちっぽけな惑星をつなぎとめる、ありふれた恒星は、銀河の片隅にひっそりと息吹く灯《ともしび》に過ぎない。そして、幾多もの灯をめぐらせる銀河というシャンデリアは、想像できないほど広大な暗闇のなかに、無数に散りばめられている。

私たちは、孤独だ。

宇宙空間にぽつねんと佇み、膨大な時の流れに己の儚さを覚える。

ビッグバンから約138億年という時の流れを考えれば、人類が地球に存在した時間はほんのわずかである。取るに足らない存在でありながらも、人間は途方もなく広大な宇宙を相手に、その成り立ちを可能な限り解明すべく無謀な挑戦を続けている。

太古の昔から人間は夜空を見上げ、自然の結びつきを理解しようと努めてきた。古代ギリシアの詩人ホメーロスの英雄叙事詩にある通り、古代の人々は、天体と人間との間に強烈な結びつきを想像した。それから1000年以上もの時を経て、ガリレオが望遠鏡を使って、はるか彼方の天体の姿をかろうじて捉えた。そして、太陽光が地球に達するには時間がかかり、他の恒星の光はさらに時間を要するとし、光速は極めて速いが有限であると主張した。その後、マイケルソンが光速値の測定に成功し、アインシュタインは、その速さを一般空間における通信速度の上限とみなした。

科学者や哲学者たちが何かしらの気づきを得るたびに、私たちは、人間の住む世界がいかに小さいか、思い知ったともいえるだろう。

アインシュタインの一般相対性理論によって、数学的宇宙論の黎明《れいめい》が告げられ、広大な宇宙がさらに膨張していることが明らかになった。数百億光年先（訳注：膨張や時空の歪みなどにより、地球から宇宙の端までの固有距離は１３８億光年を上回る）の宇宙を観測できるようになった技術力と相まって。

かつて人類の描いた天空と地上とのつながりは、極めて直接的だった――アンドロメダ銀河（M31）を中心とするアンドロメダ座（実際にはアンドロメダ座の恒星に比べて、アンドロメダ銀河は極めて遠方に存在する）に、鎖で岩礁につながれたエチオピア王女の姿を重ねたギリシア神話のように。

古典科学は、因果律を採用することで大きな進歩を遂げた――隣の牌を次々と倒していくドミノのように、作用が直接伝わることで自然現象が起こるという考えを土台にした。

しかし、量子力学は語るのである。

決定論的な因果律は世の理にふさわしいように見えるが、すべての自然現象を網羅するわけではない、と。

因果律の限界

人間は謎解きのエキスパートだ。私たちの脳は一般に、自らを取り巻く環境の中に規則性を見てとろうとする。己の感覚器や観測機器を通して収集し、蓄積した膨大な量の情報の中に、自ずと結びつきを見出そうとするのである。さらには、認知した結びつきに基づき、的確な判断に生かすべく、危険や好機を予測する。

しかし、人間の認知した結びつきが、必ずしも現実を正確に反映するとは限らないし、直接把握した規則性の大部分は、意味を持たない。たまたま同じタイミングで収集した2つの情報につながりを求めているだけなのだ。たとえば、古いオフィスビルの廊下を歩いている時に、空調設備が異音を発していたとする。何気なしに、異音のリズムと自らの足音が調和しているように感じるかもしれない。また別の日には、同じ廊下でカーペットの破れた箇所をよけようとした際に、たまたまかび臭さを感じとることだってあるだろう。

繰り返し同じ廊下を通ることによって、そのような感覚が強まるとも考えられる。やがては、オフィスビルに入った途端、特定の場面や音、においを想定するようになるとも。そうは言っても、それらの直観的つながりは所詮、偽物だ——関連性があるように見えて、実はないのである。かび臭いにおいも、足元のカーペットからではなく、近くの工場から漏れたにおいが窓の隙間から入り込んだだけかもしれない。もしくは、先入観によって過敏になり、つまずく恐れのある箇所に近づくと、足元を注意するために勝手に異臭を想像したのかもしれない。いずれにせよ、不可解な現象に繰り返し遭遇すると、人間はそのような状況を想定せずにはいられなくなるのだ。

なぜ、私たちの脳は、物事を関連付けようとするのだろうか？

それは、生存するために必要な能力だからだ。

食べ物から腐敗臭を嗅ぎとれば、もちろん食べるのをやめるだろう。また自動車の大きなクラクションを聞けば、すぐさま避《よ》けるはずだ。いずれも、自らの命を守るための反応である。人間の頭脳が関連性を想定するのは、当たり前のことなのだ。

不快な連想が回避行動を生む一方で、心の踊るような連想は多分に前向きな姿勢を喚起する。百貨店やショッピングモールが好例だろう。顧客満足と売上の向上を目指し、軽快なバックミュージックや上質な香りで売り場を演出しているはずだ。ただし、購入商品の詰まった買い物袋を愛車のトランクに入れながら、軽妙な売り口上とラベンダーの香りによって自らの購買意欲がかきたてられたと自覚する人は少ないかもしれない。

翻って科学が対象とするのは、再現可能で意義のある真の結びつきだ――偶然の結びつきではない。したがって予測の正確性を担保するために、真実の相関と偽りの相関との見極めが求められる。単なる「直観」によって、結びつきの真偽を判断すると、誤った結論を招きかねない。承認前の薬剤の効用を、プラセボ（訳注：試験対象の薬剤と見た目は同じだが、有効成分を含まないもの）を使って試験する所以である。効用を得られたとの被験者の談話から、実際に薬剤が効いたと判断することはできないのだ。地域の安全性についても同様である。メディアの報じる不穏な出来事から当て推量するのではなく、犯罪統計をもとに判断するほうがはるかに合理的だろう。その実、私たちの脳は、規則性の発見に長ける一方で、虚構の規則性をつくり上げることが多い。宇宙という謎を解くにあたっては、そのような幻想に陥らないように注意する必要がある。

心理学の研究によると、事前に規則性があると思い込んでいる人間は、規則性のないデータを見せられても、その中に規則性を見てとるという。

ジョン・ライトが1962年に行った実験では、円形のパネルの上に並ぶ16のボタンを「正しい」とされる順番で押した被験者に賞金を与え、規則性の認識の有無を確認した。実のところ賞金の授与は、ボタンの押し方とは全く無関係だった。しかし、高頻度で（たとえば10回のうち8回）賞金を与えると、被験者は皆、特定の順番でボタンを押すようになったという。[1]つまり、特定の順番で押した結果、賞金が与えられたとの「思い込み」に陥ったのである。

心理学者のハロルド・ヘイクとレイ・ハイマンが1953年に実施した実験でも同様に、無秩序な対象に対して、被験者が規則性を見てとろうとする傾向が明らかになった。被験者に対し、水平方向と垂直方向のバーライトを無秩序に見せていくと、たまたま的中した予想をもとに、次に現れるバーライトの向きを予測するようになったという。［2］以上の実験結果から得られる教訓があるとすれば、規則性に対する人間の認知能力は、科学においても表層的な概念を導き、迷信まがいの現象でさえも認めてしまう恐れがあるということだ。

比較的最近の話として、プリンストン大学の天体物理学者ライマン・ペイジによる講演中の出来事を紹介したい。

ＷＭＡＰ（ウィルキンソン・マイクロ波異方性探査機）の記録した、宇宙マイクロ波背景放射のデータに関する講演だった。この全天観測結果をスクリーンに映して解説していたところ、ペイジはスクリーン上の目立たない所に「S・H」の文字があることに気がついた。そのため、冗談半分で、ケンブリッジ大学の物理学者スティーヴン・ホーキング（Stephen Hawking）が宇宙に残した記憶痕跡だと指摘した。［3］彼の言わんとするところは、人間はあらゆるデータに対して意味のない関連性を見出すということだった。ペイジはその後、表層的な先入観が排除され、現実の相関のみを表す統計結果（たとえばイギリスの統計学者トーマス・ベイズの理論に基づいた結果など）を信頼すべきだ、と言い添えた。

ところで雷は、大自然の驚異を最も象徴する現象の1つである。雷雨を経験したことのある人ならば誰もが知る通り、一般に稲妻が光った後に雷鳴がとどろく。光波に比べて音波の伝播速度がはるかに遅いためだ。光波の伝わる速さが秒速約30万キロメートルであるのに対し、音波の速さは秒速約340メートル。そう考えると、光が一瞬にして伝わるように見えるのも頷ける。しかし、光速が極めて速いものの有限であることは、れっきとした科学的事実である。

稲光と雷鳴と間に関連性を認めたことは、規則性の認知の奏功例といえる。稲光と雷鳴の時間差を計ることで、雷雲との距離を予想できるからだ。時間差が短いということは、雷鳴という音波がそれほど移動する必要のない証しであり、雷雲と接近した危険な状況を意味する。たとえば、雷鳴が30秒遅れて聞こえたならば、電気活動との距離は約10キロメートルということになる。つまり、避難すべきだと判断できるわけだ。稲光と雷鳴との相関を明確に示す科学的概念は、命を守るためにおおいに役立つのである。

一方で人間は、雷に感情的なつながりも見出した。たとえ命に危険が及ばなくとも、雷は人間にとって、恐怖や不安の対象である。雷雨を伴う突然の荒天によって、そのような印象が定着し、災いの前触れとみなされるようになったのだろう。古代の人々が、悪い兆しとして考えるのも無理はなかった。(国や地域によっては)神の怒りとして捉える文化もあったほどである。雷雨の仕組みはおろか、光速の値も測定されていない時代、天空から唐突に出現する雷は、人間に畏怖を抱かせた――トール（訳注：北欧神話に登場する雷神）のような神が突如表す逆鱗《げきりん》として解釈されたのである。現代においても、不吉なことが起こると直観的に心配する人は少なからず存在するだろう。

科学は、稲光と雷鳴を電気力に結びつけて考える。対して、災い（倒木や感電死などの物理的な災害は除く）の兆しとして位置付けるのが疑似科学だ。雷雨と悲運に関するデータに、現代的な統計手法を適用すれば、科学的に確かな相関と、直観による偽りの相関とを見極めることは可能である。

ただし、理論的な根拠が必ずしも直観的な感情より支持されるとは限らない。もし、2年前に歴史的な雷雨の直後に夫を不慮の事故で亡くした女性が、同じく嵐の直後に息子がバイク事故で命を落としたと知れば、荒天が不運の訪れだと信じるようになるだろう。統計学者が彼女を説得するのは至難の業だ。なんといっても、個人的な関わりは記憶に深く刻まれる。胸のつまる出来事ならば、なおさらだ。

人間が生来備える能力や強い感情に伴う連想によって、認知する結びつきには、当然、科学的に確かなものと、そうでないものとがある。確かな結びつきに基づく予測、たとえば、雷雲までの距離の推定などであれば、日常における危険の回避をはじめ、生活の質の向上につながるだろう。対して、偽りの結びつきであれば――生活に支障をきたす、きたさないにかかわらず――迷信や恐怖症を導く可能性がある。真実とされる（科学的に実証された）結びつきと、超自然と形容される（個人の直観による霊的、宗教的、疑似科学的な）結びつきとの間の線引きは、歴史を通して大きく変遷してきた。たとえば天文学と占星術との境目は、古代はもちろん、比較的近年に至っても曖昧なままだった。事実、天体や星座の動きを予測した古の賢者たちは、占星術師でもあった。歴史的な偉人でさえも、占星術による予測を、日常生活に取り入れていたのである。

天文学者のカール・セーガンは、生前、星の配置が人格に影響を及ぼすとの見方はばかげていると、何度も批判した。セーガンの言う通り、射手座の星などの彼方の天体よりも、分娩を介助する医療スタッフのほうが胎児の娩出において、はるかに大きな影響力を持つことは明らかである――たとえ人間の介助が微力だとしても、だ。夜間の出産であれば、夜空からおぼろげな星明かりが注ぐかもしれないが、病院の屋根に遮られ、新生児には届かないだろう。日中であれば（日食がないとして）、恒星の光や惑星の反射光は、ほとんど太陽光によってかき消されてしまう。したがって、出生時の星の配置が子どもの将来を導くとの考えは理にかなわないのだ――人の運命に影響を与える過程が説明できないのである。

理知的な賢人にとって、天文学と占星術の違いが明らかになったのは、17世紀頃である。イギリスの物理学者アイザック・ニュートンが、自然の振る舞いを驚くほど正確に記述したことで、両者の境界線が鮮明になったのだ。ニュートンは、物理学の大原則ともいえる力学法則を築き、惑星の運動をはじめ、幾多もの自然現象の機序を説明した。運動の法則と重力の法則は、遠く離れた2つの物体間の作用――物理的な力――を見事に表し、物体の運動を正しく描写した。ニュートン力学によって、太陽と水星、金星、地球が、ほぼ一直線に並ぶ太陽面通過などの天文現象を、極めて正確に予想できるようになったのである。

このことから森羅万象は、数学によって厳密に定義される因果的作用に基づくと考えられた。対照的に、太陽面通過のように惑星が接近した時に生まれた子どもが、特定の運命を辿るとの考えを、正確に記述する理論は見当たらなかった。したがって、論理を重んじる賢者たちは、憶測による作用を否定し、科学的に確かな結びつきを尊重した。かくして、占星術への情熱はしぼみ、天文学への探究が花開くのである。

ではなぜ、運動の法則はニュートン以前に築かれなかったのだろうか？

たしかに、表層的な捉え方では、力による影響を本質的に見抜くのは難しい。私たちの多くが幼少期に培う初歩的な理解から、一気にニュートンの洗練された考えに達することは困難である。

ほとんどの乳児が8カ月になるまでに、押したり引いたりするとものが動くという事実を感覚的に把握する。それぞれ月齢に差はあるものの、出生後の早い段階で、他人や自分がものに力を加えれば——意図的だろうと偶然だろうと——、動きに変化が生じることに気がつくのだ。そして続いてやってくるのが、手の焼ける時期である。ベビーチェアに座って食事をとるようになると、食べ物を床に落として、ぐちゃぐちゃになる様子を観察し始めるのだ。親はあ然としたり、あるいは我が子の成長を誇りに感じたりするかもしれない。双方ない交ぜの表情を浮かべる親もいるだろう。いずれにせよ、そのような体験を通じて子どもは、力によってものが動くことを学んでいく。

チャスラフ・ブルクネルによれば、前段の発育過程にあわせて、原因が結果を生むという因果律の概念も認識されるという。

「乳児が自らの意志によって近くにあるものに力を加え、ものを動かすことができると認識するのに伴い、因果律の観念も自然に形成される。世界から切り離された1つの変数（乳児の意志）に任意の値を入れた時、（たとえば乳児のおもちゃに）何が起こるのか。その様子を観察することで、因果関係を把握するのだ」［4］

もし、すべての科学的現象が因果律の上に成り立つのであれば、原因があって結果が生まれる、という関係を満たさない現象は、漏れなく否定される。しかし、量子もつれなどの量子現象は、因果律の作用とは目に見えて異なる特徴を示す。再現性と予測の正確性という観点から、科学的現象として定義される一方で、明らかに非因果性を伴うのだ。幼少期に培った私たちの直観を裏切るのである。したがって、量子世界を（でき得る限り）繙くためには、成長と共に身に付けた常識とは異なる切り口で考えなければならない。

自然は言うまでもなく、手ごわい相手である。

その仕組みは、単純で明確なものから、あいまいで隠れたものまで幅広い。自然の見せる狡《こう》猾《かつ》な振る舞いに対応するため、人間は万能選手に成長せざるを得なかった。数千年にも及ぶ知的格闘の中で、数えきれないほどの哲学者や神学者、科学者たちが、自然の解明に挑んできた。そして悩ましいことに、現象の種類やスケールによって、どうやらルールが異なるらしいことが判明した。極めて小さな世界から極めて大きな世界までの森羅万象を、科学がいつの日か、1冊のルールブックにまとめることができるか否かは、いまだにわかっていない。ただし、幾多もの賢者が新たな真理を見出すべく格闘してきた中で、科学の進歩を支えたのは明らかに柔軟性だった。数々の連戦を乗り越えてきた強者は、一般に、勝利に対して多彩な戦略を持ち合わせるだろう。経験豊かな選手であれば、ルールに応じて巧みに自らの作戦を調整するはずだ。科学者たちは、自らもそうあるべきだと、長年の闘いの中で学んだのである。

宇宙空間の探査は、人類の夢の1つである。

だが、太陽系の彼方へと探究の道を求めるには、とてつもなく長い距離が厄介な障害として立ちはだかる。もし、すべての移動や通信が瞬間的に行えるのであれば、長距離探査に伴う問題の多くは解決を見るだろう。しかし、光速という上限速度が存在することから、その見込みは低いと言わざるを得ない。宇宙開発を進めるには、柔軟性に富んだ切り口で、長距離に伴う諸問題に臨む必要があるのだ。

光速の因果律を超えて

アインシュタインにとって皮肉なことに、特殊相対性理論の中で、光速を相互作用の伝わる絶対的な上限速度としたにもかかわらず、続いて発表した一般相対性理論によって、その前提に大きな抜け穴がもたらされる結果となった。主因は、歪曲する時空という概念である。さらに、ほどなくして量子力学が構築され、絶対視されていた鉄則に新たなひびが生じた。非因果的相関（もしくは逆相関）に、因果律を超越する可能性が見出されたのである。理論的には可能とされる時空間のワープに加え、量子もつれや量子コヒーレンスなどの非局所的な量子現象も勘案すれば、未来の宇宙文明では超光速移動が実現していてもおかしくない。

また、タキオン粒子や高次元時空を想定して、推論をさらに掘り下げれば、光速を凌駕する相互作用に新たな根拠が導かれる。常識を覆す概念かもしれないが、研究する欧州原子核研究機構（ＣＥＲＮ）などの実験物理学者たちは、いたって真剣である。加えて、数学的に見ても非常に魅力があるとの見解は、多くの理論物理学者の一致するところだ。しかしながら、一連の仮説を実証すべく実験を繰り返したところで、成果が得られなければ、すべては絵空事に過ぎないだろう。

高次元時空の主要な研究は、「ブレーンワールド仮説」に基づいている。弦理論やM理論による統一的理論構築への流れを汲むブレーンワールドの各モデルは、ニマ・アルカニハメド、サバス・ディモポーロス、ギオルギ・ドヴァリ、イグナティオス・アントニアディス、リサ・ランドール、ラマン・サンドラムなどによって、1990年代後半に提唱された。［5］くだんの統一化への流れでは、物質の最小単位を点粒子ではなく振動する弦とし、開いた弦や閉じた弦、表面積を単位とするエネルギーといった概念のもと、高次元多様体（時空を一般化した対象）における存在と相互作用を想定する。一般空間の三次元と時間の一次元からなる四次元より高次の余剰次元は、ボールや結び目のように小さく丸まっているため、人間には観測できない。これに対して、余剰次元のうちの1つの次元については、当該次元方向に移動できる、と謳ったのが「ブレーンワールド仮説」である。その考えを場の理論に応用すると、重力が他の3つの力に比べて非常に弱い点など、長年説明できなかった問題が解決されるのだ。

ランドールとサンドラムの唱えた「ブレーンワールド仮説」では、私たちの認識する世界は三次元空間の膜に限られるが、グラビトン（電磁気力を媒介する光子のように、重力を媒介するボソン）は「バルク」と呼ばれる余剰次元の時空にも伝播するため、重力は弱いと考える。

ちなみに、グラビトン以外の粒子はバルクの領域に入ることができない。あくまで「ブレーン」（私たちの日常である三次元空間に時間を加えた四次元の膜）の中に限って存在する。グラビトンだけ余剰次元に漏出するため、他の力に比べて重力は弱いというわけだ。台所のシンクに複数の蛇口が付いているが、その中に亀裂の入った水管につながる蛇口が1つだけあるようなものだろう。その蛇口から出る水だけ、水圧がとても弱いのである。同様に、一部がバルクに伝播するため、強い力や弱い力、電磁気力などのブレーンに閉じ込められている力と比べ、重力は弱いという解釈である。

重力波が初めて検出されたのは、2015年のことだった。世界15か国から1000人を超える研究者が集まる国際プロジェクトとして取り組まれていたアメリカのLIGO《ライゴ》（レーザー干渉計重力波観測所）の観測によって突き止められた（中心人物はその2年後にノーベル賞を受賞）。重力波とは、時空（重力場）の曲率（ゆがみ）の時間変動が波動として光速で伝播する現象である。

LIGOでは、それ以降も、ブラックホール同士の衝突など、宇宙のはるか彼方の大規模な事象から発せられた重力波信号の検出に成功している。もしブレーンワールド仮説が正しければ、重力波のパルスの調整により、バルクという近道を介した遠隔地への移動が可能となるため、遠い未来に、そのような技術を持つ高度な文明が誕生してもおかしくはない。時空トンネルのワームホールで超光速通信が許容されるように、である。

さらに想像を広げると、時空を舞台とすること自体に疑念が生まれる。たしかに、抽象的なヒルベルト空間が本質で、幾何学的にすべてを司るという考えもある。もしその想定が真実ならば、光速という上限速度は、量子現象の副次的な特徴に過ぎない。人間の認知できる伝播のうち、最適化されたものが光速ということになる。つまり、一般空間上の粒子同士の相互作用に対応するヒルベルト空間上の挙動のうち、光速を現すものに何かしら利点があるというわけだ。日常的な時空においては、その利点が何たるかは明らかだろう——光速移動は、時間の進み方という観点で最適である。光速に近づけば、時間の経過もゼロに近づくからだ。当然、ヒルベルト空間においてもそのような利点を探さなければならない。一般空間における速度が速ければ速いほど最適化するヒルベルト空間の領域が存在するはずである。その場合、くだんのヒルベルト空間の領域を活用すれば、超光速での通信や移動が可能になるとも考えられる。

もっとも、すべては理論に限った話に聞こえるだろう。しかし、パウリの生誕地であるウィーンに目を転じれば、ツァイリンガーやブルクネルなどのIQOQI（ウィーン量子光学及び量子情報研究所）の研究者たちによって、量子系の因果性や情報伝達に関して注目すべき研究成果がもたらされている。

かつてパウリは、（決定論的方程式とは別に）非因果性と観測者の本質的な役割に着目して、量子力学が、決定論に厳格に基づく古典力学とは異なることを示すべく心血を注いだ。ウィーンの研究成果は、そのパウリの遺産に対する敬意と言えるかもしれない。

パウリとユングが残したもの

物理学に対称性の原理がもたらされたのは、決してパウリだけの業績ではない。ネーターやヒルベルト、ヴァイル、その他、ゲッティンゲンを拠点とした傑人たちも、その功績を讃えられて然るべきである。また、ハイゼンベルクが1932年に提唱したアイソスピンによって、対称性の概念がおおいに進展した点も見逃せない。その後、ハンガリーのユージン・ウィグナーやアメリカのマレー・ゲルマンといった物理学者たちも、大きく貢献した。

量子力学における観測者の重要性についても同じことが言える。そもそも観測問題に関してパウリが自らの考察の基礎としたのは、ボーアの世界観である。またジョン・ホイーラーはのちに、観測者の意志が量子系に及ぼす影響の重要性を訴える急先鋒となった。

しかし特異なことに、在りし日のパウリは、物理学者たちから並々ならぬ尊敬を集めた——問題の種を問わず、多くの学者が彼を頼みにしたのである。アインシュタインでさえも、パウリに意見を求めた。アインシュタインが〝誉れ高き王〟ならば、パウリは〝権威ある最高裁判所の首席判事〟だろう。講習会で彼が頷けば、発表者は胸をなでおろしたものだった。首を横に振れば、十中八九、彼の指摘が正しかった（量子スピンを当初否定したのは数少ない例外である）。パウリは力の統一の意義を訴求すると共に、CPT対称性に代表される対称性の概念を機軸として、現代物理学の再構築を目指した――慎重に、そして吹聴することなく。やがて、彼の考えは物理学界に広く浸透し、多くの先駆的研究の源となった。はたしてパウリの死後も、数十年にわたり、対称性に基づく統一的理論の研究が隆盛を極めた――素粒子物理学の標準模型へと結びつくのである。

この一連の物理学の潮流において、ユングの果たした役割は決して小さくないだろう。たしかに、彼の提唱した元型や集合的無意識といった概念は、独創的であり、また魅力的でもあるが、科学的に実証されているわけではない。夢に現れる象形が、代々受け継がれてきた原始的な型である証拠はどこにもないのである。よしんば東洋哲学や錬金術、神秘学を学んだことがあるならば、曼荼羅や錬金術記号などの象形が夢に出てきても不思議はない。夢に現れなくとも、日常で目にする記号から、そのような結びつきを連想するとも考えられる。漫画書籍の熱心な収集家が、ヒーローや悪役の夢を見るのと同じである。しかしながら、ユングは夢分析を通じて、自然の摂理に対するパウリの優れた洞察力に触れた。パウリと繰り返し相対したことで、自らの物理学的知識をより豊かにすると同時に、パウリの発想にも示唆を与えたのである。

したがってユングが提唱し、パウリが掘り下げた「シンクロニシティ」という概念は、心理学だけを背景に語ることはできない。あくまで思弁的な考えで、厳格に管理された実験の裏打ちがあるわけではないが、革新的な進展を見せる量子力学と擦り合わせれば、新たな宇宙観につながるとも考えられる。実現すれば、厳格な因果律と純然たる確率が支配する世界の向こう側が覗《のぞ》くかもしれない。非因果性の統べる世界が、である。

はたしてパウリとユングの2人は、シンクロニシティを因果律と同列に位置付け、いみじくもこう指摘した。対称性に根ざした非因果性と、決定論的な原理の両者を許容し、いずれの現象も説明できるように統一的理論を構築すべきだ、と。

セレンディピティ v.s. 科学

科学や哲学の概念を一般の人々に説明する時、飲み込みやすくするために、よく甘いオブラートに包んで表現する。聞こえは悪いかもしれないが、大抵の場合、ある程度奏功する——すべての人が厳密な数学的表現や哲学的考察を理解できるわけではないからだ。甘味料を多少加えれば、難解な内容でも楽しんで味わうことができるだろう。だが、甘味料そのものは、決して健康に良いとは限らない——真の非因果的相関を、単なる偶然や選択的記憶（訳注：都合よく修正された記憶）であるセレンディピティ（訳注：期せずして幸運な発見をする能力）と履き違えてしまう恐れがあるのだ。

もっとも、シンクロニシティは一般に、同時もしくは間髪入れずに、関連した出来事が期せずして起こる事象と解釈される。2人が同時に同じような言葉を発したり、ほぼ同じ内容の電子メールをインターネット経由で相互に送受信したりする事象などが好例だ。ところが、たとえ同じダンスパーティに参加した2人の同級生が揃って青色のドレスを着ていたとしても、ユングのいうシンクロニシティにはあたらない。いわんや、奇跡とも言えないだろう。単なる偶然の一致に過ぎないのだ。にもかかわらず、偶然に対する驚きを強調するため、シンクロニシティと表現されるのが現状である。

「シンクロニシティ」という言葉が広く世に浸透したのは、1970年代である。超心理学の枠組みの中でユングの学説を論じた、アーサー・ケストラーによる『偶然の本質』などの著作がきっかけとなった。ケストラーは同書のなかで、非局所的な量子現象をとりあげ、超感覚的知覚(ESP)や超常現象の科学的根拠を示そうとした。だが、真の科学と非科学の線引きに関して厳密性に欠けるとの批判を浴びた。ウルフ・メイズは『Journal of British Society of Phenomenology(イギリス現象学会誌)』に次のような書評を寄せている。

ケストラーはESPと量子力学との関連性を論じていない。両者が一般的感覚やニュートン力学とは異なる概念を必要とする点に言及しているだけである……。

霧箱(訳注:蒸気を使って荷電粒子の飛跡を検出する装置)の中の粒子の物理的挙動と

いった素粒子物理学の現象と、超心理学の現象との本質的な違いは、前者が数学的記述によって表され、その妥当性がいかなる物理学者によっても実証され得る点である。[6]

『偶然の本質』の中でケストラーが提唱したのは「フィルター理論」だった。

テレパシーが実現し得ると想定した上で、他人の思考は通常、脳のフィルターでろ過され、己の思考のみが認知されるという考えである。あくまで推測の域を出ず、決して神経科学的に実証されているわけではない。ただし、記憶に値しない己と無関係な情報が事前に遮断されるため、意味のある偶然が引き立つと逆に捉えれば、多少は理にかなうだろう。2人の同級生が異なる色のドレスを選んでも、同じ色のドレスを選んでも、もともとは等しく記憶されるべき情報だというわけだ。

もし、頻繁に旅行する人であれば、地元と離れた空港や駅などの待合室で隣人や友人にばったり出くわした経験があるだろう。そのような予想外の場面は、待合室の席に座りながら見知らぬ人を眺める場面よりも、より深く記憶に残るはずだ。つまり、関連のない情報はフィルターによって排除されるため、まったく偶然の遭遇が際立つというわけである。

主に量子力学とのつながりという観点において、シンクロニシティが世間に認知されたのは、ボームの親しい共同研究者だったF・デイヴィッド・ピートがシンクロニシティに関する書籍と論文を発表した1987年である。自然現象を深部で司る「内在秩序」と呼ばれる概念を、ボームが提唱した後のことだった。そのボームの考察とシンクロニシティとの間に、ピートは共通点を見出したのである。

さておき、シンクロニシティにとって最高の檜《ひのき》舞台は、間違いなくロックバンドのポリスのアルバムだろう。哲学的命題を音楽に反映させることの多かったポリスは1983年、アルバム『シンクロニシティ』をリリースした。週間ヒットチャートのトップを記録した同アルバムには、共時性の概念を賛美する「シンクロニシティⅠ」と、ふとした瞬間に表出する密かな事象を未確認動物のネッシーになぞらえたポップな「シンクロニシティⅡ」が収録されている。ポリスのボーカルを務め楽曲制作も手掛けるスティングことゴードン・サムナーは、今でもラジオなどで頻繁に流れる「シンクロニシティⅡ」の制作背景について次のように述懐する。

「郊外に生きる人間の疎外感を彼の地の象徴的な出来事に結びつけて表現しようとしたのさ。早い話、日常における感傷的な場面を、ネス湖から現れるモンスターに投影したってこと。ユングのいう意味のある偶然の一致にストーリー性を持たせてみたんだけど、所詮はロックよ！」［7］

ロックスターとして名を成す前に教師を務めていたほど博学なサムナーは、ケストラーの著作でユングの考えを知ったという。

ポリスにとって最後のスタジオ・アルバムとなった『シンクロニシティ』は、非因果的相関を探究した音楽として、ロック批評家から高い評価を受けた。クリストファー・コネリーはアメリカのカルチャー誌、『ローリング・ストーン』でこう記している。

「『シンクロニシティ』は、共時性という概念を音楽で具体的に表現したアルバムだ。世のつながりには、必ずしも直接的な因果関係があるわけではない。遠く離れた人との大切なつながりをわざわざ解く必要はない。『つながりの原理／未知の世界へ……』と歌う『シンクロニシティI』の中で、スティングはそう語りかける。そして最終的に、相関の原理によって、人間は意志と知性を得られると説くのだ。統一と理解に向けて努力する中で、違いが受け入れられ、ひいては違いが称賛される世になる、と」〔8〕

慎重に非因果性を受け入れる

もちろん、すべての偶然の一致が真の非因果的相関というわけではない。だからといって対極へと舵をきり、厳格な決定論と因果性だけに基づいて、すべての科学的現象を説明しようとする必要はないだろう。非局所的かつ非因果的現象の探究への道標は、ベルの不等式や、量子測定理論の現代的手法によって、すでに示されている。また、ワームホールといった一般相対性理論の表す時空の複雑な結びつきを考えれば、原因が結果に先立つとの概念が、量子系以外においても破れ得る可能性に目を向けなければならない。

物理学者は現在、着実に、そして慎重に、因果性と非因果性の両者を許容する普遍的原理を築こうと力を注いでいる。一部は量子もつれの原理に従って一般相対性理論の再構築を目指し、また一部は一般相対性理論の時空連続体に基づいて量子もつれの記述に挑んでいる。アインシュタインやハイゼンベルク、パウリたちの統一的理論への情熱は、いつしか結実する日が来るだろう――おそらく、21世紀の科学が想像もできないような形で。

だから、もしあなたが日本において、飛びすさっていく美しい風景を横目に、浮上走行する超電導リニアモーターカーの席でまどろみ、禅の円相を夢見た後で、リニアの車内に円相と似たデザインを見つけたならば、堂々と叫んでほしい。

「シンクロニシティ」、と。

もちろん、夢についてではない。夢との一致は単なる偶然に過ぎない。そう、シンクロニシティは、量子コヒーレンスを呈する無数のクーパー対の中にある。超電導リニアの磁気浮上を実現させ、軌道摩擦を大幅に低減させた立役者として。ぜひ、あなたの隣に座る乗客にも、シンクロニシティについて教えてあげてほしい。きっと、その人も感嘆するはずだ。

現代物理学は、奇妙である。

その点は論を俟《ま》たない。しかし、再現性が担保される限り、現代物理学は知の巨塔を築くだろう。
かつて古代の人々が描いた虚像より、はるかに天高くそびえる巨塔を。

著者

謝辞

本書の発刊にあたり、まず、フィラデルフィア科学大学の役員と教職員の皆さまに感謝申し上げたい。特に以下の方々から、多大な協力をいただいた。ポール・キャッツ氏、エリア・エスケナージ氏、ヴォジスラヴァ・ポフリスティック氏、エリザベス・モリノ氏、グレイス・ファーバー氏、ジャン=フランソワ・ジャスミン氏、フィリス・ブランバーグ氏、チャールズ・マイヤー氏、レスリー・ボウマン氏、マシュー・ギャラガー氏、ジョン・ドラッカー氏、ピーター・ミラー氏、スザンヌ・マーフィー氏、トリシア・パーセル氏、サム・タルコット氏、ケビン・マーフィー氏、リア・ヴァス氏、サラール・アルサルダリー氏、エド・ライマーズ氏、マイケル・ロバート氏、エイミー・キムチャック氏、カール・ワラセク氏、ローラ・ポンティッジャ氏、ピーター・キム氏、アボルファジ・サガフィ氏、ターロック・オーロラ氏、バーナード・ブランナー氏、セルジオ・フレイレ氏、ジェシー・テイラー氏、ロバート・ラモス氏。また、編集面で適切な助言をいただいた敏腕編集者のT・J・ケレハー氏と、有能な代理人として執筆を支えてくれたジャイルズ・アンダーソン氏にも謝意を表したい。アメリカ物理学協会物理学史センターからは、オーラルヒストリー・アーカイブの記録を含め、極めて貴重な資料を頂戴した。アメリカ物理学会物理学史フォーラム、同学会史跡委員会、アメリカ哲学協会、科学史研究所からも格別の支援を賜った。

フリーマン・ダイソン氏、スタンレー・デザー氏、カート・ゴットフリート氏、アラン・チョドス氏、デヴィッド・キャシディ氏、アルベルト・マルティネス氏、チャスラフ・ブルクナー氏、ダイアナ・コルモス・ブッフバルト氏、カール・フォン・メイン氏、ジョン・ドノヒュー氏、そして、故ジョン・スミシーズ氏の各氏には、示唆に富んだ意見を賜った上に、科学史の参照や回想にも協力いただき、感謝の念に堪えない。

写真データを快く提供し、本書への掲載を許可してくださったブリンマー大学図書館、カリフォルニア大学サンタバーバラ校、アメリカ物理学協会エミリオセグレビジュアルアーカイブ、ランドール・ヒューレット氏、ヨッヘン・ハイゼンベルク氏、カート・ゴットフリート氏、アントン・ツァイリンガー氏、ウィーン量子光学及び量子情報研究所（ＩＱＯＱＩ）にも謝意を表したい。パウリとユングの往復書簡やその他の資料を用意して、著者の訪問を歓迎してくださった欧州原子核研究機構（ＣＥＲＮ）アーカイブのアニタ・ホリアー氏、スイス連邦工科大学チューリッヒ校（ＥＴＨ）図書館及びアーカイブのクラウディア・ブリエルマン氏にも、厚く御礼申し上げる。

また本書の執筆には、多くの物理学史家や科学ジャーナリストから、貴重な力添えをいただいた。一部ではあるが、感謝の意を込めて名を記したい。グレゴリー・グッド氏、ジョセフ・マーティン氏、ロバート・クリース氏、ピーター・ペシック氏、キャメロン・リード氏、キャサリン・ウェストフォール氏、ロジャー・スチューワー氏、ジェラルド・ホルトン氏、ステファン・ブラッシュ氏、ジョン・ハイルブロン氏、ヴァージニア・トリンブル氏、ポール・カデン・ジマンスキー氏、ミハル・メイヤー氏、マーク・ウォルバートン氏、アマンダ・ゲフター氏、デイブ・ゴールドバーグ氏、コーマック・オラファティ氏、コンラッド・クラインクネヒト氏、トニー・クリスティー氏、アッシュ・ジョガレカー氏、ラウタロ・ベルガラ氏、デイヴィット・シュワルツ氏、ニコラス・ブース氏、フランク・クロス氏、マーカス・チャウン氏、グラハム・ファルメロ氏、コートニー・バウアー氏、キャスリーン・ダミアーニ氏。

さらに著者が今回、多様な角度から考察を掘り下げることができたのは、ヘイデン・サンド氏、ジョシュア・クロール氏、パトリック・パーム氏、ジョナサン・コーギー氏、エリザベス・シェインフィールド氏、ベンジャミン・ホフマン氏など、多くの方々からの温かい助言のおかげである。

もちろん、友人と家族にも感謝したい。マイケル・エルリッチ、フレッド・シュープファー、パム・クイック、シモーヌ・ゼリッチ、ダグ・ブッフホルツ、ベン・ヒネルフェルト、ボブ・ジャンセン、リサ・テンジン・ドルマ、ミッチェル・カルツとウェンディー・カルツ、マーク・シンガー、ニッキ・マギリー、スコット・ヴェジェバーグ、マーシー・グリクスマン、カール・ミドルマンとドリ・ミドルマン、ジェフ・シャンベン、ウッディ・カースキー・ウィルソンとメグ・カースキー・ウィルソン、デブラ・デルイベル、ダン・トボクマン、ボブ・フーバーとカレン・フーバー、クリス・オルソン、シャラ・エバンス、レイン・ヒュールウィッツ、ジル・バーンスタイン、ジェリー・アントナー、ショーン・ウィリアムスとシャーロット・ウィリアムス、リチャード・ハルパーンとアニータ・ハルパーン、ジェイク・ハルパーン、エミリー・ハルパーン、アラン・ハルパーンとベス・ハルパーン、テッサ・ハルパーン、ケン・ハルパーン、アーロン・スタンブロ、テッサリア・マクフォール、ジョセフ・フィンストンとアルレーヌ・フィンストン、スタンレー・ハルパーン、そして、妻のフェリシアに、息子のアデンとイーライ。いつも、たくさんの気づきと見識を授けてくれて、ありがとう。

6. 『Nature』 570巻2019年6月3日、「To Catch and Reverse a Quantum Jump Mid-flight (量子跳躍を捉え、そして元に戻す)」 Z·K·ミネヴ著、https://www.nature.com/articles/s41586-019-1287-z
7. チャスラフ·ブルクネル談。著者取材、2019年3月11日

終章：宇宙のもつれを繙く

1. 『Journal of Experimental Psychology』63巻6号1962年601-609頁、「Consistency and Complexity of Response Sequences as a Function of Schedules of Noncontingent Reward (順序とは無関係の賞与に対する反応の一貫性と複雑性)」 ジョン·C·ライト著
2. 『Journal of Experimental Psychology』 45巻1号1953年64-74頁、「Perception of the Statistical Structure of a Random Series of Binary Symbols (二種の符号の無秩序な並びに対する統計的構造の認知)」 ハロルド·W·ヘイク、レイ·ハイマン著
3. ライマン·ペイジ談。著者取材、於プリンストン大学、2018年4月12日
4. 『Nature Physics』 10巻 2014年4月259頁、「Quantum Causality (量子世界における因果性)」 チャスラフ·ブルクネル著
5. 『Living Reviews in Relativity』 7巻7号2004年、「Brane-World Gravity (ブレーンワールド重力理論)」 ロイ·マーティン著、https://arxiv.org/abs/1004.3962
6. 『Journal of British Society of Phenomenology』 4巻2号1973年188-189頁、「Book Review：The Roots of Coincidence. By Arthur Koestler (アーサー·ケストラー著『偶然の本質』書評)」 ウルフ·メイズ著
7. Sting, Lyrics (New York: The Dial Press, 2007), p.82.
8. 『Rolling Stone』 1984年3月1日号、「The Police：Alone at the Top (ポリス：比類なきトップバンド)」 クリストファー·コネリー著

7. スタンレー・デザー談。著者取材、2019年2月23日
8. フリーマン・ダイソン談。『New York Review of Books』1991年9月26日号、「King of the Quantum（量子力学の巨頭）」ジェレミー・バーンスタイン著
9. ニールス・ボーア談。『ロサンゼルス・タイムズ』2008年7月13日付、「Science Friction（科学界の軋轢）」ジェシー・コーエン著、https://www.latimes.com/archives/la-xpm-2008-jul-13-bk-susskind13-story.html.
10. Quoted in David C. Cassidy, Uncertainty: The Life and Science of Werner Heisenberg (San Francisco: W. H. Freeman & Co., 1991), p.542.『不確定性〜ハイゼンベルクの科学と生涯〜』デヴィッド・C・キャシディ著、金子務監訳、伊藤憲二（ほか）訳、白揚社、1998年
11. Wolfgang Pauli to Charles Enz, March 4, 1958. Translated and quoted in Charles P. Enz, No Time to Be Brief—A Scientific Biography of Wolfgang Pauli (New York: Oxford University Press, 2002), p.528.
12. 1958年3月1日、ヴォルフガング・パウリからジョージ・ガモフに宛てた手紙。Reported in Arthur I. Miller, Deciphering the Cosmic Number: The Strange Friendship of Wolfgang Pauli and Carl Jung (New York: Norton, 2010), p. 263. 『137〜物理学者パウリの錬金術・数秘術・ユング心理学をめぐる生涯〜』アーサー・I・ミラー著、阪本芳久訳、草思社、2010年
13. ヴォルフガング・パウリ談。「Proceedings of the 1958 Annual International Conference on High Energy Physics at CERN（高エネルギー物理学に関する欧州原子核研究機構（CERN）年次国際会議1958年度議事録）」B・フェレッティ編、CERN、1958年
14. Charles P. Enz, No Time to Be Brief—A Scientific Biography of Wolfgang Pauli (New York: Oxford University Press, 2002), p.533.

第9章：現実へ挑む
量子もつれと格闘し、量子跳躍を手なずけ、ワームホールに未来を見る

1. フリーマン・ダイソン談。著者取材、2019年2月22日
2. John Bell, reported in Jeremy Bernstein, Quantum Profiles (Princeton, NJ: Princeton University Press, 1991), pp.50–51.
3. カート・ゴットフリート談。著者による電話取材、2019年3月10日
4. 『Physica Scripta』92巻2017年072501番、「Light for the Quantum. Entangled Photons and Their Applications：A Very Personal Perspective（量子現象を生む光。量子もつれの光子とその応用：個人的見解）」アントン・ツァイリンガー著
5. 『Chemistry World』2019年6月12日号、「Industry Adopts Quantum Computing, Qubit by Qubit（量子コンピュータの市場拡大が加速）」アンディ・エクスタンス著、https://www.chemistryworld.com/news/industry-adopts-quantum-computing-qubit-by-qubit-/3010591.article

32. 欧州原子核研究機構（CERN）図書館図書目録ウェブサイト、『The Interpretation of Nature and the Psyche（自然現象と心の構造）』（カール・ユング、ヴォルフガング・パウリ著、R・F・C・ハル、プリシラ・ジルツ訳、Pantheon Books、1955年）紹介ページ
https://cds.cern.ch/record/2229568/?ln=en.
33. 1957年8月5日、ヴォルフガング・パウリからカール・ユングに宛てた手紙。Reprinted in Carl Jung and Wolfgang Pauli, Atom and Archetype—The Pauli/Jung Letters, 1932–1958, edited by C. A. Meier, translated by David Roscoe (Princeton, NJ: Princeton University Press, 2001), p. 62. 『パウリ=ユング往復書簡集1932-1958～物理学者と心理学者の対話～』ヴォルフガング・パウリ、カール・グスタフ・ユング著、湯浅泰雄、黒木幹夫、渡辺学監修、太田恵（ほか）訳、ビイング・ネット・プレス、2018年
34. 1955年2月15日、ヴォルフガング・パウリからニールス・ボーアに宛てた手紙。欧州原子核研究機構（CERN）パウリ・アーカイブより。CERNパウリ委員会の了承を得て引用。
35. J・B・ラインからC・G・ユングに宛てた1959年4月24日の手紙。スイス連邦工科大学チューリッヒ校（ETH）アーカイブ。
36. David P. Lindorff, Pauli and Jung—The Meeting of Two Great Minds (New York: Quest Books, 2004), p.238.

第8章：ふぞろいの姿　異を映す鏡の中へ

1. Chien-Shiung Wu, "Parity Violation," in Harvey B. Newman and Thomas Ypsilantis, eds., History of Original Ideas and Basic Discoveries in Particle Physics (New York: Plenum, 1996), pp.381–382.
2. 『The British Journal for the Philosophy of Science』3巻10号1952年8月109-123頁、「Are There Quantum Jumps?（量子跳躍は真実か？）」エルヴィン・シュレーディンガー著
3. 『Gizmodo』ウェブサイト内の「Madame Wu and the Holiday Experiment That Changed Physics Forever（ウー夫人が休暇返上で実施した物理学を変えた実験）」ジェニファー・ウーレット著、2015年12月、gizmodo.com/madame-wu-and-the-holiday-experiment-that-changed-physi-1749319896
4. Private communication from Georges M. Temmer to Ralph P. Hudson. Reported in Ralph P. Hudson, "Reversal of the Parity Conservation Law in Nuclear Physics," A Century of Excellence in Measurements, Standards, and Technology, edited by David R. Lide (Washington, DC: National Institute of Standards and Technology, 2001), p.114.
5. デヴィッド・キャシディ談。著者取材、2019年2月26日
6. Werner Heisenberg, "The Nature of Elementary Particles," Werner Heisenberg Collected Works (Berlin: Springer-Verlag, 1984), p. 924.

24. 1934年10月26日、ヴォルフガング・パウリからカール・ユングに宛てた手紙。Reprinted in Carl Jung and Wolfgang Pauli, Atom and Archetype—The Pauli/Jung Letters, 1932–1958, edited by C. A. Meier, translated by David Roscoe (Princeton, NJ: Princeton University Press, 2001), p.31. 『パウリ=ユング往復書簡集1932-1958〜物理学者と心理学者の対話〜』ヴォルフガング・パウリ、カール・グスタフ・ユング著、湯浅泰雄、黒木幹夫、渡辺学監修、太田恵（ほか）訳、ビイング・ネット・プレス、2018年
25. フリーマン・ダイソン談。著者との談話、2019年2月22日
26. Arthur I. Miller, Deciphering the Cosmic Number: The Strange Friendship of Wolfgang Pauli and Carl Jung (New York: Norton, 2010), p.252. 『137〜物理学者パウリの錬金術・数秘術・ユング心理学をめぐる生涯〜』アーサー・I・ミラー著、阪本芳久訳、草思社、2010年
27. Miller, p. 258.『137：物理学者パウリの錬金術・数秘術・ユング心理学をめぐる生涯』アーサー・I・ミラー著、阪本芳久訳、草思社、2010年
28. 1950年6月20日、カール・ユングからヴォルフガング・パウリに宛てた手紙。Reprinted in Carl Jung and Wolfgang Pauli, Atom and Archetype—The Pauli/Jung Letters, 1932–1958, edited by C. A. Meier, translated by David Roscoe (Princeton, NJ: Princeton University Press, 2001), p.45.『パウリ=ユング往復書簡集1932-1958〜物理学者と心理学者の対話〜』ヴォルフガング・パウリ、カール・グスタフ・ユング著、湯浅泰雄、黒木幹夫、渡辺学監修、太田恵（ほか）訳、ビイング・ネット・プレス、2018年
29. 1950年11月24日、ヴォルフガング・パウリからカール・ユングに宛てた手紙。Reprinted in Carl Jung and Wolfgang Pauli, Atom and Archetype—The Pauli/Jung Letters, 1932–1958, edited by C. A. Meier, translated by David Roscoe (Princeton, NJ: Princeton University Press, 2001), p.58. 『パウリ=ユング往復書簡集1932-1958〜物理学者と心理学者の対話〜』ヴォルフガング・パウリ、カール・グスタフ・ユング著、湯浅泰雄、黒木幹夫、渡辺学監修、太田恵（ほか）訳、ビイング・ネット・プレス、2018年
30. 1950年12月12日、ヴォルフガング・パウリからカール・ユングに宛てた手紙。Reprinted in Carl Jung and Wolfgang Pauli, Atom and Archetype—The Pauli/Jung Letters, 1932–1958, edited by C. A. Meier, translated by David Roscoe (Princeton, NJ: Princeton University Press, 2001), p.64. 『パウリ=ユング往復書簡集1932-1958〜物理学者と心理学者の対話〜』ヴォルフガング・パウリ、カール・グスタフ・ユング著、湯浅泰雄、黒木幹夫、渡辺学監修、太田恵（ほか）訳、ビイング・ネット・プレス、2018年
31. Carl Jung and Wolfgang Pauli, The Interpretation of Nature and the Psyche, translated by R. F. C. Hull and Priscilla Silz (New York: Pantheon Books, 1955), p.31.『自然現象と心の構造〜非因果的連関の原理〜』カール・ユング、ヴォルフガング・パウリ著、河合隼雄、村上陽一郎訳、海鳴社、1976年

13. 1935年10月14日、カール·ユングからヴォルフガング·パウリに宛てた手紙。Reprinted in Carl Jung and Wolfgang Pauli, Atom and Archetype—The Pauli/Jung Letters, 1932–1958, edited by C. A. Meier, translated by David Roscoe (Princeton, NJ: Princeton University Press, 2001), p.13. 『パウリ=ユング往復書簡集1932-1958～物理学者と心理学者の対話～』ヴォルフガング・パウリ、カール・グスタフ・ユング著、湯浅泰雄、黒木幹夫、渡辺学監修、太田恵（ほか）訳、ビイング·ネット·プレス、2018年
14. ジークムント・フロイトが言ったとされる言葉。See, for example, Arthur Asa Berger, Media Analysis Techniques (Thousand Oaks, CA: Sage Publications, 2005), p. 93.
15. Carl G. Jung, The Archetypes and the Collective Unconscious, translated by R. F. C. Hull (London: Routledge, 1959), p.384.
16. Carl Jung. Reported in Charles P. Enz, No Time to Be Brief—A Scientific Biography of Wolfgang Pauli (New York: Oxford University Press, 2002), p. 246.
17. Don Howard, "Quantum Mechanics in Context: Pascual Jordan's 1936 Anschauliche Quantentheorie," in Massimiliano and Jaume Navarro, eds., Research and Pedagogy: A History of Quantum Physics Through Its Textbooks (2013), http://edition-open-access.de/studies/2/12/.
18. 1934年10月26日、ヴォルフガング·パウリからカール·ユングに宛てた手紙。Reprinted in Carl Jung and Wolfgang Pauli, Atom and Archetype—The Pauli/Jung Letters, 1932–1958, edited by C. A. Meier, translated by David Roscoe (Princeton, NJ: Princeton University Press, 2001), p.5. 『パウリ=ユング往復書簡集1932-1958～物理学者と心理学者の対話～』ヴォルフガング·パウリ、カール·グスタフ·ユング著、湯浅泰雄、黒木幹夫、渡辺学監修、太田恵（ほか）訳、ビイング·ネット·プレス、2018年
19. Martin Gardner マーティン・ガードナー談。『Skeptical Inquirer』1998年3-4月号37-38頁、「A Mind at Play：An Interview with Martin Gardner（時のひと：マーティン·ガードナーとの対談）」ケンドリック·フレイザー著
20. 『Journal of the Society for Psychical Research』55巻812号1952年150-156頁、「Minds and Higher Dimensions（心と高次元）」ジョン·R·スミシーズ著
21. 1952年3月5日、ヴォルフガング·パウリからパスクアル·ヨルダンに宛てた手紙。Reprinted in Wolfgang Pauli, Wissenschaftlicher Briefwechsel (Scientific Correspondence), Volume IV, Part I, 1950–1952, edited by A. Hermann, K. V. Meyenn, and V. F. Weisskopf (Berlin: Springer, 1985), p. 568.
22. ジョン・R・スミシーズ談。著者取材、2002年12月20日
23. Carl Jung, "On Synchronicity," in Synchronicity: An Acausal Connecting Principle, trans. R. F. C. Hull (Princeton, NJ: Princeton University Press, 1973), p.114. 『自然現象と心の構造～非因果的連関の原理～』カール・ユング、ヴォルフガング·パウリ著、河合隼雄、村上陽一郎訳、海鳴社、1976年収録、「共時性～非因果的連関の原理～」

第7章：シンクロニシティへの道　ユングとパウリの対話

1. アメリカ物理学会会報28巻5号2019年5月8頁、「Striving for Realism, Not for Determinism: Historical Misconceptions on Einstein and Bohm（決定論主義ではなく現実主義の探究：史実で見るアインシュタインとボームの過ち）」フラビオ・デル・サント著より引用、アルベルト・アインシュタインが1952年にマックス・ボルンに宛てた言葉
2. ヴォルフガング・パウリ談。アメリカ物理学協会オーラルヒストリー、モーリス・ウィルキンス聞き手、デヴィッド・ボーム著、1986年9月25日、https://www.aip.org/history-programs/niels-bohr-library/oral-histories/32977-4
3. Wolfgang Pauli, Review of Ergebnisse der exakten Naturwissenschaften, 10, Band, die Naturwissenschaften 20, pp.186–187. Translated and reprinted by John Stachel in Einstein from 'B' to 'Z', p. 544.
4. オスカル・クライン談。トーマス・S・クーン、ジョン・L・ハイルブロン聞き手、於コペンハーゲン、1963年7月16日
5. Abraham Pais, "Glimpses of Oskar Klein as Scientist and Thinker," in Ulf Lindström, ed., Proceedings of the Oskar Klein Centenary Symposium (Singapore:World Scientific, 1995), p. 14.
6. カート・ゴットフリート談。著者による電話取材、2019年3月10日
7. スタンレー・デザー談。著者取材、2019年2月23日
8. C. G. Jung, Memories, Dreams, Reflections, pp.373–377. 『ユング自伝～思い出・夢・思想～』1-2巻、C・G・ユング著、河合隼雄、藤縄昭、出井淑子訳、みすず書房、1972-1973年
9. 『Psychology Today』ウェブサイトのブログ「Seriality vs Synchronicity: Kammerer vs Jung（連続性対共時性：カンメラー対ユング）」バーナード・D・ベイトマン著、2017年3月25日、
https://www.psychologytoday.com/us/blog/connecting-coincidence/201703/seriality-vs-synchronicity-kammerer-vs-jung.
10. Misha Shifman, ed., Standing Together in Troubled Times: Unpublished Letters by Pauli, Einstein, Franck, and Others (Singapore: World Scientific, 2017), p. 4.
11. Wolfgang Pauli, reported in Charles P. Enz, Of Matter and Spirit: Selected Essays (Singapore: World Scientific, 2009), p.153.
12. Beverley Zabriskie, "Jung and Pauli: A Meeting of Rare Minds," in Carl Jung and Wolfgang Pauli, Atom and Archetype—The Pauli/Jung Letters, 1932–1958, edited by C. A. Meier, translated by David Roscoe (Princeton, NJ: Princeton University Press, 2001), p. xxvii. 『パウリ=ユング往復書簡集1932-1958～物理学者と心理学者の対話～』ヴォルフガング・パウリ、カール・グスタフ・ユング著、湯浅泰雄、黒木幹夫、渡辺学監修、太田恵（ほか）訳、ビイング・ネット・プレス、2018年

第６章：対称性の力　因果律を超えて

1. ダフィット・ヒルベルトの発言。イスラエル・テルアビブのバル＝イラン大学で1996年12月２～３日に開かれた「代数学と幾何学、物理学におけるエミー・ネーターの功績に関するシンポジウム」の中のニーナ・バイヤーによる講演「E. Noether's Discovery of the Deep Connection Between Symmetries and Conservation Laws（対称性と保存則の密接な関係性に関するエミー・ネーターの発見）」の一節より。http://cwp.library.ucla.edu/articles/noether.asg/noether.html
2. アルベルト・アインシュタイン。『ニューヨーク・タイムズ』1935年５月４日付、「The Late Emmy Noether; Professor Einstein Writes in Appreciation of a Fellow-Mathematician（エミー・ネーター逝去：同僚数学者に送るアインシュタイン教授の追悼）」
3. ヴォルフガング・パウリのノーベル賞受賞講演「排他原理と量子力学」、於スウェーデン、1946年12月13日
4. 『Historical Studies in the Physical Sciences』13巻 2 号1983年261頁、「The Origins of the Exclusion Principle（排他原理誕生の背景）」ジョン・L・ハイルブロン著より引用、ヴォルフガング・パウリがアルフレット・ランデに宛てた言葉。
5. ラルフ・クローニッヒ談。アメリカ物理学協会オーラルヒストリー、ジョン・L・ハイルブロン聞き手、1962年11月12日
6. ジョージ・ウーレンベック談。アメリカ物理学協会オーラルヒストリー、トーマス・S・クーン聞き手、1962年
7. 「Open Letter to the Group of Radioactive People at the Gauverein Meeting in Tübingen（テュービンゲンのゴーヴェライン会議に出席する放射線研究関係者への公開書簡）」ヴォルフガング・パウリ著、1930年12月４日
8. 『Journal of Jocular Physics』 1巻35頁、「La Plainte du Neutrino（ニュートリノの不満）」レオン・ローゼンフェルト著
9. ジョージ・ガモフ談。日刊紙『レイクランド・レジャー』1998年５月26日付、p. D3
10. Barbara Lovett Cline, The Questioners: Physicists and the Quantum Theory (New York: Crowell, 1965), p. 143. 『現代物理学をつくった人びと』バーバラ・ロヴェット・クライン著、柴垣和三雄（ほか）訳、東京図書、1985年
11. スタンレー・デザー談。著者取材、2019年２月23日
12. ダイアナ・コルモス・ブッフバルト談。著者取材、2019年２月21日
13. Albert Einstein, "Preface," in Upton Sinclair, Mental Radio (Springfield, IL: Charles Thomas Publisher, 1930).
14. 『New Republic』 1932年３月９日号、「"Why, Dr. Einstein!（アインシュタイン博士、どうした！）」C・ハートレイ・グラッタン著、https://newrepublic.com/article/119292/controversy-einsteins-endorsement-psychic-upton-sinclair-defends

3. イギリスの『タイムズ』1919年11月7日付、「Revolution in Science. New Theory of the Universe: Newtonian Ideas Overthrown (科学に革命、新宇宙論誕生：ニュートン力学が覆る)」
4. 『ニューヨーク・タイムズ』1919年11月10日付、「Lights All Askew in the Heavens (宇宙の光はすべて湾曲)」
5. 『ニューヨーク・タイムズ』1923年3月11日付13頁、「Alice in Wonderland as a Relativist (相対主義者としての不思議の国のアリス)」アレクサンダー・マッディー著
6. 『ニューヨーク・タイムズ』1931年1月11日付、「How to Explain the Universe: Science in a Quandary (宇宙をどう記述すべきか：揺れる科学)」ヴァルデマー・ケンプフェルト著
7. 『ニューヨーク・タイムズ』1933年6月23日付、「Jekyll-Hyde Mind Attributed to Man (ジキルとハイドの二重性という観点)」ウィリアム・L・ローレンス著
8. 1926年12月4日、アルベルト・アインシュタインからマックス・ボルンに宛てた手紙。Max Born and Albert Einstein, The Born–Einstein Letters, 1916–1955: Friendship, Politics and Physics in Uncertain Times, translated by Irene Born (New York: Macmillan, 1971), p. 91. 『アインシュタイン・ボルン往復書簡集』A. アインシュタイン、G・V・R・ボルン著、西義之、井上修一、横谷文孝訳、三修社、1976年
9. ドイツ語で「eins (アインス)」は1、「zwei (ツヴァイ)」は2の意。したがって「ツヴァイシュタイン」はアインシュタイン2世を表す。See John Stachel, "Einstein and 'Zweistein,'" Einstein from 'B' to 'Z' (Boston: Birkhäuser, 2002).
10. 1922年1月18日頃、アルベルト・アインシュタインからアルノルト・ゾンマーフェルトに宛てた手紙。
11. デヴィッド・C・キャシディ談。著者取材、2019年2月26日
12. ヴェルナー・ハイゼンベルク談。アメリカ物理学協会オーラルヒストリー、セッションI、トーマス・S・クーン、ジョン・ハイルブロン聞き手、1962年11月30日
13. Werner Heisenberg, Physics and Philosophy: The Revolution in Modern Science (New York: Harper and Row, 1958), p.71–72『現代物理学の思想』ヴェルナー・ハイゼンベルク著、河野伊三郎、富山小太郎訳、みすず書房、1989年 https://history.aip.org/exhibits/heisenberg/p13e.htm.
14. デヴィッド・キャシディ談。著者取材、2019年2月26日
15. Wolfgang Pauli, Wissenschaftlicher Briefwechsel (Scientific Correspondence), Volume I, 1919–1929, edited by A. Hermann, K. V. Meyenn, and V. F. Weisskopf (Berlin: Springer, 1979), p. 143.
16. Wolfgang Pauli, Wissenschaftlicher Briefwechsel (Scientific Correspondence), Volume I, 1919–1929, p. 262.
17. デヴィッド・キャシディ談。著者取材、2019年2月26日
18. Werner Heisenberg, in S. Rozental, edited by Niels Bohr (New York: Wiley, 1967), p. 103.

8. アラン・チョドス談。著者取材、2019年3月26日
9. アラン・チョドス談。著者取材、2019年3月26日
10.『ワシントン・ポスト』2011年11月14日付、「Faster-than-light Neutrino Poses the Ultimate Cosmic Brain Teaser for Physicists（超光速ニュートリノ発見で物理学に難局）」ジョエル・ハッヒェンバッハ著
11.『ロサンゼルス・タイムズ』2011年9月24日付、「Neutrino Jokes Hit Twittersphere Faster Than the Speed of Light（ニュートリノ・ジョークが超光速でツイッターを席巻）」デボラ・ネットバーン著、https://latimesblogs.latimes.com/nationnow/2011/09/faster-than-the-speed-of-light-neutrino-jokes-light-up-twittersphere.html.
12. カルロ・ルビア、『Nature』ウェブサイトの2012年3月16日ニュース欄、「Neutrinos Not Faster Than Light: ICARUS Experiment Contradicts Controversial Claim（超光速ニュートリノ：従来の主張をICARUSの実験は否定）」ジェフ・ブランフィール著より引用、https://www.nature.com/news/neutrinos-not-faster-than-light-1.10249.
13. アラン・チョドス談。著者取材、2019年3月26日
14. John Stachel, Einstein from 'B' to 'Z' (Boston: Birkhäuser, 2002), p. 262.
15. David Wilson, Rutherford, Simple Genius (Cambridge, MA: MIT Press, 1983), p. 62.
16. Chaim Weizmann, Trial and Error (New York: Harper & Bros., 1949), p. 118.
17. Ernest Rutherford, "The Development of the Theory of Atomic Structure," in Joseph Needham and Walter Pagel, eds., Background to Modern Science (Cambridge, MA: Cambridge University Press, 1938), p. 68.
18. 1913年3月20日、アーネスト・ラザフォードからニールス・ボーアに宛てた手紙。Reprinted in Niels Bohr, Collected Works, vol. 2 (Amsterdam: North Holland, 1972), p. 583. 『ニールス・ボーア論文集1　因果性と相補性』、『ニールス・ボーア論文集2　量子力学の誕生』ニールス・ボーア著、山本義隆編訳、岩波書店、1999-2000年

第5章：不確定という世界　現実主義からの脱却

1. 1944年10月10日、マックス・ボルンからアインシュタインに宛てた手紙。Max Born and Albert Einstein, The Born-Einstein Letters, 1916-1955: Friendship, Politics and Physics in Uncertain Times, translated by Irene Born (New York: Macmillan, 1971), p. 155. 『アインシュタイン・ボルン往復書簡集』A・アインシュタイン、G・V・R・ボルン著、西義之、井上修一、横谷文孝訳、三修社、1976年
2.『ニューヨーク・タイムズ』1913年9月8日付、「British Association Meets Wednesday: Sir Oliver Lodge, in Presidential Address, Will Combat the 'Theory of Relativity'（イギリスの研究者団体が今水曜に会合：会長のオリバー・ロッジ卿が「相対性理論」との対決を誓う見込み）」

5. Pierre Simon Laplace, A Philosophical Essay on Probabilities (Essai philosophique sur les probabilities), translated by F. W. Truscott and F. L. Emory (New York: Dover, 1951), p. 4. 『確率の哲学的試論』ピエール＝シモン・ラプラス著、内井惣七訳、岩波書店、1997年
6. グレンレア・マクスウェル・トラストのウェブサイト内、「ジェームズ・クラーク・マクスウェルの人物紹介」サム・カランダー著、http://www.glenlair.org.uk/
7. 『Physics Today』60巻8号2007年8頁の「Master Michelson's Measurement (巨匠マイケルソンの光速測定)」ダニエル・クレプナー著
8. 『ニューヨーク・タイムズ』1882年8月28日付、「How Fast Does Light Travel? Experiments About to be Made to Determine the Question (光はどれほど速いのか?　近日、測定実験実施へ)」

第4章：障壁と抜け道　相対性理論と量子力学による革命

1. Albert Einstein, "Autobiographical Notes," in Paul Arthur Schilpp, ed., Albert Einstein: Philosopher-Scientist (LaSalle, IL: Open Court, 1949), p. 10. 『自伝ノート』アルベルト・アインシュタイン著、中村誠太郎、五十嵐正敬訳、東京図書、1978年
2. O. M. P. Bilaniuk, V. K. Deshpande, and E. C. George Sudarshan, American Journal of Physics, vol. 30 (1962), p. 718. 『American Journal of Physics』30巻1962年718頁、O・M・P・ビラニウク、V・K・デシュパンデ、E・C・ジョージ・スダルシャン著
3. 『Physical Review』159巻　5　号1967年1089-1105頁、「Possibility of Faster-Than-Light Particles (超光速粒子の可能性)」ジェラルド・ファインバーグ著。ただし厳密には、現代の弦理論においてタキオンは異なる意味で使われており、伝播速度が光速以下で、虚数の質量をもつエネルギー場を指す点に留意されたい。
4. Albert Einstein, "Über das Relativitätsprinzip und die aus demselben gezogenen Folgerungen," Jahrbuch der Radioaktivität und Elektronik, vol. 4 (1907), pp. 411–462, translated and reprinted in John Stachel, David C. Cassidy, Jürgen Renn, et al., The Collected Papers of Albert Einstein, Volume 2: The Swiss Years: Writings, 1900–1909 (Princeton, NJ: Princeton University Press), p. 252. 『アインシュタイン論文選～「奇跡の年」の5論文～』アルベルト・アインシュタイン著、ジョン・スタチェル編、青木薫訳、筑摩書房、2011年
5. A. H. Reginald Buller, "Relativity," Punch, December 19, 1923 (published anonymously).
6. 『Physical Review D』2巻1970年263-265頁、「The Tachyonic Antitelephone (タキオン反電話)」グレゴリー・ベンフォード、D・L・ブック、W・A・ニューカム著
7. 『Physics Letters B』150巻 6 号1985年 1 月431-435頁、「The Neutrino as a Tachyon (タキオンとしてのニュートリノ)」アラン・チョドス、アヴィ・ハウザー、アラン・コステレツキー著

3. メディチ家アーカイブプロジェクト、「Cosimo de Medici's Chemical Medicine（コジモの化学薬品）」シーラ·バーカー著、2016年3月2日
4. 以前は金や銀などの貴金属製だと考えられていたが、2010年に発見された装具の一部を化学分析したところ真ちゅうの可能性の高いことがわかった。『Live Science』2012年11月16日号、「Tycho Brahe Died from Pee, Not Poison（ティコの死因は中毒ではなく尿だった）」メーガン·ガノン著、https://www.livescience.com/24835-astronomer-tycho-brahe-death.html
5. Owen Gingerich, The Eye of Heaven: Ptolemy, Copernicus, Kepler (New York: American Institute of Physics, 1993), p. 181.
6. Jamie James, The Music of the Spheres: Music, Science, and the Natural Order of the Universe (New York: Copernicus, 1995), p. 157. 『天球の音楽〜歴史の中の科学·音楽·神秘思想〜』ジェイミー:ジェイムズ著、黒川孝文訳、白揚社、1998年
7. Max Caspar, Kepler (Stuttgart, Germany: W. Kohlhammer Verlag, 1948), p. 117. Quoted in Arthur Koestler, The Sleepwalkers (New York: Macmillan, 1959), p. 304.
8. Johannes Kepler, Astronomia Nova (1609). Translated and quoted in Arthur Koestler, The Sleepwalkers (New York: Macmillan, 1959), p. 125. 『新天文学』ヨハネス・ケプラー著、岸本良彦訳、工作舎、2013年
9. アルベルト・マルティネス談。著者取材、2019年3月28日
10. Galileo Galilei, Dialogues Concerning Two New Sciences. Translated from the Italian and Latin into English by Henry Crew and Alfonso de Salvio. With an Introduction by Antonio Favaro (New York: Macmillan, 1914), p. 43. 『新科学対話』上下巻、ガリレオ·ガリレイ著、今野武雄、日田節次共訳、岩波書店、1948年

第3章：輝きの源を辿る　ニュートンとマクスウェルによる補完

1. 1693年2月25日、アイザック·ニュートンからリチャード·ベントレーに宛てた手紙。Reprinted in Andrew Janiak, ed., Isaac Newton Philosophical Writings (New York: Cambridge University Press, 2004), p. 102.
2. Thomas Bass, The Eudaemonic Pie: The Bizarre True Story of How a Band of Physicists and Computer Wizards Took on Las Vegas (New York: Open Road, 2016), p. 49.
3. セント·アンドルーズ大学数学史ウェブサイト内、「クリスティアーン·ホイヘンス」J·J·オコナー、E·F·ロバートソン著、http://www-history.mcs.st-and.ac.uk/Biographies/Huygens.html
4. 1692年12月10日、アイザック·ニュートンからリチャード·ベントレーに宛てた手紙。Reprinted in Andrew Janiak, ed., Isaac Newton Philosophical Writings (New York: Cambridge University Press, 2004), p. 95.

脚注

序章：自然界のつながりを描く

1. 『Nature』2011年9月22日号、「Particles Break Light-speed Limit（超光速の粒子発見）」、ジェフ·ブラムフィール著
https://www.nature.com/news/2011/110922/full/news.2011.554.html.
2.チャスラフ・ブルクネル談。著者取材、2019年3月11日

第1章：天空へ挑む　古代の人々が描いた天界像

1. ニュージーランドの考古学者、ロバート・ハナーの研究グループによると、アポローン信仰の盛んだったデルフォイ（Delphi）を想起させる、いるか座（Delphinnus）の方向に向いていることから、女神ユーノーの神殿がアクラガスにおいてアポローン信仰の中心地だった可能性が最も高いとのこと。『Journal of Cultural Heritage』2017年5-6月25巻1-9頁、「Astronomy, Topography and Landscape at Akragas' Valley of the Temples（アクラガスの神殿の谷における天文学と地政学、地形学）」ロバート·ハナー、ギリア·マリ、アンドレア·オルランド著
2. 『Journal of Cultural Heritage』2017年　5-6　月25巻　1-9　頁、「Astronomy, Topography and Landscape at Akragas'Valley of the Temples（アクラガスの神殿の谷における天文学と地政学、地形学）」ロバート·ハナー、ギリア·マリ、アンドレア·オルランド著
3. たとえばギリシアの伝記作家、ディオゲネス·ラエルティオス（3世紀頃）による『ギリシア哲学者列伝』上中下巻（加来彰俊訳 岩波書店 1984-1994年）など。
4. Matthew Arnold, "Empedocles on Etna," The Strayed Reveller: Empedocles on Etna, and Other Poems (London: Walter Scott, 1896).『エトナ山上のエンペドクレス その他』マシュー·アーノルド著、西原洋子訳、国文社、1983年
5. Daniel Chanan Matt, ed., Zohar: Annotated & Explained (Nashville, TN: SkyLight Paths, 2002), p. 44.
6. Aristotle, "Sense and Sensibilia," in Jonathan Barnes, ed., Complete Works of Aristotle, Volume 1: The Revised Oxford Translation, translated by Benjamin Jowett, (Princeton, NJ: Princeton University Press, 1984), p. 708. 『感覚と感覚されるものについて』、『アリストテレス全集　第6巻』に収録。全17巻、アリストテレス著、山本光雄編、岩波書店、1968-1973年

第2章：木星からの光が遅れる！

1. フリーマン・ダイソン談。著者取材、2019年2月22日
2. Valery Rees, "Ciceriam Echos in Marsilio Ficino," in Cicero Refused to Die: Ciceronian Influence Through the Centuries (Boston: Brill, 2013), p. 146.

- Magueijo, Joao, Faster Than the Speed of Light: The Story of a Scientific Speculation (Cambridge, MA: Perseus, 2003).『光速より速い光〜アインシュタインに挑む若き科学者の物語〜』ジョアオ・マゲイジョ著 青木薫訳 NHK出版 2003年
- Martinez, Alberto, Burned Alive: Bruno, Galileo, and the Inquisition (London: Reaktion Books, 2018).
- Miller, Arthur I., Deciphering the Cosmic Number—The Strange Friendship of Wolfgang Pauli and Carl Jung (New York: Norton, 2009).『137〜物理学者パウリの錬金術・数秘術・ユング心理学をめぐる生涯〜』アーサー・ミラー著 阪本芳久訳 草思社 2010年
- Orzel, Chad, Breakfast with Einstein: The Exotic Physics of Everyday Objects (Dallas: BenBella Books, 2018).
- Peat, F. David, Synchronicity: The Bridge Between Matter and Mind (New York: Bantam, 1987).『シンクロニシティ』F・デヴィッド・ピート著 管啓次郎訳 サンマーク出版 1999年
- Schwartz, David, The Last Man Who Knew Everything: The Life and Times of Enrico Fermi, Father of the Nuclear Age (New York: Basic Books, 2017).
- Seeger, Raymond J., Galileo Galilei, His Life and His Works (London: Pergamon Press, 1966).
- Smolin, Lee, Einstein's Unfinished Revolution: The Search for What Lies Beyond the Quantum (London: Allen Lane, 2019).
- Stachel, John, Einstein from 'B' to 'Z' (Boston: Birkhäuser, 2002).
- Stewart, Ian, Do Dice Play God? The Mathematics of Uncertainty (New York: Basic Books, 2019).『不確実性を飼いならす〜予測不能な世界を読み解く科学〜』イアン・スチュアート著 徳田功訳 白揚社 2021年
- Strogatz, Steven, Sync: How Order Emerges from Chaos in the Universe, Nature, and Daily Life (New York: Hyperion, 2003).『SYNC〜なぜ自然はシンクロしたがるのか〜』スティーヴン・ストロガッツ著 蔵本由紀監修 長尾力訳 早川書房 2005年
- Thirring, Walter, Cosmic Impressions: Traces of God in the Laws of Nature, translated by Margaret A. Schellenberg (Philadelphia: Templeton Foundation Press, 2007).
- Wilbur, James B., The Worlds of the Early Greek Philosophers (Buffalo, NY: Prometheus Books, 1979).
- Woit, Peter, Not Even Wrong: The Failure of String Theory and the Search for Unity in Physical Law (New York: Basic Books, 2007).『ストリング理論は科学か〜現代物理学と数学〜』ピーター・ウォイト著 松浦俊輔訳 青土社 2007年
- Yourgrau, Palle, A World Without Time: The Forgotten Legacy of Gödel and Einstein (New York: Basic Books, 2004)『時間のない宇宙〜ゲーデルとアインシュタイン最後の思索〜』パレ・ユアグロー著 林一訳 白揚社 2006年
- Zeilinger, Anton, Dance of the Photons: From Einstein to Quantum Teleportation (New York: Farrar, Straus and Giroux, 脚注

- The Quantum Labyrinth: How Richard Feynman and John Wheeler Revolutionized Time and Reality (New York: Basic Books, 2017).
- Time Journeys: A Search for Cosmic Destiny and Meaning (New York: McGraw-Hill, 1990).
- Herbert, Nick, Faster Than Light: Superluminal Loopholes in Physics (New York: Dutton, 1988).『タイムマシンの作り方〜光速突破は難しくない！〜』ニック・ハーバート著 小隅黎、高林慧子訳 講談社 1989年
- Hossenfelder, Sabine, Lost in Math: How Beauty Leads Physics Astray (New York: Basic Books, 2018).『数学に魅せられて、科学を見失う〜物理学と「美しさ」の罠〜』ザビーネ・ホッセンフェルダー著 吉田三知世訳 みすず書房 2021年
- Jung, Carl, Synchronicity: An Acausal Connecting Principle, translated by R. F. C. Hull (Princeton: Princeton University Press, 1973).
- Jung, Carl, and Wolfgang Pauli, Atom and Archetype—The Pauli/Jung Letters, 1932–1958, edited by C. A. Meier, translated by David Roscoe (Princeton, NJ: Princeton University Press, 2001).『パウリ＝ユング往復書簡集 1932-1958〜物理学者と心理学者の対話〜』カール・グスタフ・ユング、ヴォルフガング・パウリ著　湯浅泰雄、黒木幹夫、渡辺学監修、太田恵（ほか）訳　ビイング・ネット・プレス 2018年
- The Interpretation of Nature and the Psyche, translated by Priscilla Silz (New York: Pantheon Books, 1955).『自然現象と心の構造:非因果的連関の原理』カール・グスタフ・ユング、ヴォルフガング・パウリ著、河合隼雄、村上陽一郎訳 海鳴社 1984年
- Kennefick, Daniel, No Shadow of a Doubt: The 1919 Eclipse That Confirmed Einstein's Theory of Relativity (Princeton, NJ: Princeton University Press, 2019).
- Kleinknecht, Konrad, Einstein and Heisenberg: The Controversy over Quantum Physics (New York: Springer, 2019).
- Kragh, Helge, Quantum Generations: A History of Physics in the Twentieth Century (Princeton, NJ: Princeton University Press, 1999).『20世紀物理学史〜理論・実験・社会〜』（上・下）ヘリガ・カーオ著 岡本拓司監訳 有賀暢迪、稲葉肇（ほか）訳 名古屋大学出版会 2015年
- Kumar, Manjit, Quantum: Einstein, Bohr, and the Great Debate About the Nature of Reality (New York: W. W. Norton & Co., 2011)『量子革命〜アインシュタインとボーア、偉大なる頭脳の激突〜』マンジット・クマール著 青木薫訳 新潮社 2017年
- Laurikainen, Kalervo Vihtori, Beyond the Atom—The Philosophical Thought of Wolfgang Pauli (New York: Springer Verlag, 1988).
- Lindorff, David P., Pauli and Jung—The Meeting of Two Great Minds (New York: Quest Books, 2004).

- Crease, Robert P., and Alfred S. Goldhaber, The Quantum Moment: How Planck, Bohr, Einstein, and Heisenberg Taught Us to Love Uncertainty (New York: W. W. Norton & Co., 2015).『世界でもっとも美しい量子物理の物語～量子のモーメント～』ロバート・P・クリース、アルフレッド・シャーフ・ゴールドハーバー著 吉田三知世訳 日経BP社 2017年
- Crease, Robert P., and Charles C. Mann, The Second Creation: Makers of the Revolution in Twentieth-Century Physics (New Brunswick, NJ: Rutgers University Press, 1996).『セカンド・クリエイション～素粒子物理学を創った人々～』上下巻 ロバート・P・クリース、チャールズ・C・マン著 鎮目恭夫（ほか）訳 早川書房 1991年
- Davies, Paul, The Cosmic Blueprint (New York: Simon and Schuster, 1988).『The Cosmic Blueprint ～宇宙の青写真～』ポール・デイヴィーズ著 渡辺久義編注 あぽろん社 1995年
- Enz, Charles P., No Time to Be Brief—A Scientific Biography of Wolfgang Pauli (New York: Oxford University Press, 2002).
- Farmelo, Graham, The Strangest Man: The Hidden Life of Paul Dirac, Mystic of the Atom (New York: Basic Books, 2009).『量子の海、ディラックの深淵～天才物理学者の華々しき業績と寡黙なる生涯～』グレアム・ファーメロ著 吉田三知世訳 早川書房 2010年
- The Universe Speaks in Numbers: How Modern Math Reveals Nature's Deepest Secrets (New York: Basic Books, 2019).
- Feynman, Richard P., QED: The Strange Theory of Light and Matter (Princeton, NJ: Princeton University Press, 1985).『光と物質のふしぎな理論～私の量子電磁力学～』R・P・ファインマン著 釜江常好、大貫昌子訳 岩波書店 1987年
- Fine, Arthur, The Shaky Game: Einstein, Realism and the Quantum Theory (Chicago: University of Chicago Press, 1986).『シェイキーゲーム～アインシュタインと量子の世界～』アーサー・ファイン著 町田茂訳 丸善出版 1992年
- Gieser, Suzanne, The Innermost Kernel—Depth Psychology and Quantum Physics: Wolfgang Pauli's Dialogue with C.G. Jung (Berlin: Springer, 2005).
- Greenblatt, Stephen, The Swerve: How the World Became Modern (New York: Norton, 2011).『一四一七年、その一冊がすべてを変えた』スティーヴン・グリーンブラット著 河野純治訳 柏書房 2012年
- Halliwell, J. J., J. Perez-Mercader, and W. H. Zurek, eds., The Physical Origins of Time-Asymmetry (Cambridge: Cambridge University Press, 1996).
- Halpern, Paul, Einstein's Dice and Schrödinger's Cat: How Two Great Minds Battled Quantum Randomness to Create a Unified Theory of Physics (New York: Basic Books, 2015).
- The Pursuit of Destiny: A History of Prediction (Cambridge, MA: Perseus, 2000).

参考文献

- Ananthaswamy, Anil, Through Two Doors at Once: The Elegant Experiment That Captures the Enigma of Our Quantum Reality (New York: Dutton, 2018).『二重スリット実験〜量子世界の実在に、どこまで迫れるか〜』アニル・アナンサスワーミー著 藤田貢崇訳 白揚社 2021年
- Baggott, Jim, The Quantum Cookbook: Mathematical Recipes of the Foundations for Quantum Mechanics (New York: Oxford University Press, 2020).
- The Quantum Story: A History in 40 Moments (New York: Oxford University Press, 2011).
- Ball, Philip, Beyond Weird: Why Everything You Thought You Knew About Quantum Physics Is Different (Chicago: University of Chicago Press, 2018).
- Becker, Adam, What Is Real? The Unfinished Quest for the Meaning of Quantum Physics (New York: Basic Books, 2018).『実在とは何か〜量子力学に残された究極の問い〜』アダム・ベッカー著 吉田三知世訳 筑摩書房 2021年
- Bernstein, Jeremy, Quantum Profiles (Princeton: Princeton University Press, 1991).
- Byrne, Peter, The Many Worlds of Hugh Everett III: Multiple Universes, Mutual Assured Destruction, and the Meltdown of a Nuclear Family (New York: Oxford University Press, 2013).
- Carroll, Sean M., Something Deeply Hidden: The Unspeakable Implications of Quantum Reality, from Spooky Action to Many Worlds (New York: Dutton, 2019).『量子力学の奥深くに隠されているもの〜コペンハーゲン解釈から多世界理論へ〜』ショーン・キャロル著 塩原通緒訳 青土社 2020年
- Cassidy, David, Beyond Uncertainty: Heisenberg, Quantum Physics, and the Bomb (New York: Bellevue Literary Press, 2009).
- Uncertainty: The Life and Science of Werner Heisenberg (San Francisco: W. H. Freeman & Co., 1991).『不確定性〜ハイゼンベルクの科学と生涯〜』デヴィッド・C・キャシディ著 金子務監訳 伊藤憲二 (ほか) 訳 白揚社 1998年
- Clegg, Brian, Light Years and Time Travel—An Exploration of Mankind's Enduring Fascination with Light (Hoboken, NJ: Wiley, 2001).
- Close, Frank, The Infinity Puzzle: Quantum Field Theory and the Hunt for an Orderly Universe (New York: Basic Books, 2013)
- 『ヒッグス粒子を追え〜宇宙誕生の謎に挑んだ天才物理学者たちの物語〜』フランク・クローズ著 陣内修監訳 田中敦 (ほか) 訳 ダイヤモンド社 2012年

著者紹介

Paul Halpern（ポール・ハルパーン）

アメリカ・ペンシルベニア州フィラデルフィアにある科学大学で物理学教授を務める。ペンシルベニア州フィラデルフィア在住。

著書に『The Quantum Labyrinth（量子世界という迷宮）』『Einstein's Dice and Schrodinger's Cat（アインシュタインのサイコロとシュレーディンガーの猫）』など16冊がある。本書にて「Physics World Best of Physics in 2020」を受賞。

訳者紹介

権田敦司（ごんだ・あつし）

業界新聞記者、消防士を経て翻訳家に。埼玉県出身、東京都在住。

訳書に、数学史の入門書『図解　教養事典　数学　INSTANT MATHEMATICS』（ニュートンプレス）、免疫システムの最新研究に迫る『エレガントな免疫　上・下』（ニュートン新書）。趣味はスポーツ、読書、銭湯巡り。特技は息子の風呂入れ。救急救命士。

翻訳協力：株式会社トランネット（www.trannet.co.jp）

シンクロニシティ
～科学《かがく》と非科学《ひかがく》の間《あいだ》に～　〈検印省略〉

2023年　1　月　29　日　第　1　刷発行

著　者――Paul Halpern（ポール・ハルパーン）
訳　者――権田　敦司（ごんだ・あつし）
発行者――田賀井　弘毅
発行所――株式会社あさ出版
〒171-0022　東京都豊島区南池袋 2-9-9 第一池袋ホワイトビル 6F
電　話　03（3983）3225（販売）
　　　　03（3983）3227（編集）
F A X　03（3983）3226
U R L　http://www.asa21.com/
E-mail　info@asa21.com
印刷・製本　文唱堂印刷株式会社

note　http://note.com/asapublishing/
facebook　http://www.facebook.com/asapublishing
twitter　http://twitter.com/asapublishing

ISBN978-4-86667-429-2 C0042